Elektrophysik der Isolierstoffe

Von

Dr. Andreas Gemant

Privatdozent an der Technischen Hochschule Berlin
Mitglied der Forschungsabteilung des
Siemens-Schuckert-Kabelwerks

Mit 76 Textabbildungen

Berlin
Verlag von Julius Springer
1930

ISBN 978-3-642-51956-7 ISBN 978-3-642-52018-1 (eBook)
DOI 10.1007/978-3-642-52018-1

Vorwort.

Vorliegendes Buch behandelt die dielektrischen Eigenschaften der Isolierstoffe sowie die Durchschlagserscheinungen. Es ist sowohl für den Elektrotechniker wie für den Physiker geschrieben. Der Elektrotechniker, der mit Isolierstoffen zu tun hat, kann sich daraus seine Kenntnisse nach der physikalisch-mathematischen Seite hin erweitern. Der Physiker, der mit Dielektriken arbeitet, wird auch mancherlei Anregung gewinnen, wenn er sieht, welche Fragen von technischem Standpunkt besonders wichtig sind.

Es mag besonders betont werden, daß es sich eher um eine lehrbuch- als handbuchartige Darstellung handelt. Das Gebiet ist zwar noch in vollem Fluß und eine streng abgeschlossene Behandlung war daher nicht möglich. Wenn auch überall versucht wurde, möglichst nur das Wesentliche herauszuarbeiten und die Verhältnisse soweit wie möglich einfach hinzustellen, so mußten an verschiedenen Stellen doch mehrere Paralleltheorien, unter welchen noch keine Entscheidung möglich ist, gleichzeitig besprochen werden. Aber auf etwaige Vollständigkeit ist kein Gewicht gelegt, insbesondere nicht, was die Berücksichtigung der Literatur betrifft. Eine ganze Anzahl von an und für sich vielleicht wichtigen Arbeiten habe ich weggelassen, damit die Darstellung nicht zu sehr an Übersichtlichkeit leidet. Bei der Auswahl war natürlich ein gewisser persönlicher Standpunkt unvermeidlich.

Im ersten dielektrischen Teil habe ich insbesondere die grundlegenden Arbeiten von Debye und K. W. Wagner behandelt und gezeigt, wie mit ihrer Hilfe ein großer Teil der hierher gehörigen Erscheinungen bewältigt werden kann. Beim Durchschlag der Gase wurden außer der Theorie von Townsend und ihrer Weiterführung durch Schumann insbesondere die neueren Untersuchungen über den zeitlichen Verlauf berücksichtigt, welche von Rogowski begonnen, von Slepian u. a. weitergeführt worden sind. Auf dem Gebiet des Flüssigkeitsdurchschlages hielt ich mich besonders an die Experimentalarbeiten (Peek u. a.), während bei den festen Isolierstoffen die theoretischen Arbeiten über Zerreißfestigkeit von Rogowski, die Wärmetheorie von Wagner und die schönen Untersuchungen von Joffé und seiner Schüler als hauptsächliche Stützpunkte dienten.

An geeigneten Stellen habe ich meine eigenen experimentellen und theoretischen Arbeiten, welche ich im physikalischen Laboratorium des Kabelwerks der Siemens-Schuckert-Werke ausgeführt habe, mit eingeflochten.

Berlin, im Juli 1930.

A. Gemant.

Inhaltsverzeichnis.

Seite

A. Das normale Verhalten der Isolierstoffe.

Erstes Kapitel.

Allgemeine Gesetzmäßigkeiten.

1. Einleitung.

Das elektrische Verhalten der Isolierstoffe umfaßt die Gesamtheit aller Vorgänge, die das Dielektrikum unter der Einwirkung des elektrischen Feldes aufweist. Es sind gewissermaßen Reaktionen des Stoffes auf das Einwirken des Feldes. Diese Reaktionen wollen wir im folgenden untersuchen.

Man wird finden, daß die Stärke dieser Reaktionen jeweils mit zunehmender Feldstärke zunimmt. Ganz allgemein läßt sich dieser Zusammenhang in zwei Gebiete trennen. Bis zu einer bestimmten Grenzfeldstärke herrscht Gleichgewicht, der Zustand ist stationär. Dieses Gebiet ist offenbar dasjenige, welches für normale technische Beanspruchung in Frage kommt. Überschreitet die Feldstärke die genannte Grenze, so wird der Zustand labil, man kommt in das Gebiet, in welchem die Isolierstoffe durchschlagen. Qualitativ werden beide Gebiete durch dieselben Vorgänge beherrscht, nur quantitativ sind eben die Reaktionen verschieden stark, wodurch beim Grenzübergang der stabile Zustand in den labilen übergeht.

Hieraus ergibt sich, daß beide Gebiete zweckmäßig hintereinander besprochen werden. Wir erörtern im ersten Teil sozusagen die Physiologie der Isolierstoffe und entwickeln daraus ihre Pathologie, welche einfach aus zu starken Reaktionen auf übernormale Feldstärken hervorgeht.

In der Fülle der Einzelerscheinungen im Verhalten der Isolierstoffe bei normaler Belastung kennt man sich am besten so aus, wenn man zunächst die allgemeinen Gesetzmäßigkeiten behandelt, welche unabhängig von irgendwelchen speziellen Annahmen gültig sind. Es gibt in der Tat solche Gesetzmäßigkeiten, welche sich durch eine mehr formale mathematische Theorie behandeln lassen, welche gleichzeitig die notwendigen Grundbegriffe und Definitionen einführt. Diese allgemeinen Sätze wollen wir an die Spitze der Betrachtungen stellen, sie dienen im weiteren Verlauf als Richtlinien, an die wir uns halten können. Sie gelten, da sie sich auf makroskopische Vorgänge beziehen, unabhängig davon, welchen besonderen Mechanismus man den Elementarvorgängen zugrunde legt. Nicht einmal die so einschneidenden quantenmechanischen Beziehungen vermögen an diesen allgemeinen Formeln zu ändern.

Die weitere mehr in die Einzelheiten gehende Behandlung erledigt man am zweckmäßigsten auf Grund der Zweiteilung der Bausteine aller Isolierstoffe in dielektrische Molekeln und Ionen. Man kann dann an die speziellen Vorstellungen anknüpfen, die man sich über das Verhalten der genannten Molekeln und Ionen macht. Im großen und ganzen entspricht diese Aufteilung gleichzeitig der Zweiteilung: Polarisation und Leitfähigkeit. Manche Erscheinungen werden dadurch willkürlich geteilt werden müssen: so z. B. gehören die dielektrischen Verluste in Wechselfeldern teils in die erste, teils in die zweite Gruppe. Dies dürfte aber insofern nicht stören, da wir ja im ersten vorhergehenden Kapitel eine feste allgemeine Übersicht über die gesamten Erscheinungen gewinnen werden. Da jedenfalls die spezielle Behandlung unseres Stoffes auf molekulartheoretischer Grundlage geschehen soll, so ist diese Art der Einteilung die einzig mögliche.

2. Die elektrischen Vektoren im Gleichfelde.

Die Grundbegriffe, welche das elektrische Verhalten eines Dielektrikums beschreiben, lassen sich am besten durch Betrachtung eines Kondensators ableiten, indem wir uns anfangs auf Gleichfelder beschränken. Es sei ein ebener Luftkondensator gegeben (Abb. 1), dem wir pro Flächeneinheit die Ladung $\pm Q$ erteilen, indem wir ihn an eine passende Spannung legen. Damit muß der Zustand im Innern vollständig definiert sein. In der Tat ist die Feldstärke im Innern $4\pi Q$, also durch Q bestimmt.

Nun bringen wir einen bestimmten Isolierstoff zwischen die beiden Platten; der Zustand muß dadurch auch von neuem definiert sein. Nur werden die elektrischen Größen nicht allein von der Ladung, sondern auch von einer Materialkonstante des Isolierstoffes bestimmt. Das Merkwürdige ist aber, daß man jetzt von einer Feldstärke schlechthin nicht sprechen kann, da es deren, wie wir sehen werden, je nach der Definition mehrere gibt.

Das Dielektrikum erfährt eine Polarisation, welche mit $\mathfrak{P}$ bezeichnet wird, wobei $\mathfrak{P}$ die pro Flächeneinheit freigewordene Ladung angibt (Abb. 1a). Um nun die Feldstärke, d. h. die auf die Ladungseinheit ausgeübte Kraft anzugeben, müssen wir uns diese Ladungseinheit irgendwie im Innern des Stoffes angeordnet denken, mit andern Worten, es muß irgendein Hohlraum um den gedachten Probekörper geschlagen werden. Die Form desselben ist aber keinesfalls gleichgültig. Denn bei der Berechnung der Kraft sind nur alle Grenzflächen zu berücksichtigen, da im Innern des Stoffes keine freien Ladungen sind. Als freie Grenzflächen kommen aber nur die beiden Kondensatorbelegungen und die Wände des eben betrachteten Hohlraumes in Frage.

Die Kondensatorbelegungen liefern einen Beitrag $4\pi(Q - \mathfrak{P})$. Für den Beitrag der Hohlraumwände ist nun die Form genauer anzugeben. Man kann sich zunächst einen länglichen kanalartigen Hohlraum denken, dessen Achse mit dem der Kraftlinien übereinstimmt (Abb. 1b). Die Mantelfläche desselben übt keine Kraft aus, da freie Ladungen nur senkrecht zu den Kraftlinien auftreten. Die beiden Endflächen sind zwar Sitz von Ladungen, sie sind jedoch bei genügend engem Kanal zu vernachlässigen. In diesem Fall ist die Kraft nur durch $4\pi(Q - \mathfrak{P})$ gegeben. Die so definierte Kraft wird mit $\mathfrak{E}$ bezeichnet und als die elektrische Feldstärke schlechthin definiert.

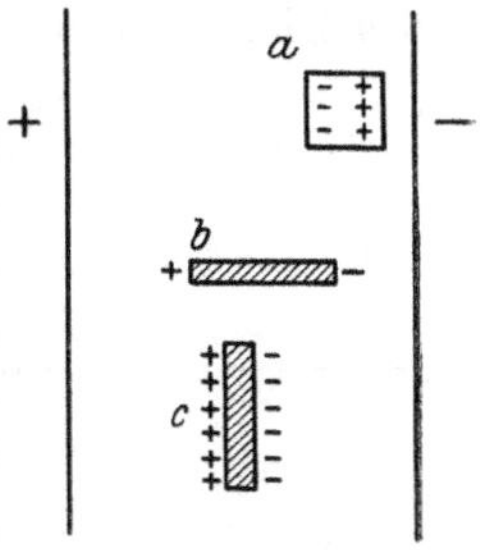

Abb. 1. Polarisierung eines Dielektrikums.

Denken wir uns andrerseits einen schmalen Spalt als Hohlraum (Abb. 1c), dessen Spaltrichtung zu den Kraftlinien senkrecht steht, so tritt zu $\mathfrak{E}$ noch die Wirkung der freien Ladungen an den beiden Endflächen hinzu, also $4\pi\mathfrak{P}$. Die gesamte Kraft beträgt demnach $4\pi Q$. Die solchermaßen festgelegte Kraft wird elektrische Verschiebung genannt und mit $\mathfrak{D}$ bezeichnet. Substituiert man $\mathfrak{D}$ statt Q in den Ausdruck für $\mathfrak{E}$, so hat man

$$\mathfrak{E} = \mathfrak{D} - 4\pi\mathfrak{P}. \tag{1}$$

Diese Gleichung drückt nichts Experimentelles aus, sie ist vielmehr ein definitionsmäßiger Zusammenhang. Hierzu tritt noch eine zweite Gleichung, welche einer experimentellen Tatsache Ausdruck gibt. Sie besagt, daß zwischen den drei Vektoren $\mathfrak{E}$, $\mathfrak{D}$ und $\mathfrak{P}$ ein linearer Zusammenhang existiert. Streng genommen gilt diese Aussage nur für Feldstärken, die unter einer gewissen Grenze liegen, diese Grenze liegt jedoch so hoch, daß wir den linearen Zusammenhang für „normale" Belastung als allgemeingültig annehmen können. Der Proportionalitätsfaktor zwischen $\mathfrak{E}$ und $\mathfrak{D}$ wird Dielektrizitätskonstante genannt und mit ε bezeichnet:

$$\mathfrak{D} = \varepsilon\mathfrak{E}. \tag{2}$$

ε ist eine Materialkonstante und wird für jeden Stoff experimentell bestimmt.

Zum theoretischen Angriff eignet sich jedoch Gl. (2) nicht gut. Hierfür ist besser der Zusammenhang zwischen $\mathfrak{P}$ und der Feldstärke geeignet. Dieser Proportionalitätsfaktor sei mit α bezeichnet. Bringen wir ein Probestückchen des Dielektrikums in ein homogenes

Feld $\mathfrak{E}_0$, so soll gelten:

$$\mathfrak{P} = \alpha\,\mathfrak{E}_0\,. \tag{3}$$

Wollen wir diese Gleichung auch in unserem Falle anwenden, so müssen wir wissen, wie groß die tatsächliche Feldstärke an einer Stelle des Dielektrikums ist, an welcher sich ein Element desselben befindet. Es kommt also auf den wirklichen Hohlraum an, der ein Element bzw. eine Molekel des Dielektrikums umschließt. Derselbe wird weder kanalförmig, noch spaltenförmig sein, so daß wir für $\mathfrak{E}_0$ weder die vorhin definierte Feldstärke $\mathfrak{E}$, noch die Verschiebung einsetzen können. Der Hohlraum um eine Molekel hängt streng genommen von dem inneren Aufbau des Stoffes ab. Im Durchschnitt wird man aber der Wahrheit am nächsten kommen, wenn man den Hohlraum kugelförmig annimmt.

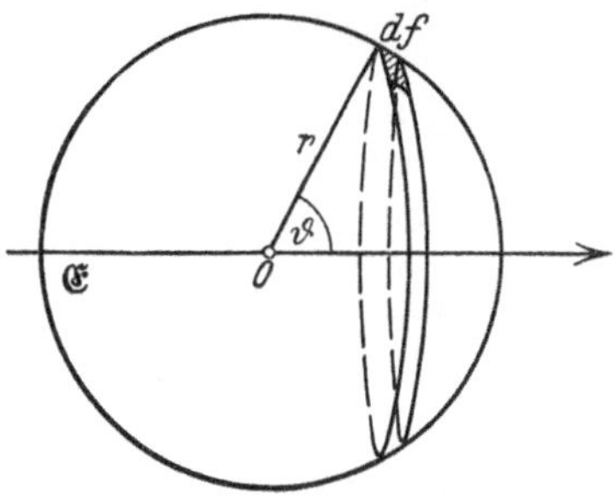

Abb. 2. Zur Ableitung der inneren Feldstärke.

Dann läßt sich die von den Grenzflächen herrührende Kraft in folgender Weise berechnen (Abb. 2). Wir betrachten ein Flächenelement df der Kugelschale. Ihre freie Ladung beträgt $\mathfrak{P}\cos\vartheta\,df$. Die elektrische Kraft in O, welche von df herrührt, ist $\frac{\mathfrak{P}\cos\vartheta\,df}{r^2}$ und die in Richtung von $\mathfrak{E}$ fallende Komponente $\frac{\mathfrak{P}\cos^2\vartheta\,df}{r^2}$. Für den ganzen eingezeichneten Ring hat man $2\pi\,\mathfrak{P}\cos^2\vartheta\sin\vartheta\,d\vartheta$, da dann $df = 2\pi r^2\sin\vartheta\,d\vartheta$. Für die ganze Kugelfläche wird die Kraft

$$2\pi\,\mathfrak{P}\int_0^\pi \cos^2\vartheta\sin\vartheta\,d\vartheta\,.$$

Durch partielle Integration hat man

$$\int\cos^2\vartheta\sin\vartheta\,d\vartheta = -\cos^3\vartheta - 2\int\cos^2\vartheta\sin\vartheta\,d\vartheta\,,$$

woraus

$$\int\cos^2\vartheta\sin\vartheta\,d\vartheta = -\frac{\cos^3\vartheta}{3}$$

und

$$\int_0^\pi\cos^2\vartheta\sin\vartheta\,d\vartheta = \tfrac{2}{3}\,,$$

somit

$$\mathfrak{E}_0 = \mathfrak{E} + \frac{4\pi}{3}\,\mathfrak{P}$$

und

$$\mathfrak{P} = \alpha\left(\mathfrak{E} + \frac{4\pi}{3}\,\mathfrak{P}\right). \tag{4}$$

Diese dritte lineare Beziehung muß neben (1) und (2) zwischen den elektrischen Vektoren gelten, wenn man α auf Grund von (3) einführt. Es ergibt sich also, daß man drei homogene lineare Gleichungen zwischen den drei Vektoren hat, was aber nur dann möglich ist, wenn die Determinante der Koeffizienten verschwindet, also:

$$\begin{vmatrix} 1 & -1 & 4\pi \\ \varepsilon & -1 & 0 \\ \alpha & 0 & \frac{4\pi\alpha}{3} - 1 \end{vmatrix} = 0.$$

Daraus:

$$\alpha = \frac{3}{4\pi} \frac{\varepsilon - 1}{\varepsilon + 2} \tag{5}$$

eine Gleichung, welche die experimentelle Konstante ε und die theoretische Konstante α verknüpft. Damit haben wir viel gewonnen. Wir können nämlich für α auf Grund molekulartheoretischer Betrachtungen bestimmte Beziehungen ableiten, die dann auf Grund von (5) experimentell geprüft werden können.

Für manche Isolierstoffe, insbesondere für Gase ist ε nur wenig größer als 1. In diesem Fall degeneriert (5) zu

$$\alpha = \frac{\varepsilon - 1}{4\pi},$$

was damit gleichbedeutend ist, daß infolge der geringen Polarisierbarkeit das Feld der inneren Grenze zu vernachlässigen ist. Für flüssige und feste Isolierstoffe ist aber stets mit der vollständigen Gl. (5) zu rechnen. Man darf nur nicht vor Augen verlieren, daß sie wegen der Annahme des kugelförmigen Hohlraums auch nur angenähert gültig ist.

Es fragt sich jetzt, in welcher Weise die üblichen elektrotechnischen Größen, nämlich Ladung, Spannung und Strom, mit den hier rein feldmäßig definierten Vektoren zusammenhängen. In den Experimenten kommen doch nie Vektoren, sondern die obigen Größen vor.

Für die Ladung haben wir schon erwähnt, daß

$$4\pi Q = \mathfrak{D}$$

ist. Die elektrische Kraft im Spalt, die Verschiebung, ist also bis auf einen Zahlenfaktor identisch mit der wahren Ladung des Kondensators.

Was die Spannung betrifft, so ist sie eine Arbeitsgröße, bezogen auf die Einheitsladung und auf eine Strecke zwischen den beiden Belegungen. Daß für die hier wirkende Kraft die Feldstärke $\mathfrak{E}$ in Betracht kommt, ergibt sich schon daraus, daß die Einheitsladung innerhalb des Isolators nur in einem Kanal den Weg zwischen den beiden Platten zurücklegen kann. Für diese Arbeit des Feldes kommt also nur die freie Ladung $Q - \mathfrak{P}$ in Frage. Die Spannung E zwischen den beiden Platten muß demnach

$$E = a\,\mathfrak{E} \tag{6}$$

betragen, falls a den Abstand der Platten bedeutet. Mit der vorangehenden Gleichung und (2) kombiniert, hat man

$$Q = \frac{\varepsilon}{4\pi a} E\,. \tag{7}$$

Der Faktor $\frac{\varepsilon}{4\pi a}$ ist die Kapazität C des Kondensators pro Flächeneinheit.

Was den Strom betrifft, so fließt ein solcher im Falle von Gleichspannung nur beim Ein- bzw. Ausschalten. Das ist der Ladestrom J_c des Kondensators. Er ist durch den zeitlichen Differentialquotienten der wahren Ladung gegeben. Man hat für diesen Fall pro Flächeneinheit

$$J_c = \frac{1}{4\pi}\frac{d\mathfrak{D}}{dt}\,. \tag{8a}$$

Ist der Kondensator nicht ideal, sondern real, so wird er immer eine endliche Leitfähigkeit aufweisen. Ist letztere σ, so ist der Leitungsstrom J_r pro Flächeneinheit

$$J_r = \sigma\,\mathfrak{E}\,. \tag{8b}$$

Beide Stromkomponenten zusammen ergeben den Gesamtstrom. Während J_c nach Erreichen des Gleichgewichts verschwindet, bleibt J_r bestehen.

3. Die Verhältnisse in quasistationären Feldern.

Die Verhältnisse für Wechselspannung müssen gesondert behandelt werden. An und für sich gelten für einen herausgegriffenen Augenblick genau dieselben Gleichungen wie vorhin, da der Wechselstrom ein quasistationärer Vorgang ist. Ein wesentlicher Unterschied ist nur der, daß J_c stets von Null verschieden ist, da der Kondensator entweder geladen oder entladen wird. Aber die Bedeutung aller Vektoren und aller übrigen Größen ist genau dieselbe wie vorhin.

Eine Theorie der Wechselströme kann hier nicht gegeben werden, nur ganz kurz sei auf das Wesentlichste eingegangen. Man geht aus von einer sinusförmigen Spannung von der Schwingungszahl ν

$$e = E_0 \cos \omega t\,,$$

wo E_0 die Amplitude und $\omega = 2\pi\nu$ die Frequenz bedeutet. Die Ladung des Kondensators ist nach (7) durch Ce gegeben. Der Strom ist dann $\frac{dq}{dt}$:

$$i_c = \omega C E_0 \cos\left(\omega t + \frac{\pi}{2}\right).$$

Der Ladestrom ist daher ebenfalls eine Sinuskurve, die Amplitude der Spannung ist mit ωC zu multiplizieren, außerdem läuft er um 90^0 der Spannung vor. Besitzt der Kondensator eine Ableitung A pro Flächeneinheit, wobei $A = \frac{\sigma}{a}$, so ist der Verluststrom

$$i_r = A\,E_0 \cos \omega\, t\,.$$

Die beiden Stromkomponenten zusammen ergeben den Gesamtstrom:

$$i = \sqrt{\omega^2 C^2 + A^2}\,E_0 \cos\left(\omega\, t + \frac{\pi}{2} - \delta\right),$$

wo

$$\operatorname{tg} \delta = \frac{A}{\omega C}\,. \tag{9}$$

δ ist der sog. Verlustwinkel des Kondensators; bei guten Kondensatoren ist er meistens gering, von der Größenordnung 0,001 bis 0,01. tg δ gibt gleichzeitig das Verhältnis der Amplituden des Verluststromes und des Ladestromes an.

Man kann die Wechselstromgrößen als Projektion eines sich mit der Winkelgeschwindigkeit ω drehenden Vektors auffassen. In der komplexen Ebene wird ein solcher Vektor mit $X_0 e^{i\omega t}$ bezeichnet (Abb. 3). Da nämlich

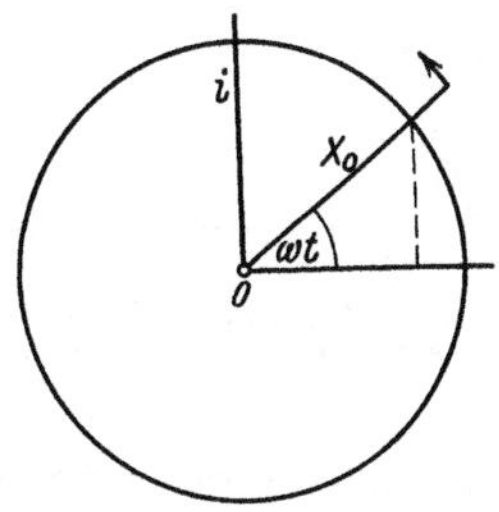

Abb. 3. Abbildung in der komplexen Ebene.

$$X_0 e^{i\omega t} = X_0 \cos \omega\, t + i\, X_0 \sin \omega\, t\,,$$

so ist man übereingekommen, den reellen Anteil, d. h. die Projektion des Vektors auf die reelle Achse als die momentane Wechselstromgröße aufzufassen. Man zeichnet dann graphisch nur die Vektoren, indem man ihnen die Länge ihrer Amplitude gibt. Außerdem erhalten sie gegen die reelle Achse einen Winkel, der dem Phasenwinkel entspricht. Hierbei wird willkürlich der Phasenwinkel einer beliebigen Wechselstromgröße Null gesetzt und in Richtung der Abszisse gezeichnet. Man trägt im allgemeinen nicht die Amplituden, sondern die quadratischen Mittelwerte, die sog. Effektivwerte, als Vektoren auf, welche durch Division durch $\sqrt{2}$ aus den Amplituden hervorgehen.

Der wesentliche Unterschied gegenüber dem stationären Gleichstrom besteht also darin, daß die Kapazität C infolge des ständigen Ladestromes auch in den Stromausdruck eingeht. Dementsprechend erhält der Strom außer seiner Amplitude noch ein zweites bestimmendes Stück, nämlich die Phase. Dies ist eben deshalb erforderlich, weil Strom und Spannung zwar mit derselben Frequenz schwingen, ihre Amplituden, Knotenpunkte usw. jedoch zeitlich nicht zusammenfallen. Im obigen Falle genügt es z. B. nicht, die Spannung mit E_0 und den Strom mit J_0 anzugeben, das Verhältnis dieser beiden gibt die beiden Bestimmungsstücke A und C nur in der Form $\sqrt{\omega^2 C^2 + A^2}$. Nur durch Kenntnis des Winkels δ wird der Zustand vollständig bestimmt, da damit auch $\frac{A}{\omega C}$ gegeben ist.

In Diagrammform erhält man für den realen Kondensator die Abb. 4. Man wählt E, den Effektivwert der Spannung, als Vektor mit der Phase Null. Die Feldstärke $\mathfrak{E}$ und die Verschiebung $\mathfrak{D}$ liegen in derselben Richtung, sie unterscheiden sich nur um reelle Faktoren $\frac{1}{a}$ bzw. $\frac{\varepsilon}{a}$ von E. J_c eilt um 90^0 vor, fällt also in die imaginäre Achse. Der Ohmsche Strom J_r ist dagegen mit E in Phase. Die vektorielle Summe von J_c und J_r ist der Gesamtstrom J, der gegen E um $\frac{\pi}{2} - \delta$ voreilt.

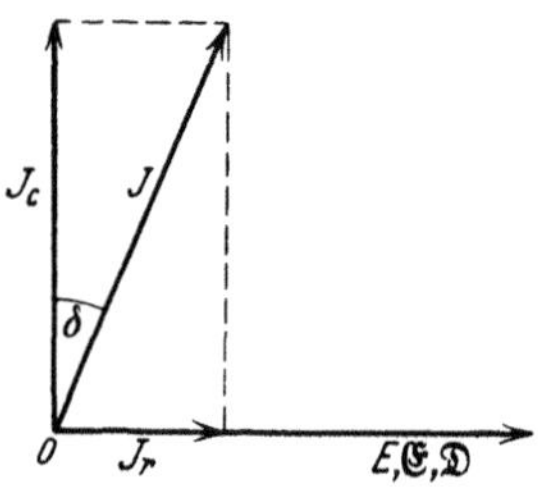

Abb. 4. Diagramm eines realen Kondensators mit Ableitung.

Diese Art des realen Kondensators ist aber nicht die einzige. Das Wesentliche dabei war, daß der Verlust im Kondensator durch die reine Ohmsche Leitfähigkeit gegeben ist, die der Kapazität sozusagen überlagert ist. Stellt man sich etwa Transformatorenöl vor, welches geringe Mengen von Wasser gelöst enthält, so haben wir bei technischer Frequenz einen typischen Fall dieser Art vor uns. Die Ableitung, welche hierbei auftritt, ist durch Anlegen von Gleichspannung an den Kondensator bestimmbar.

Nun wird aber in vielen Fällen eine Abweichung von diesem Verhalten beobachtet. Die Größe des Stromes, welcher mit der Spannung in Phase ist, läßt sich in verschiedener Weise experimentell messen, so daß sich das Verhältnis $\frac{J_r}{E}$ ermitteln läßt. Die so berechnete Leitfähigkeit erweist sich nun in den meisten Fällen von wesentlich höherer Größenordnung als die Gleichstromableitung A. Die Wärmeverluste, die in einem Kondensator bei Wechselspannung auftreten, sind in demselben Maße höher als die Gleichstromverluste, da die pro Zeiteinheit verbrauchte Energie durch

$$W = A E^2$$

gegeben ist. Diesen Mehrbetrag an Verlusten nennt man die dielektrischen Verluste.

Mit der Ursache dieser Erscheinung wollen wir uns an dieser Stelle nicht befassen, da es höchstwahrscheinlich mehrere Mechanismen gibt, welche zu dielektrischen Verlusten führen. Im zweiten und dritten Kapitel werden wir diese Möglichkeiten erörtern. Hier interessiert uns nur das allgemeine Verhalten eines solchen Dielektrikums. Ein Isolierstoff mit reiner Gleichstromableitung (Flüssigkeit bei niedriger Frequenz) verhält sich, wie schon erwähnt, in dielektrischer Beziehung bei Wechselspannung genau so wie bei Gleichspannung. Insbesondere hat ε genau dieselbe Bedeutung in beiden Fällen. Anders verhält es sich in Isolierstoffen mit erhöhten dielektrischen Verlusten. Denn hier ist der mit der Spannung phasengleiche Strom in zwei Bestandteile zu zerlegen. Der eine fließt infolge der Gleichstromableitung und kann wieder als J_r bezeichnet werden. Der andere entspricht den dielektrischen Verlusten und wir können ihn mit J_d bezeichnen. Wir geben die Verhältnisse auf Abb. 5 wieder. Die Wattkomponente des Stromes besteht aus J_d und J_r. Da aber die Komponente J_d keinem wirklichen Parallelwiderstand entspricht — was für J_r der Fall ist —, so müssen wir die Vektorsumme $(J_c + J_d)$ als jenen Strom bezeichnen, der zum Laden des Kondensators erforderlich ist und der demnach als $\frac{\partial \mathfrak{D}}{\partial t}$ betrachtet werden muß. Da alle Vektoren sinusförmig verlaufen, so muß $\mathfrak{D}$, die Verschiebung, selbst um 90^0 hinter $(J_c + J_d)$ zurückbleiben, wie in der Zeichnung angedeutet. Merkwürdigerweise werden also $\mathfrak{D}$ und $\mathfrak{E}$ nicht in eine Richtung fallen. Das Verhältnis zweier Vektoren, die den Winkel φ miteinander bilden und deren Absolutwerte im Verhältnis a zueinander stehen, ist $a e^{i\varphi}$. Halten wir an der Definition

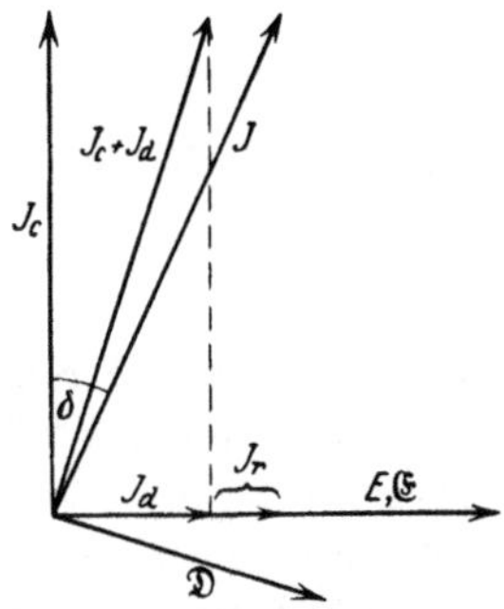

Abb. 5. Realer Kondensator mit dielektrischem Verlust.

$$\varepsilon = \frac{\mathfrak{D}}{\mathfrak{E}}$$

fest, so ergibt sich hiermit ε als komplexe Zahl. In dieser erweiterten Auffassung ergibt sich die Gleichspannungsbeanspruchung als Grenzfall für $\omega = 0$.

Zu beachten ist aber noch folgendes. Das Zusammenfassen von J_c und J_d zu einer Einheit ist physikalisch nicht nur berechtigt, sondern erforderlich, da ein wirklicher Widerstand, der J_d entspricht, nicht vorhanden ist. Vom elektrotechnischen Standpunkt sieht aber die Sache anders aus. Man pflegt nämlich J_d so aufzufassen, als ob ihm ein Widerstand zugrunde liegen würde, der neben der Gleichstromableitung auch noch parallel zum Kondensator geschaltet ist.

Der Ladestrom ergibt sich durch Multiplikation der Spannung mit $i\omega C$ oder mit $i\omega\varepsilon C_0$, falls C_0 den Kapazitätswert des entsprechenden Luftkondensators bedeutet. Wir haben somit für den Strom $J_c + J_d$ den Ausdruck $i\omega\varepsilon C_0 E$, wobei ε als komplex aufzufassen ist. Zerlegen wir ε formell nach der Gleichung

$$\varepsilon = \varepsilon' - i\,\varepsilon'' \tag{10}$$

in den reellen und imaginären Bestandteil, so haben wir für die Vektorsumme $J_c + J_d$ den Ausdruck $i\omega\varepsilon' C_0 E + \omega\varepsilon'' C_0 E$. Offenbar ist hier zunächst

$$J_c = i\,\omega\,\varepsilon' C_0 E\,,$$

so daß ε' nichts anderes ist als die Dielektrizitätskonstante des äquivalenten verlustfreien Kondensators. Andrerseits ist

$$J_d = \omega\,\varepsilon'' C_0 E$$

und, da

$$\operatorname{tg}\delta = \frac{J_d}{J_c}$$

— wobei für die Ströme die Absolutwerte zu nehmen sind —, so ist

$$\frac{\varepsilon''}{\varepsilon'} = \operatorname{tg}\delta\,. \tag{11}$$

Die meist geringe Stromkomponente J_r ist von dieser Betrachtung unabhängig. Zusammengefaßt können wir also sagen: Abgesehen vom Energieverlust durch die Gleichstromableitung sind Ladestrom und Spannung in einem realen Kondensator nicht genau um 90° phasenverschoben, so daß auch $\mathfrak{D}$ und $\mathfrak{E}$ nicht in dieselbe Richtung fallen. Die Ursache liegt darin, daß der Ladevorgang mit Energieverbrauch verknüpft ist. Dementsprechend muß ε als komplexe Zahl aufgefaßt werden. Man kann aber den wirklichen Kondensator durch eine Parallelschaltung eines Kondensators mit einem Widerstand ersetzt denken. Zerlegt man nun ε in den reellen und imaginären Bestandteil, so entspricht der reelle Teil der Dielektrizitätskonstante des äquivalenten Kondensators, während das Verhältnis des imaginären Bestandteils zum reellen den Verlustwinkel angibt. Oder aber, da

$$\operatorname{tg}\delta = \frac{4\,\pi\,\sigma_d}{\omega\,\varepsilon'}\,,$$

falls σ_d den reziproken spezifischen Widerstand des gedachten Äquivalentwiderstandes bedeutet:

$$\varepsilon'' = \frac{2\,\sigma_d}{\nu}\,.$$

Die abgeleiteten Beziehungen gelten ganz allgemein, unabhängig von speziellen Vorstellungen.

4. Die Verhältnisse im nichtquasistationären Feld.

Wir betrachteten bis jetzt Isolierstoffe in Gleich- und Wechselfeldern. Es erübrigt sich, jetzt noch die entsprechenden Größen für den Fall abzuleiten, daß das Dielektrikum von elektromagnetischen Schwingungen getroffen wird. Solche Zustände unterscheiden sich von gewöhnlichen Wechselfeldern dadurch, daß in einem herausgegriffenen

Augenblick der Zustand an verschiedenen Orten des Dielektrikums nicht derselbe ist. Deshalb nennt man sie auch nichtquasistationär.

Je höher die Frequenz der Schwingung, um so mehr verlassen wir das Gebiet des quasistationären Zustandes. Das Gebiet der ultrakurzen elektrischen Wellen, der Licht- und noch kürzeren Wellen gehört also hierher. Da Dielektriken vielfach auch mittels solch hoher Frequenzen untersucht werden, so ist es wichtig, sich auch über die hier obwaltenden Verhältnisse Klarheit zu verschaffen. Natürlich geben wir auch hier keine vollständige Theorie, teilen nur eben das Wesentlichste, das für das Verständnis notwendig ist, mit.

Grundlegend für die elektromagnetischen Schwingungen sind die beiden Maxwellschen Gleichungen. Die eine verallgemeinert die Beobachtung, daß in einem geschlossenen Kreis eine elektromotorische Kraft auftritt, wenn der umschlossene magnetische Fluß eine zeitliche Änderung erfährt. Sie lautet:

$$-\frac{\mu}{c}\frac{\partial \mathfrak{H}}{\partial t} = \operatorname{rot} \mathfrak{E} \,,$$

wo μ die magnetische Permeabilität des Dielektrikums, $\mathfrak{H}$ die magnetische, $\mathfrak{E}$ die elektrische Feldstärke bedeutet und $c = 3 \cdot 10^{10}$ cm sec^{-1}. Da μ für Dielektriken in erster Näherung gleich 1 ist, so wollen wir sie im folgenden weglassen. Unter der Rotation eines Vektors $\mathfrak{A}$ versteht man bekanntlich einen Vektor, dessen Komponenten aus denen der ersten gemäß der Beziehung

$$\operatorname{rot}_x \mathfrak{A} = \frac{\partial \mathfrak{A}_z}{\partial y} - \frac{\partial \mathfrak{A}_y}{\partial z}$$

abzuleiten sind. Die zweite Gleichung verallgemeinert den Befund, daß um elektrische Stromelemente geschlossene magnetische Kraftlinien vorhanden sind. Sie lautet:

$$\frac{\varepsilon}{c}\frac{\partial \mathfrak{E}}{\partial t} + \frac{4\pi\mathfrak{i}}{c} = \operatorname{rot} \mathfrak{H} \,,$$

wo $\mathfrak{i}$ den durch die Leitfähigkeit bedingten Strom im Dielektrikum bedeutet. Man kann daher für $\mathfrak{i}$ $\sigma\mathfrak{E}$ setzen. Das Wesentliche an dieser Gleichung ist das erste Glied. Nach Maxwell soll die zeitliche Zunahme des Verschiebungsstromes in demselben Sinne wirken wie ein Leitungsstrom. Denkt man sich etwa nach Abb. 6 einen geschlossenen Leiter durch ein Dielektrikum c unterbrochen und schaltet man die EMK E ein, so fließt während des Aufladens ein Strom i, dem im Kondensator die Änderung $\frac{1}{4\pi}\frac{\partial \mathfrak{D}}{\partial t}$ entspricht. Demzufolge befinden

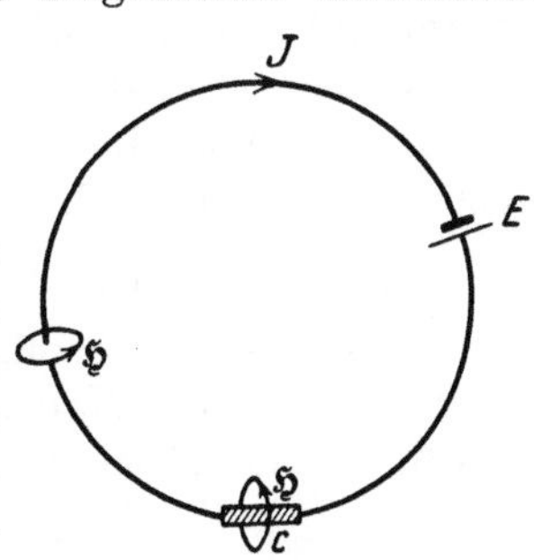

Abb. 6. Magnetisches Feld eines Leiters mit Kondensator.

sich magnetische Wirbellinien sowohl um den Leiter wie um den Isolierstoff.

Außer den beiden Gleichungen treten noch die weiteren Beziehungen

$$\operatorname{div} \mathfrak{H} = 0$$

und

$$\operatorname{div} \mathfrak{E} = 0$$

im Dielektrikum hinzu; wobei allgemein

$$\operatorname{div} \mathfrak{A} = \frac{\partial \mathfrak{A}_x}{\partial x} + \frac{\partial \mathfrak{A}_y}{\partial y} + \frac{\partial \mathfrak{A}_z}{\partial z}.$$

Es befindet sich also keine Raumladung im Felde.

Aus den beiden Maxwellschen Gleichungen läßt sich einer der Vektoren, z. B. $\mathfrak{H}$, eliminieren. Man bildet von der ersten Gleichung die Rotation:

$$-\frac{1}{c} \operatorname{rot} \frac{\partial \mathfrak{H}}{\partial t} = \operatorname{rot} \operatorname{rot} \mathfrak{E}.$$

Die zweite differenziert man nach der Zeit und multipliziert mit $-\frac{1}{c}$:

$$-\frac{\varepsilon}{c^2} \frac{\partial^2 \mathfrak{E}}{\partial t^2} - \frac{4\pi\sigma}{c^2} \frac{\partial \mathfrak{E}}{\partial t} = -\frac{1}{c} \operatorname{rot} \frac{\partial \mathfrak{H}}{\partial t}.$$

Daher:

$$-\frac{\varepsilon}{c^2} \frac{\partial^2 \mathfrak{E}}{\partial t^2} - \frac{4\pi\sigma}{c^2} \frac{\partial \mathfrak{E}}{\partial t} = \operatorname{rot} \operatorname{rot} \mathfrak{E}.$$

Da allgemein

$$\operatorname{rot} \operatorname{rot} \mathfrak{A} = \nabla \operatorname{div} \mathfrak{A} - \nabla^2 \mathfrak{A},$$

so wird

$$\frac{\varepsilon}{c^2} \frac{\partial^2 \mathfrak{E}}{\partial t^2} + \frac{4\pi\sigma}{c^2} \frac{\partial \mathfrak{E}}{\partial t} = \nabla^2 \mathfrak{E}.$$

Beschränkt man sich auf den eindimensionalen Fall, wonach die Größen nur in einer, etwa der x-Richtung veränderlich, in der y-z-Ebene dagegen jeweils konstant sind, so fallen in der letzten Gleichung die Differentialquotienten nach y und z weg. Andererseits ergibt sich, daß $\frac{\partial \mathfrak{E}_x}{\partial t} = 0$, so daß etwa vorhandene x-Komponente der Feldstärke von statischen Feldern herrührt und daher mit dem Schwingungsvorgang nichts zu tun hat. Man setzt somit $\mathfrak{E}_x = 0$. Man erhält dann für $\mathfrak{E}_y$ und $\mathfrak{E}_z$ je eine Gleichung. Für $\mathfrak{E}_y$ z. B. lautet sie

$$\frac{\varepsilon}{c^2} \frac{\partial^2 \mathfrak{E}_y}{\partial t^2} + \frac{4\pi\sigma}{c^2} \cdot \frac{\partial \mathfrak{E}_y}{\partial t} = \nabla^2 \mathfrak{E}_y, \tag{12}$$

wo nun ∇^2 den Laplaceschen Operator bedeutet.

Die Lösung dieser Gleichung ist

$$\mathfrak{E}_y = \mathfrak{E}_0 e^{i 2\pi\nu\left(t - \frac{p x}{c}\right)}, \tag{13}$$

wo $\mathfrak{E}_0$ und ν Konstanten sind. Für p erhält man eine Bedingungsgleichung. Setzt man nämlich die Lösung in die Differentialgleichung ein, so ergibt sich:

$$p^2 = \varepsilon - i\frac{2\sigma}{\nu},$$

also komplex. Man setzt nun zweckmäßig

$$p = n - i n \varkappa, \tag{14}$$

indem man statt ε und σ n und $\varkappa$ einführt. Dann lautet die Lösung

$$\mathfrak{E}_y = \mathfrak{E}_0 e^{-\frac{\omega n \varkappa x}{c}} e^{i\omega\left(t - \frac{n x}{c}\right)}$$

mit $\omega = 2\pi\nu$. Dieses ist aber nichts anderes als eine exponentiell abklingende Sinusschwingung der Frequenz ω. Die Wellen schreiten in der x-Richtung fort, und zwar mit einer Geschwindigkeit

$$v = \frac{c}{n}.$$

Da c die Ausbreitungsgeschwindigkeit im Vakuum ist, ist n der sog. Brechungsindex. Die Wellenlänge λ ist dann definiert durch

$$\lambda = \frac{v}{\nu}.$$

$\varkappa$ ist der Absorptionskoeffizient. Nimmt x um λ zu, so muß die Amplitude mit $e^{-2\pi\varkappa}$ multipliziert werden.

Die beiden für das Dielektrikum charakteristischen Konstanten n und $\varkappa$ hängen aber mit den Konstanten ε und σ zusammen. Es ist aus der Definitionsgleichung für p

$$p^2 = n^2 - n^2\varkappa^2 - 2 i n^2 \varkappa.$$

Dies mit der Bedingungsgleichung für p^2 verglichen, ergibt

$$\varepsilon = n^2(1 - \varkappa^2) \tag{15}$$

und

$$\frac{\sigma}{\nu} = n^2\varkappa. \tag{16}$$

Daraus

$$n^2 = \frac{1}{2}\left\{\sqrt{\varepsilon^2 + \frac{4\sigma^2}{\nu^2}} + \varepsilon\right\}$$

und

$$n^2\varkappa^2 = \frac{1}{2}\left\{\sqrt{\varepsilon^2 + \frac{4\sigma^2}{\nu^2}} - \varepsilon\right\}.$$

Die beiden Gleichungen besagen folgendes. Ist zunächst $\sigma = 0$, haben wir also ein ideales Dielektrikum vor uns, so wird

$$n^2 = \varepsilon$$

und

$$\varkappa = 0.$$

Die erste Gleichung ist die sog. Maxwellsche Beziehung zwischen Brechungsexponenten und Dielektrizitätskonstante. Je höher letztere, um so stärker werden die elektrischen Wellen gebrochen, weil die Ausbreitungsgeschwindigkeit v um so kleiner ist. Ist dagegen die Leitfähigkeit des Dielektrikums von Null verschieden, so tritt sofort Dämpfung auf. Die elektromagnetische Energie wird in Wärme umgesetzt, so daß die Wellen allmählich erlöschen.

Wenn auch nun sicher ist, daß endliche Leitfähigkeit Absorption bewirkt, so ist das Umgekehrte nicht der Fall, daß nämlich Absorption nur durch endliche Leitfähigkeit bewirkt wird. Daß Metalle infolge der hohen Leitfähigkeit undurchsichtig sind, ergibt sich aus dieser Theorie ohne weiteres. Daß wäßrige Lösungen trotz ihrer hohen Leitfähigkeit durchsichtig sind, ist nur ein scheinbarer Widerspruch. So hohen Frequenzen, wie sie die Lichtwellen darstellen, folgen die trägen Ionen nicht mehr, σ ist also für diese Frequenzen tatsächlich sehr klein.

Andererseits sind viele Fälle bekannt, wo deutliche Absorption ohne Leitfähigkeit vorhanden ist, so z. B. an Kristallen. Auch zahlenmäßig befriedigen die Gleichungen für n^2 und $n^2\varkappa^2$ nur in wenigen Fällen, so z. B. für elektrische Wellen in wäßrigen Lösungen. Ferner wird das häufigste Verhalten, das Ansteigen des Brechungsindex mit der Frequenz, die sog. normale Dispersion von den Formeln überhaupt nicht erfaßt.

Die Abweichung der Theorie von dem Experiment ist genau von derselben Art wie im vorigen Abschnitt in betreff der Wechselströme. Dielektrische Verluste treten auch infolge Leitfähigkeit auf, die meisten entstehen jedoch aus ganz anderem Grunde und sind so groß, daß der aus der Leitfähigkeit herrührende Anteil meistens zu vernachlässigen ist. Hier auch. Für die Absorption sind andere Mechanismen verantwortlich zu machen. Da wir hier nur allgemeingültige Sätze abzuleiten haben, so wollen wir so vorgehen wie im vorigen Abschnitt und zusehen, wie wir die Dielektrizitätskonstante aufzufassen haben, wenn wir mit ihrer Hilfe auch die Verluste erklären wollen. Aus der zweiten Maxwellschen Gleichung ist zunächst das Glied mit der Leitfähigkeit zu streichen, da wir σ Null annehmen wollen. Wir haben dann für $\mathfrak{E}_y$:

$$\frac{\varepsilon}{c^2}\frac{\partial^2 \mathfrak{E}_y}{\partial t^2} = \nabla^2 \mathfrak{E}_y . \tag{12a}$$

Die Lösung ist wieder die Gl. (13). Setzen wir

$$p = n - i n \varkappa$$

in die Differentialgleichung ein, so ergibt sich als allgemeine Bedingung

$$\varepsilon = p^2 ,$$

d. h. ε erweist sich als komplex, genau so wie in Abschnitt 3. Wir zerlegen wieder nach

$$\varepsilon = \varepsilon' - i\,\varepsilon''$$

und erhalten durch Vergleich

$$\varepsilon' = n^2(1 - \varkappa^2) \tag{17}$$

und

$$\varepsilon'' = 2n^2\varkappa. \tag{18}$$

Will man ganz allgemein die Absorption der Wellen in Isolierstoffen deuten, so ist also ε komplex zu setzen, wobei der reelle und imaginäre Teil durch die letzten Gleichungen mit n und $\varkappa$ zusammenhängen. ε' erhält die Bedeutung der Dielektrizitätskonstante eines äquivalenten absorptionsfreien Isolierstoffes. Das Ergebnis ist also ganz analog dem des vorigen Abschnittes, mit dem Unterschied, daß dort ε und $\operatorname{tg}\delta$, hier dagegen n und $\varkappa$ als experimentelle Größen vorkommen und mit den beiden Komponenten der komplexen Dielektrizitätskonstante in Zusammenhang gebracht worden sind.

Auf diese Weise haben wir die experimentellen Größen mit den theoretischen verknüpft.

5. Die experimentelle Bestimmung der dielektrischen Größen.

Wir haben bis jetzt folgendes festgestellt. Die in Gl. (3) definierte Größe α ist am ehesten dazu geeignet, sie aus theoretischen Überlegungen abzuleiten. Mittels (5) erhalten wir daraus ε. Im allgemeinen wird für ε eine komplexe Zahl herauskommen, was dafür spricht, daß das Dielektrikum dielektrische Verluste aufweist, die nichts mit der Gleichstromableitung zu tun haben. Eine Zerlegung von ε nach Gl. (10) liefert dann theoretische Werte für ε' und ε''.

Die Größe σ der Gl. (8b) ist auch eine theoretisch berechenbare Größe, deren Betrachtung nicht nur die Ströme bei Gleichspannung, sondern unter Umständen auch gewisse zusätzliche Verluste bei Wechselspannung erklären kann (s. Kap. III).

Das, was man durch die Experimente tatsächlich bestimmt, ist im Falle von Gleichspannung die Spannung und die Ladung des Kondensators. Gl. (7) ergibt daraus den Wert von ε für Gleichspannung. Aus Messung des stationären Stromes läßt sich σ nach (8b) berechnen. Arbeitet man mit Wechselströmen, so mißt man den Strom und seine Phasenverschiebung gegen die Spannung. Daraus ist C und A zu berechnen, welche durch die Gl. (7) und (11) mit den theoretischen Werten zusammenhängen.

Werden elektrische Schwingungen verwendet, so ergeben sich durch das Experiment die Größen n und $\varkappa$. Diese hängen mit ε' und ε'' durch Gl. (17) und (18) zusammen.

Auf diese Weise läßt sich durch das Experiment die Theorie prüfen oder es lassen sich auf diese Art aus dem Experiment theoretisch angesetzte Molekularkonstanten ermitteln. Bevor wir nun auf die Theorien und auf ihre Prüfung durch das Experiment eingehen, sollen zunächst die wesentlichsten Methoden geschildert werden, welche zur Bestimmung der oben skizzierten Größen führen.

Ganz allgemein erfolgt die Messung der dielektrischen Größen in hierzu geeigneten Meßkondensatoren.

Am leichtesten ist die Untersuchung von flüssigen Dielektriken, indem man sie in einen passenden Luftkondensator, der in einem Gefäß untergebracht ist, hereinbringt. Die Kondensatoren sind so zu bauen, daß möglichst wenig Kraftlinien nach außen streuen, daß sie alle in nächster Umgebung des Kondensators verlaufen. Da man ideale Plattenkondensatoren nicht wirklich erreichen kann, so lassen sich nach der Formel

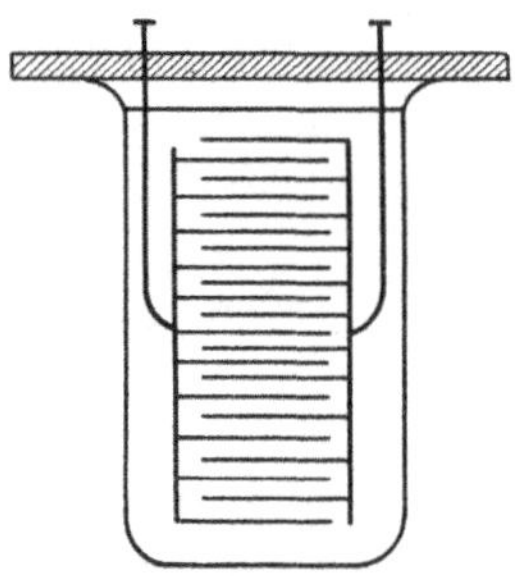

Abb. 7. Meßkondensator für Flüssigkeiten.

$$C = \frac{\varepsilon f}{4\pi a}$$

(f = Belegungsfläche) keine genauen Werte für ε berechnen. Ist das Gefäß, welches den Kondensator umgibt (Abb. 7), so dimensioniert, daß alle Kraftlinien in der Flüssigkeit verlaufen, dann bestimmt man die Kapazität einmal in Luft, einmal in der Flüssigkeit. Auf diese Weise umgeht man die Berechnung nach obiger Formel. Die Kapazität ist im zweiten Fall jedenfalls

$$C = \varepsilon C_0 ,$$

wo C_0 die sog. geometrische Kapazität oder die Kapazität im Vakuum ist, welche sehr nahe gleich der Luftkapazität ist, da ε für Luft 1,0006 beträgt. Das Verhältnis der beiden Meßwerte gibt dann ε an. Untersucht man Gase, so müssen die Werte im Vakuum und in dem betreffenden Gas verglichen werden.

Arbeitet man mit hohen Spannungen (über 1 kV), so ist ein entsprechender Kondensator zu nehmen. Die Belegungen dürfen dann keine scharfen Kanten mehr haben, da sonst Sprühen auftritt und die Meßwerte gestört werden. Am besten eignet sich hierfür ein sog. Kabelphantom, das von der Physikalisch-Technischen Reichsanstalt konstruiert worden ist (Abb. 8). a ist die metallene zylindrische Außenbelegung, oben in einen Glastrichter b übergehend, der mit der Holzplatte c endet. Unten befindet sich ein Bolzen d aus widerstandsfähigem Isoliermaterial, einer Bakelitpreßmasse, welcher die zylindrische Innenbelegung trägt. Dieselbe besteht aus einem Mittelstück e und zwei Endstücken f und f', welche voneinander durch die Isolierringe g, g' getrennt sind. Das Ganze wird oben durch Schrauben h festgehalten, wobei mittels einer passenden Matrize auf überall gleichen Abstand zwischen Innen- und Außenzylinder geachtet werden muß. Das Wesentliche bei der Anordnung ist die Trennung der Innenbelegung in drei Abschnitte. Nur die mittlere wird vermittels der Leitung i zur Meßapparatur geführt, während die Endstücke durch die Leitung k gesondert geerdet werden. Der Außenzylinder erhält hierbei die Hochspannung. Der eigentliche Meßkondensator ist hiermit ein rein zylindrischer, ohne nennenswerte Verzerrung an den Enden, so daß die Kapazität durch die Gleichung

$$C = \frac{\varepsilon l}{2 \ln \frac{R}{r}}$$

gegeben ist, wo l die Länge, R den äußeren, r den inneren Radius bedeutet. Daraus läßt sich ε recht genau berechnen. Außerdem stören die Sprüh- und Kriechströme nicht, da sie alle durch die beiden Schutzringe zur Erde abgeleitet werden.

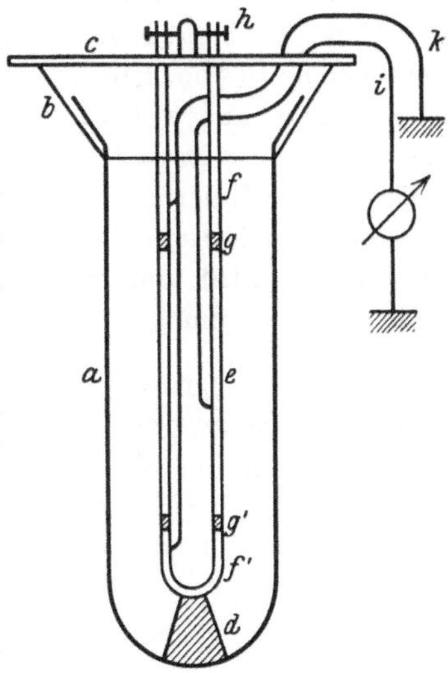

Abb. 8. Kabelphantom.

Schwieriger gestaltet sich die Untersuchung fester Isolierstoffe. Bei niedrigen Spannungen kommt man z. B. mit dem Dreiplattenkondensator aus. Aus dem Isolierstoff werden zwei planparallele Platten geschnitten, welche kreisförmige Stanniolbelegungen erhalten. Die Platten werden dann direkt aufeinandergelegt. Die zwei inneren Stanniolscheiben dienen als eine Belegung, die zwei äußeren als andere, und zwar geerdete Belegung. Dadurch werden Streulinien nach der Umgebung wesentlich ausgeschaltet.

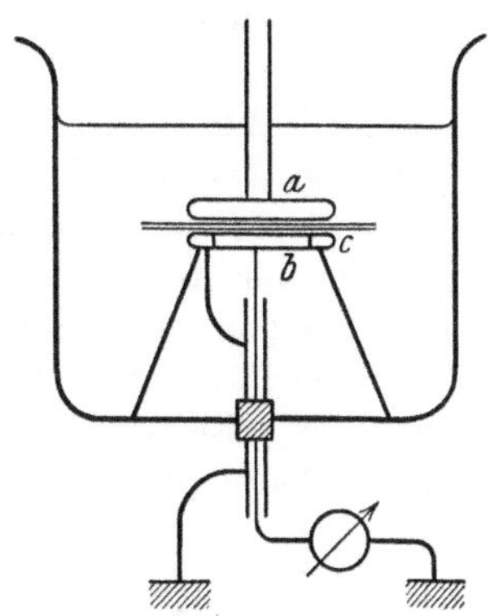

Abb. 9. Hochspannungskondensator für Platten.

Für Messungen mit Hochspannung sind wieder besondere Maßnahmen am Platze (Abb. 9). Läßt sich der Isolierstoff in Plattenform bringen (Papier, Lackleinen, Bakelit usw.), dann legt man ihn zwischen zwei Plattenelektroden (a, b) mit abgerundeten Kanten, von denen die untere einen isolierten Schutzring (c) erhält, welcher direkt geerdet wird. Das Ganze wird in Öl getaucht, um Sprüherscheinungen in der umgebenden Luft zu vermeiden. Da die Ölschicht zwischen Metall und Isolierstoff die Einhaltung eines genauen Abstandes erschwert, empfiehlt es sich, die Isolierstoffe zu metallisieren. Hierfür eignet sich z. B. eine in Gelatine verrührte Graphitaufschwemmung.

Geradezu ideal läßt sich infolge seiner Werkstoffeigenschaften Glas untersuchen (Abb. 10). Man bläst eine Röhre in Form einer dünnwandigen Kugel auf, wobei man zu Wandstärken von 0,1 mm und darunter gelangt. Die dünne Kugel setzt sich nach oben in die dickwandige Röhre fort. Innerhalb und außerhalb der Kugel befindet sich Wasser als Leiter (*a*). Innen wie außen wird das Wasser mit Öl (*b*) bedeckt. Die Röhre wird von einer Kork- oder Hartgummischeibe *c* getragen. Die Hochspannung wird bei *d* zugeführt, die geschützte Leitung *e* führt zur Meßapparatur. Die ganze Kapazität ist nur durch die Kugel bedingt, deren Stärke sich mikroskopisch bestimmen läßt, indem mittels der Mikrometerschraube auf zwei Striche an der Außen- und Innenfläche scharf eingestellt wird.

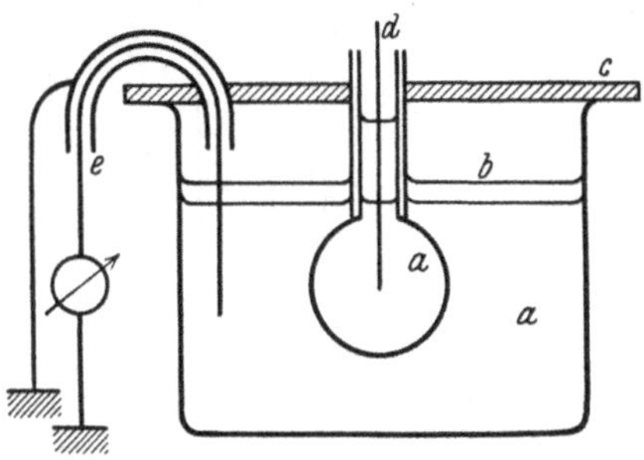

Abb. 10. Glaskondensator.

Die beschriebenen Kondensatoren dienen sämtlich nicht nur zur Bestimmung von Kapazitäten, sondern auch zur Messung der Ableitung bzw. Verluste.

Die einzelnen Meßanordnungen sind in der Hauptsache die folgenden.

a) Die Messungen mittels Gleichspannung zerfallen in solche der statischen Dielektrizitätskonstante und der Ableitung.

Die erste wird bestimmt auf Grund der Gl. (7). Man verfährt z. B. so, daß man die Ladung Q konstant hält, dagegen die Kapazität verändert, indem man eine bekannte Kapazität C_1 mit einer unbekannten C_2 vergleicht. Man lädt einen Kondensator (C_1) auf und verbindet ihn mit einem Elektrometer geringer Kapazität. Die Spannung sei V_1; dann schaltet man C_2 zu, worauf die Spannung auf V_2 sinkt, wobei

$$V_1 C_1 = V_2 (C_1 + C_2).$$

Daraus läßt sich sofort C_2 berechnen.

Gebräuchlicher ist es noch, Ladung und Spannung eines Kondensators zu messen, der den zu untersuchenden Stoff als Dielektrikum enthält. Die Messung der Spannung und der Ladung erfolgt in der üblichen Weise, die der letzteren meistens mit dem ballistischen Galvanometer.

Besitzt das Dielektrikum sog. Rückstandsladungen (s. Kap. III), so sind die zugehörigen Rückstandsströme auch zum Ladestrom zu rechnen, derselbe verläuft eben sehr langsam. Man mißt auf diese Weise bei Gleichspannung wesentlich höhere Dielektrizitätskonstanten als für Wechselspannung.

Die Messung der Spannung läßt sich vermeiden, wenn man die Gesamtladung mißt und jene, welche noch übriggeblieben ist, nachdem der Kondensator mittels eines hohen Widerstandes R während der Zeit t geschlossen wurde. Die Entladung eines Kondensators erfolgt nämlich nach der Gleichung

$$E = E_0 e^{-\frac{t}{RC}},$$

oder, wenn das Verhältnis der kleineren zur Gesamtladung n ist,

$$C = -\frac{t}{R \ln n}.$$

Bei der Messung der zweiten charakteristischen Konstante, der Gleichstromableitung, hat man auf die Rückstandsströme ebenfalls zu achten. Für σ ist nämlich jener Stromwert maßgebend, den man nach längerer Zeit nach Anlegen der Spannung bekommt, wenn der Strom schon nachweisbar konstant geworden ist. Man nennt diesen Strom auch Reststrom.

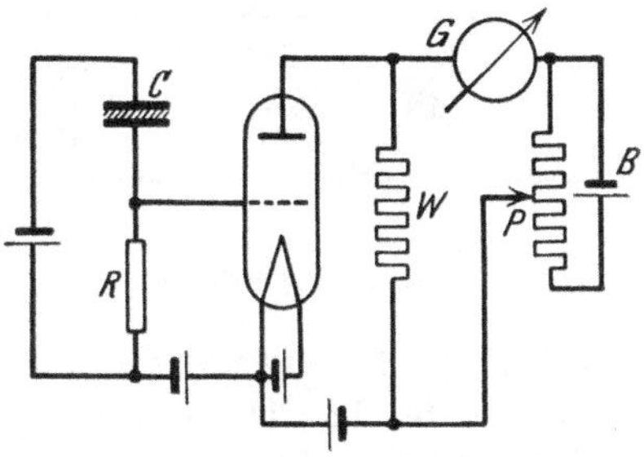

Abb. 11. Gleichstromverstärker.

Es handelt sich meist um sehr geringe Ströme, deren Messung vielfach recht schwierig ist. Bis 10^{-10} Amp kommt man mit dem Spiegelgalvanometer aus. Für noch geringere Ströme eignen sich besser andere Verfahren. So kann man in Serie mit dem Kondensator einen hochohmigen Widerstand schalten, zu dem parallel ein Elektrometer gelegt wird. Dies gibt sofort den Strom an. Ein anderes Verfahren besteht in der sog. Gleichstromverstärkung mittels Elektronenröhren. Die kleine Spannung, die an einem Serienwiderstand abfällt, wird an Gitter und Kathode einer Röhre von möglichst steiler Charakteristik gelegt. Die Zunahme des Anodenstromes wird gemessen. Um möglichst empfindliche Instrumente verwenden zu können, kann man sich der Kompensationsschaltung bedienen (Abb. 11). C ist der zu messende Kondensator, R der Serienwiderstand, G das empfindliche Galvanometer. Der Anodenstrom im Galvanometer wird durch die Batterie B mit dem Potentiometer P kompensiert. W ist ein entsprechend hoher Widerstand, welcher bewirkt, daß die Stromschwankungen im Anodenkreis durch das Instrument gehen.

Oder aber man verwendet die sog. Differentialschaltung mittels zweier Verstärkerröhren.

Man mißt im Kondensator jeweils einen Stromwert J_r, der gemäß

$$J_r = AE$$

die Ableitung liefert. Die Leitfähigkeit ist dann durch

$$\sigma = \frac{A}{4\pi C_0}$$

gegeben, wo C_0 die Luftkapazität des Kondensators ist, die, wie erwähnt, auch stets gemessen werden muß, sofern sie nicht zuverlässig berechnet werden kann.

b) Die Messung der Dielektrizitätskonstante und der Verluste bei Wechselströmen erfolgt am zweckmäßigsten in einer Brückenschaltung; jedenfalls liefert sie die genauesten Werte, weil sie eine Nullmethode ist. Wir beschreiben von den vielen möglichen Schaltungen zwei grundlegende, nämlich die Wagner- und die Schering-Brücke.

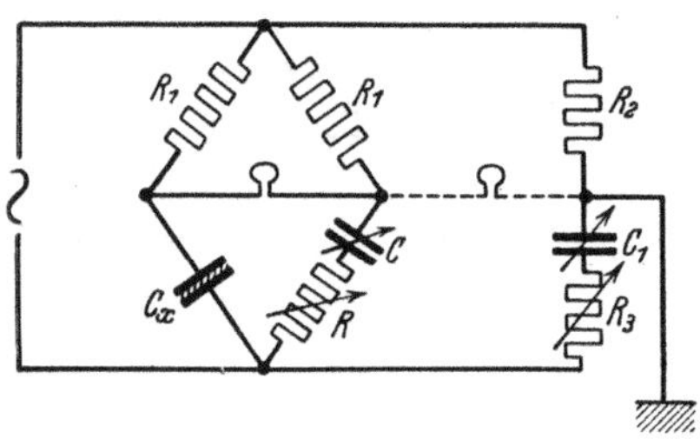

Abb. 12. Wagnerbrücke.

Als Vorläufer der Wagner-Brücke kann die Nernst-Brücke [117] angesehen werden. Sie beruht auf passender Kompensierung der Verluste mittels parallelgeschalteter Flüssigkeitswiderstände an den Vergleichskondensatoren. Die Wagner-Brücke [174] verwendet zum Abgleich einen äquivalenten Serienwiderstand (Abb. 12). Die vier Zweige der Brücke bestehen aus zwei gleichen Widerständen R_1, der unbekannten Kapazität mit Verlusten C_x und einer Serienschaltung von Kapazität und Widerstand (C, R). Im allgemeinen ist bei einer Wechselstrombrücke Gleichgewicht, d. h. Stromlosigkeit im Brückenzweig, wenn die momentanen Teilspannungen der vier Zweige: e_1, e_2, e_3, e_4 stets der Bedingung

$$\frac{e_1}{e_2} = \frac{e_3}{e_4}$$

genügen. Oder in komplexer Darstellung:

$$\frac{E_1 e^{i\varphi_1}}{E_2 e^{i\varphi_2}} = \frac{E_3 e^{i\varphi_3}}{E_4 e^{i\varphi_4}}.$$

Diese Bedingung zerfällt in die zwei reellen Bedingungen

$$\frac{E_1}{E_2} = \frac{E_3}{E_4}$$

und

$$\varphi_1 + \varphi_4 = \varphi_2 + \varphi_3.$$

Die erste Gleichung ergibt auf die Wagnerbrücke angewendet

$$C_x = C\,,$$

da der Verlust, somit R im Verhältnis zu $\frac{1}{\omega C}$ als klein angenommen wird. Die zweite Bedingung liefert

$$\operatorname{tg}\delta = \omega C R\,.$$

Es werden somit Kapazität und Verlustwinkel der äquivalenten Serienschaltung gemessen. Die Ableitung in der äquivalenten Parallelschaltung, A_d, steht mit tg δ im Zusammenhang:

$$\operatorname{tg}\delta = \frac{A_d}{\omega C}\,,$$

so daß

$$A_d = R\,\omega^2 C^2\,.$$

Die genannten Formeln sind alle Annäherungen für kleine Verluste, wie sie aber in der Praxis vorkommen. Die Wagnersche Schaltung hat den Vorteil, daß man nicht mit hochohmigen Flüssigkeitswiderständen zu arbeiten braucht, wie in der Nernstbrücke, sondern mit gewöhnlichen Rheostaten.

Eine wesentliche Neuerung in der Wagnerbrücke ist die sog. Nebenbrücke, wie rechts in der Abb. 12 ersichtlich. Eine größere Genauigkeit, insbesondere bei höheren Frequenzen, wird nämlich durch die Erdkapazitäten der einzelnen Brückenpunkte sehr beeinträchtigt. Dadurch entstehen unkontrollierbare und stets veränderliche kapazitive Parallelzweige zu den vier Brückenarmen, so daß die Meßwerte gefälscht werden und ein Abgleich vielfach gar nicht möglich ist.

Die angegebene Schaltung auf Abb. 12, die sog. Nebenbrücke vermeidet diesen Übelstand, indem die Brückenpunkte auf Erdpotential gebracht werden, so daß in den kapazitiven Erdschlüssen von da aus keine Ströme fließen, somit das Gleichgewicht der Hauptbrücke ungestört bleibt. Dieser Abgleich findet durch die Widerstände R_2 und R_3 und den Kondensator C_1 statt, das Telephon wird zwecks Abgleich in die Nebenbrücke umgeschaltet. Ist die Nebenbrücke abgeglichen, so wird das Telephon wieder in die Hauptbrücke geschaltet und letztere nochmals genau abgeglichen. Die Erdschlüsse, welche zu den Nebenbrückenzweigen parallel liegen, stören jetzt nicht mehr, sie sind einfach der gesamten Brücke parallelgeschaltet. Das Telephon darf aber beim endgültigen Abgleich nicht in der Nebenbrücke liegen bleiben, da dann winzige Spannungsunterschiede der Brückenpunkte gegen Erde doch zu störenden Strömen führen könnten.

Mit der Wagnerbrücke und ihren verschiedenen Nachfolgern (Jordan-, Thomas-Küpfmüllerbrücke usw.) lassen sich ε und tg δ insbesondere für Hörfrequenzen und niedrige Spannungen ermitteln.

Für Hochspannung kommt sie nicht in Frage, da der zu regelnde Drehkondensator unter Hochspannung stehen würde. Hier greift die Scheringbrücke [152] ein, welche die Einstellung des Gleichgewichts auf die Niederspannungsseite der Brücke verlegt (Abb. 13). Hochspannungsseitig befindet sich der zu messende Kondensator C_1 mit dem zu untersuchenden Isolierstoff, sowie ein verlustfreier Kondensator C_2, ebenfalls für Hochspannung bestimmt. Als solcher ist am idealsten ein Luftkondensator nach Petersen, da er vollständig verlustfrei ist. Für sehr hohe Spannungen wird er allerdings zu groß und unhandlich. Man behilft sich mit Glaskondensatoren (Minosflasche der Firma Zeiss), welche nur sehr geringe Verluste haben und die man vorher durch Vergleich mit einem Luftkondensator feststellen kann oder neuerdings mit Preßluftkondensatoren, die unter gleichbleibenden Dimensionen eine dem Druck proportionale Spannung aushalten.

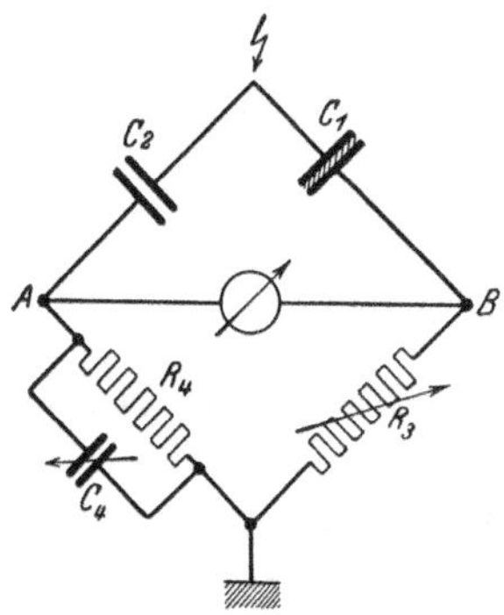

Abb. 13. Scheringbrücke.

Sehr wesentlich ist der Schutz der zu den Brückenpunkten A und B führenden Leitungen gegen Sprühströme seitens der Hochspannungsleitungen. Allerdings muß die Schutzerdung ohne nennenswerte Kapazität zwischen A bzw. B und Erde ausgeführt werden, da sie sonst in ähnlicher Weise stören können, wie die parasitären Kapazitäten in der Wagnerbrücke, obwohl sie allerdings bei 50 Hertz nicht allzu gefährlich sind. In den unteren Zweigen haben wir den festen Widerstand R_4, mit dem drehbaren Kondensator C_4 und den variablen Widerstand R_3. Der untere Brückenpunkt wird an Erde gelegt und zwischen A und B befindet sich als Nullinstrument ein Vibrationsgalvanometer, welches mittels einer Hilfsspule und einer Hilfsspannung von 4 V in Resonanz mit der zu verwendenden Frequenz gebracht wird. Die Einstellung des Gleichgewichts erfolgt durch Variieren von R_3 und C_4. Ist Gleichgewicht vorhanden, dann gilt offenbar für die Kapazität

$$C_1 = \frac{R_4 C_2}{R_3}$$

und für den Verlustwinkel

$$\operatorname{tg} \delta = \omega C_4 R_4 .$$

Man wählt praktischerweise $R = 318\,\Omega$, dann ist bei 50 Hz

$$\operatorname{tg} \delta = 0{,}1\, C_4 ,$$

falls C_4 in μF gemessen wird.

Das Arbeiten mit der Scheringbrücke ist nicht leicht, liefert aber bei Einhaltung aller Vorsichtsmaßregeln sehr genaue Werte. Die Anwendung der Scheringbrücke zur Ermittlung der Oberwellen des dielektrischen Stromes nach einem vom Verfasser angegebenen Verfahren wird im speziellen Teil erörtert.

Ferner sei mit einigen Worten auf eine Hochfrequenzmethode eingegangen, welche die Werte ε und tg δ bei ganz hohen Schwingungszahlen (bis zu $\omega \sim 10^7$) zu ermitteln gestattet. Die Brückenmethode ist in diesem Frequenzbereich nicht so gut geeignet, da die Hochfrequenzinstrumente (also z. B. Detektor mit Galvanometer) beim Nullpunkt unempfindlich sind und sich somit wenig als Nullinstrument eignen. Man verwendet hier besser eine Substitutionsmethode wie in Abb. 14 angegeben. Durch einen Generator G wird der Schwingungskreis S angeregt und schwingt mit der Eigenfrequenz ω_0, welche als Untersuchungsfrequenz dient. Die Schwingung wird auf die Spule S' gekoppelt, welche durch den variablen Kondensator C' geschlossen ist. Parallel zum letzteren liegt ein Elektrometer E sowie der zu untersuchende Kondensator C_x. Durch Verstellen von C' läßt sich am größten Ausschlag des Elektrometers der Resonanzpunkt erkennen. Nun wird statt C_x der Kondensator C und der mit ihm in Reihe geschaltete Widerstand R eingeschaltet. Durch Verstellen von C sucht man wieder den Resonanzpunkt und durch Verstellen von R stellt man auf den früheren Absolutwert von E ein. Damit ist

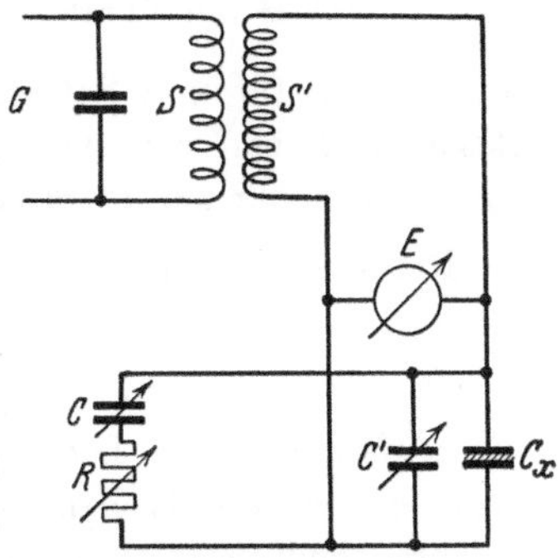

Abb. 14. Substitutionsmethode für Hochfrequenz.

$$C_x = C$$

und

$$\operatorname{tg}\delta = \omega_0 C R .$$

c) Zum Schluß soll das Prinzip jener Methoden erwähnt werden, welche mit Hilfe elektromagnetischer Wellen arbeiten, deren Wellenlänge von der Größenordnung der Apparatdimensionen wird. Dann haben wir es mit Vorgängen zu tun, wie in Abschnitt 4 behandelt. Es werden dann nicht Dielektrizitätskonstante und Verlustwinkel, sondern Brechungsindex und Absorptionskoeffizient bestimmt.

Die am meisten angewendete Methode ist die mittels stehender Wellen längs eines Lecherschen Drahtsystems, die sog. erste Drudesche Methode (Abb. 15). T ist ein gewöhnlicher Transformator, dessen Sekundärwindung zur Funkenstrecke F führt. Von da geht es zu einem

Teslatransformator T', dessen sekundäre Windung zu einem sog. Blondlotschen Erreger B führt. Die von hier ausgehenden Schwingungen werden auf ein paralleles Lechersches Drahtsystem übertragen. Es bilden sich an diesem stehende Schwingungen aus. Die Knoten werden durch Drahtbügel D erzeugt, eine in der Mitte zwischen zwei Bügeln aufgelegte Geißlerröhre leuchtet auf, da sich hier ein Spannungsbauch befindet. Die Röhre leuchtet am stärksten auf, wenn zwischen dem Blondloterreger und dem Lechersystem Resonanz besteht. Die Frequenz des ersten ist durch seine Kapazität und Selbstinduktion bestimmt, sie sei ν. Im Falle von Resonanz haben wir auch am Lechersystem die Schwingungszahl ν.

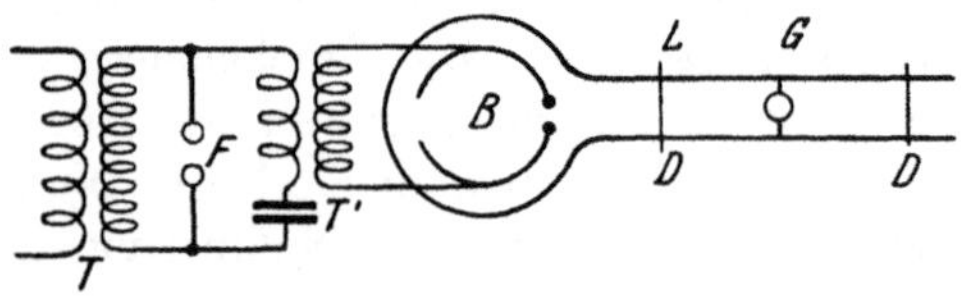

Abb. 15. Erste Drudesche Methode.

Die Entfernung zweier Schwingungsknoten beim maximalen Leuchten der Röhre sei in Luft $\frac{\lambda_0}{2}$. Aus der so bestimmten Wellenlänge λ_0 hat man:

$$\nu = \frac{c}{\lambda_0}.$$

Laufen jetzt die Lecherdrähte in der zu untersuchenden Flüssigkeit, so wird die Wellenlänge verringert und die Drahtbügel müssen entsprechend zusammengerückt werden, damit maximales Aufleuchten stattfindet. Die so bestimmte Wellenlänge sei λ. Dann ist

$$\nu = \frac{v}{\lambda}.$$

Da $n = \frac{c}{v}$, so ist gleichzeitig:

$$n = \frac{\lambda_0}{\lambda}.$$

Mit derselben Anordnung läßt sich auch $\varkappa$ bestimmen. Man vergleicht die Intensität zweier um eine Wellenlänge entfernter Spannungsbäuche. Die Intensität wird gemessen, indem statt der Geißlerröhre die zwei Zuführungen zu einem Bolometer oder zu einem Thermoelement an das Drahtsystem angelegt werden. Man mißt damit den quadratischen Mittelwert der Spannung. Die Amplitude nimmt ihrerseits um den Faktor $e^{-2\pi\varkappa}$ ab. Aus dem Intensitätsverhältnis läßt sich somit $\varkappa$ berechnen.

Eine Abart der zuletzt beschriebenen Methode, die sog. zweite Drudesche Methode, verbindet die Lecherdrähte hinten durch einen kleinen Kondensator, der mit der Flüssigkeit gefüllt wird. Die Drähte sind hier posaunenartig ausziehbar angeordnet. Die Länge der Drähte beim maximalen Leuchten ist von der Kapazität des Endkondensators abhängig. Diese Methode ist aber im Prinzip (was nämlich die Flüssigkeit betrifft) zu den quasistationären zu zählen.

Die Hochfrequenzmethoden werden mit Hilfe der modernen Röhrentechnik ständig vervollkommnet, die Besprechung derselben gehört aber nicht in den Rahmen dieser Darstellung.

Zweites Kapitel.

Die dielektrischen Molekeln.

6. Dipole und Nichtdipole.

Indem wir in den folgenden beiden Kapiteln etwas näher auf die theoretischen und experimentellen Ergebnisse in bezug auf das normale elektrische Verhalten der Isolierstoffe eingehen wollen, sei hier zunächst eine nach einem sehr einfachen Gesichtspunkt auszuführende elektrische Unterteilung der verschiedenen Molekelarten durchgeführt. Unsere Methode hierbei ist nicht sehr allgemein gehalten, jedoch unserer Ansicht nach für das Verständnis der Sachlage vollständig hinreichend. Wesentlich elegantere und allgemeinere Darstellungsarten finden sich in den Arbeiten von P. Debye [15], auf welche hiermit hingewiesen sei.

Man kann nämlich die Molekeln je nach dem Grade ihrer elektrischen Wirksamkeit nach außen in eine ganze Reihe von Gruppen einteilen. Es wäre unrichtig, zu denken, daß mit der Zweiteilung: „geladen und ungeladen" die Frage erledigt sei. Dies erhellt aus folgendem.

Gehen wir von einer Molekel aus, welche die überschüssige Ladung q trägt. Eine solche geladene Molekel wird allgemein Ion genannt. Ihr elektrisches Potential ist gegeben durch

$$\varphi = \frac{q}{r},$$

falls r die Entfernung des Ions vom Aufpunkt bezeichnet.

Denken wir uns nun eine Molekel, welche aus zwei Ionen entgegengesetzten Vorzeichens, also mit den Ladungen $+ q_1$ und $- q_2$ gebildet wird. Eine solche (Abb. 16) — die Entfernung der zwei Ladungen sei ξ — übt auf einen um r entfernten Aufpunkt je nach seiner Lage im Raum eine verschieden große Kraft aus. Der Einfachheit halber betrachten wir den Punkt (A), welcher in der Verlängerung von ξ liegt. Prinzipiell bedeutet dies nicht die geringste Einschränkung. Die Feldstärken nach anderen Richtungen (gekennzeichnet durch den Richtungswinkel ϑ) sind auf der Abb. 16 angedeutet. Um das Potential

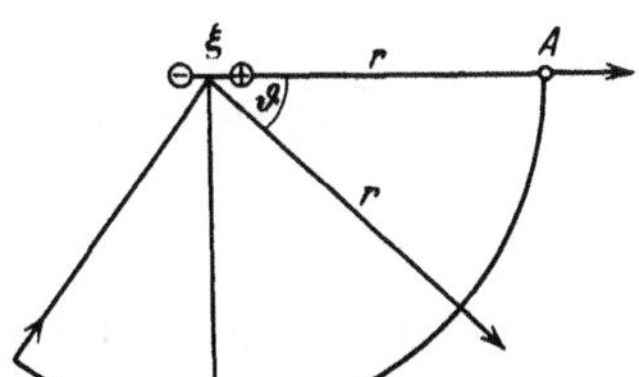

Abb. 16. Feldstärke eines Dipols.

in A zu erhalten, haben wir die Potentiale, welche von den beiden Molekelhälften herrühren, zu addieren. Wir denken hierbei r von q_1 aus gerechnet (falls $q_1 > q_2$)

$$\varphi = \frac{q_1}{r} - \frac{q_2}{r + \xi}.$$

Entwickelt man beide Terme nach Taylor und bricht wegen

$$\xi \ll r$$

mit dem zweiten Glied ab, so hat man

$$\varphi = \frac{q_1 - q_2}{r} + \frac{\xi q_2}{r^2}. \tag{19}$$

Bezeichnen wir $q_1 - q_2 = q$ als die wahre Ladung der Molekel und $\xi q_2 = \mu$ als das sog. Dipolmoment der Molekel, so wird somit

$$\varphi = \frac{q}{r} + \frac{\mu}{r^2}.$$

Ist insbesondere $q_1 = q_2$, so ist das Potential durch

$$\varphi = \frac{\mu}{r^2}$$

gegeben. Wir haben eine ungeladene Molekel vor uns, welche nach außen trotzdem elektrisch wirksam ist — eben infolge ihrer Dipolnatur —, wenn auch die Kraft viel schneller mit der Entfernung abnimmt als bei Ionen.

Auf diese Weise kann man immer weiter gehen. Man kann sich eine Molekel denken, welche aus zwei Dipolen $+\mu_1$ und $-\mu_2$ aufgebaut ist, die Dipolachsen sollen zusammenfallen und die Dipolmittelpunkte den Abstand ζ haben. Dann ist das Potential in der Verlängerung der gemeinsamen Achse:

$$\varphi = \frac{\mu_1}{r^2} - \frac{\mu_2}{(r + \zeta)^2}$$

oder nach Taylor entwickelt

$$\varphi = \frac{\mu_1 - \mu_2}{r^2} + \frac{1}{2}\frac{\mu_2 \zeta}{r^3}. \tag{20}$$

Das Produkt $\frac{1}{2}\mu_2\zeta$ wird als Quadrupolmoment bezeichnet. Ist $\mu_1 = \mu_2$, so ist die Molekel ohne Ladung und ohne Dipolmoment und übt immer noch eine, wenn auch noch schwächere Kraft aus. Ein solches Gebilde heißt ein Quadrupol.

Eine allgemeinere Darstellung dieser Verhältnisse führt, wie leicht einzusehen, zum Ergebnis, daß z. B. das Dipolmoment des Gebildes auf Abb. 16 je nach der Richtung des Radiusvektors ein verschiedenes ist. Es beträgt offenbar $q_2\xi \cos\vartheta$, falls unter ϑ der Winkel zwischen r

und ξ verstanden wird. Ähnlich ist auch das Quadrupolmoment richtungsabhängig.

Betrachtet man nun allgemein φ als eine beliebige Funktion von r und entwickelt sie nach fallenden Potenzen, so erhält man:

$$\varphi = \frac{a}{r} + \frac{b}{r^2} + \frac{c}{r^3} + \frac{d}{r^4} + \cdots.$$

Wie die vorherige Betrachtung lehrt, ist diese Entwicklung vom physikalischen Standpunkt durchaus berechtigt. a hat die Bedeutung der Ladung der Molekel q, b die des Dipolmomentes μ, c des Quadrupolmomentes usw. Je neutraler eine Molekel, um so mehr Anfangsglieder dieser Reihe sind Null. Man unterscheidet die einzelnen Molekeln je nach dem ersten Glied der Reihe, welches von Null verschieden ist und hat dann die Einteilung in Ionen, Dipolmolekeln, Quadrupolmolekeln, Oktupolmolekeln usw. Jede Molekelart besitzt natürlich im allgemeinen auch die Qualitäten der höheren Glieder, so hat jedes Ion neben seiner Ladung meistens auch Dipolmoment usw.

Die Ionen und ihre Rolle in den dielektrischen Erscheinungen wird das dritte Kapitel behandeln. Genauer gesagt handelt es sich um die Ionenqualität. Sofern das Ion ein Dipolmoment besitzt, so gehört es nach Vorangegangenem auch zu den Dipolen. Alle neutralen Molekeln werden im vorliegenden Kapitel untersucht, nur muß man hier die eben genannten Gruppen unterscheiden.

Nach dem Vorgang von Debye [14] verfahren wir hierbei folgenderweise. Die Polarisierungskonstante unserer Gl. (3) trennt man in zwei Bestandteile gemäß der Beziehung

$$\alpha = \alpha_1 + \alpha_2. \tag{21}$$

Unter α_1 verstehen wir jeden Beitrag zu α, der von den Dipolmolekeln, unter α_2 dagegen jenen, der von allen anderen Molekelarten herrührt. Man kann diese zweite Gruppe als Nichtdipole zusammenfassen. Es zeigt sich, daß es in der Tat zwei prinzipielle Möglichkeiten gibt, nach welchen ungeladene Molekeln auf ein angelegtes Feld reagieren. Die eine ist bei den Dipolen, die andere bei den Nichtdipolen verwirklicht. Eine Trennung der Molekeln nach diesem Gesichtspunkt ist daher berechtigt.

Wie aus dem Gesagten erhellt, sind die ungeladenen Molekeln — Dipole und Nichtdipole — für die Polarisation der Dielektriken verantwortlich. Um diese Erscheinung wird es sich also in vorliegendem Kapitel handeln. Das dritte Kapitel wird sich hingegen mit der Ableitung der Isolierstoffe befassen. Dorthin gehört ferner das wichtige Gebiet der Rückstandsladungen, welche bei Gleichfeldbeanspruchung auftreten. Was endlich die dielektrischen Verluste bzw. die Absorptionserscheinungen betrifft, so werden sie entsprechend den verschiedenen Möglichkeiten, wie schon auf S. 2 erwähnt, teils im zweiten, teils im dritten Kapitel behandelt.

7. Ableitung der Debyeschen Gleichung für die Polarisierbarkeit.

Wir wollen in den folgenden Abschnitten theoretische Gleichungen für die Dielektrizitätskonstante der Isolierstoffe herleiten, sofern diese von den Dipolen beeinflußt wird. Für die experimentelle sowie theoretische Behandlung besteht die wesentliche Erleichterung, daß in dem Gebiet, in welchem α_1 in Gl. (21) veränderlich ist, α_2 als praktisch konstant angesehen werden kann. Wir brauchen uns also in diesem Gebiet um α_2 nicht sonderlich zu kümmern, wir betrachten sie einfach als eine Konstante. Dieses Gebiet umfaßt die Gleichfelder, die quasistationären Wechselfelder und die elektromagnetischen Wellen herab bis zu den kurzen Radiowellen, also ziemlich das ganze Gebiet, welches für die Elektrotechnik in Betracht kommt.

Eine ganz entsprechende Erleichterung haben wir auch in dem weiteren Gebiet, in welchem α_2 veränderlich ist. Dort brauchen wir uns um α_1 noch viel weniger zu kümmern, da sie dort nicht nur konstant ist, sondern verschwindet. Dieses Gebiet umfaßt eben die noch kürzeren Wellen, also die von den ultraroten bis zu den Ultra-γ-Strahlen. Entsprechend der elektrischen Betonung unserer Monographie werden wir die Größe α_2 wesentlich kürzer zu behandeln haben als die Größe α_1.

In den Abschnitten, welche die Dipole als Gegenstand haben, werden wir uns in der Hauptsache an die Darstellung von P. Debye halten, da die hier aufgefundenen Gesetzmäßigkeiten zum großen Teil von ihm herrühren. Eine umfassende Schilderung seiner Theorie findet man in seinen „Polaren Molekeln"; wir geben hier in dieser Darstellung nur die Stellen wieder, welche uns vom elektrophysikalischen Standpunkt interessieren.

Der Grundgedanke ist folgender. Die Molekeln, welche ein Dipolmoment besitzen (wir werden einige Beispiele weiter unten anführen), sind im allgemeinen infolge der unregelmäßigen Wärmebewegung nach allen möglichen Richtungen orientiert, wobei alle Richtungen gleichmäßig vertreten sind. Das makroskopische Moment eines solchen Körpers muß daher verschwinden. Legen wir dagegen ein elektrisches Feld an, so erfolgt eine Drehung der einzelnen Dipole in Richtung des elektrischen Feldes, so daß im Mittel ein von Null verschiedenes Moment zustande kommt. Den Anteil, den die Dipole in der Polarisation haben, nennt man daher Orientierungspolarisation.

Faßt man zunächst Gleichfelder ins Auge, so ist das Problem rein stationär, indem sich zwischen der elektrischen Kraft und der

Wärmebewegung ein Gleichgewicht einstellen wird. Diese Frage als die relativ einfachste soll daher als erste untersucht werden. Das Gleichgewicht, das sich hierbei einstellt, wird nach derselben Gleichung beherrscht wie die Anordnung der Elementarmagnete eines paramagnetischen Körpers in einem Magnetfeld. Diesen letzteren Fall hat als erster Langevin [91] behandelt, weshalb auch die Gleichung nach ihm benannt wird.

Die Ableitung beruht auf dem bekannten Theorem von Boltzmann, wonach die Verteilungsfunktion einer Anzahl Molekeln auf Zustände, deren Energie durch u gegeben ist, folgendermaßen lautet:

$$f = a\, e^{-\frac{u}{kT}} \tag{22}$$

wo a eine sich aus den Grenzbedingungen ergebende Konstante, k die Boltzmannsche Konstante ($1{,}37 \cdot 10^{-16}$ erg/grad) und T die absolute Temperatur bedeuten. Je höher die Energie eines Zustandes, um so unwahrscheinlicher ist derselbe. Je höher andererseits die Temperatur, um so wahrscheinlicher ist ein gegebener Zustand, da die Wärmebewegung bestrebt ist, gleichmäßige Verteilung hervorzurufen, also Zustände von höherem Energiegehalt begünstigt.

Die Energie eines Zustandes ist nun in unserem Falle

$$u = -\mu\,\mathfrak{E} \cos\vartheta\,, \tag{23}$$

wo μ das Dipolmoment der Molekel, $\mathfrak{E}$ die angelegte Feldstärke und ϑ den Winkel zwischen μ und $\mathfrak{E}$ bedeuten. ϑ ist also als Variable des Zustandes gewählt, er charakterisiert ihn tatsächlich, denn jede sonstige Orientierung im Raum (bei konstantem ϑ) ist gleichwahrscheinlich. Man kann die einzelnen Zustände durch eine Kugelfläche darstellen (Abb. 17), $\mathfrak{E}$ gibt die Richtung des Feldes an. Die einzelnen Radiusvektoren der Kugel geben die möglichen Richtungen der einzelnen Dipole an. Das Flächenelement der Kugel, nach welchem ein Dipol, der im Mittelpunkt gedacht ist, hinweist, charakterisiert also seinen Zustand. Die obige Boltzmannsche Funktion für den herausgegriffenen Zustand ϑ ist demnach noch mit der Größe des Kugelflächenelementes zu multiplizieren, welches dem Winkel ϑ entspricht. Denn offenbar ist die Wahrscheinlichkeit eines Zustandes — ganz unabhängig von der e-Funktion — um so größer, je größer die ihm entsprechende Fläche, da er durch um so mehr gleichwahrscheinliche Einzelfälle dargestellt werden kann. Nun entspricht dem Winkel ϑ der in der Figur angegebene Ring. Da der Radius der Kugel 1 gesetzt

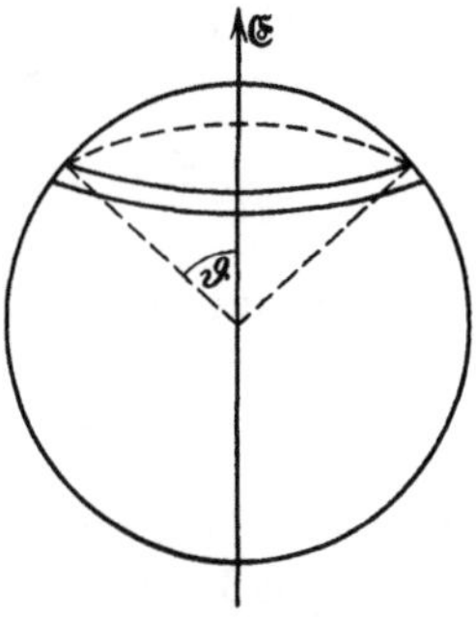

Abb. 17. Zur Ableitung der Orientierungspolarisation.

wird, so ist der Umfang des Ringes $2\pi \sin\vartheta$, seine Breite $d\vartheta$, die Fläche demnach $2\pi \sin\vartheta\, d\vartheta$. Die Wahrscheinlichkeit des Zustandes ϑ ist also

$$f = 2\pi a \sin\vartheta\, d\vartheta\, e^{\frac{\mu \mathfrak{E} \cos\vartheta}{kT}}.$$

Man setzt nun zweckmäßigerweise

$$\frac{\mu \mathfrak{E}}{kT} = x$$

und

$$\cos\vartheta = y,$$

so daß

$$f = -2\pi a\, e^{xy} dy.$$

Die Konstante a berechnet sich aus der Anzahl der Molekeln pro Volumeinheit. Ist die Dichte ϱ, dann ist die Anzahl der Mole $\frac{\varrho}{M}$, wo M das Molekulargewicht und die Anzahl der Molekeln: $\frac{N\varrho}{M}$, wo $N = 6{,}06 \cdot 10^{23}$, die sog. Loschmidtsche oder Avogadrosche Zahl. Es ist nämlich

$$\frac{N\varrho}{M} = 2\pi a \int_{-1}^{+1} e^{xy}\, dy = 4\pi a \frac{\mathfrak{Sin}\, x}{x},$$

woraus

$$a = \frac{N\varrho}{4\pi M} \frac{x}{\mathfrak{Sin}\, x}.$$

Das mittlere Moment pro Volumeinheit berechnet sich andererseits zu

$$\mathfrak{P} = 2\pi a \mu \int_{-1}^{+1} y\, e^{xy}\, dy = 4\pi a \mu \left(\frac{\mathfrak{Cof}\, x}{x} - \frac{\mathfrak{Sin}\, x}{x^2}\right)$$

oder, a eingesetzt, zu:

$$\mathfrak{P} = \frac{N\mu\varrho}{M}\left(\mathfrak{Ctg}\, x - \frac{1}{x}\right) = \frac{N\mu\varrho}{M} L(x), \tag{24}$$

wo $L(x)$ die Langevinsche Funktion bedeutet. Nun läßt sich leicht zeigen, daß x stets klein ist gegenüber 1. Die Größenordnung von μ, dem molekularen Moment, ist Ladung mal Molekulardimension, also etwa $5 \cdot 10^{-18}$. $\mathfrak{E}$ ist in absoluten Einheiten, für 100 kV/cm: 300; kT ist $\sim 3 \cdot 10^{-14}$. Also ist $x \sim 5 \cdot 10^{-2}$, wobei die Feldstärke schon verhältnismäßig hoch angesetzt worden ist.

Wir können demnach $L(x)$ in Reihe entwickeln und mit dem ersten Glied abbrechen. Die Reihe für den $\mathfrak{Ctg}$ beginnt mit

$$\mathfrak{Ctg}\, x = \frac{1}{x} + \frac{x}{3} + \cdots,$$

so daß

$$L(x) = \frac{x}{3} + \cdots.$$

Damit ist dann

$$\mathfrak{P} = \frac{N\mu^2\varrho}{3MkT}\mathfrak{E}.$$

Geht man zu immer größeren Feldstärken über, so nähert sich der $\mathfrak{Ctg}$ seinem Grenzwert 1, demselben Endwert strebt auch $L(x)$ zu. D. h. aber soviel, daß alle Molekeln in Richtung des Feldes gestellt sind und elektrische Sättigung eintritt. Mit dieser Erscheinung haben wir aber in der Elektrophysik nur wenig zu tun, wenigstens bei den heute erreichbaren hohen Feldern kaum. Denn noch bei 100 kV/cm ist $L(x)$ linear und würde erst bei 2000 kV/cm merklich abbiegen. Höchstens in dünnen Schichten, wo solche Feldstärken herrschen können (s. Teil B), wird man die elektrische Sättigung zu berücksichtigen haben.

Wie aus der letzten Gleichung ersichtlich, haben wir

$$\alpha_1 = \frac{N\mu^2\varrho}{3MkT}$$

zu setzen, so daß

$$\alpha = \frac{N\mu^2\varrho}{3MkT} + \alpha_2. \tag{25}$$

Dies ist die grundlegende Debyesche Gleichung.

8. Quantentheoretische Ableitung der Polarisierbarkeit.

Bevor wir zur experimentellen Prüfung der Gl. (25) schreiten, sei mit einigen Worten auf die quantentheoretische Umformung der gegebenen Ableitung eingegangen. Diesbezügliche Rechnungen sind u. a. zuerst von W. Pauli [126], später in Anlehnung an die Wellenmechanik von C. Manneback [97] ausgeführt worden. Wir werden im folgenden diese Rechnung für den einfachsten Fall und vielfach nur angedeutet durchführen. Sie soll dem Elektrophysiker das Prinzip zeigen, nach welchem die Quantenbeziehungen in die Betrachtungen über Dielektrizität eingreifen. Es sei sofort vorweggenommen, daß die Quantentheorie in ihrer neuesten von Schrödinger gegebenen Fassung in erster Näherung zu demselben Ausdruck für α führt, wie die klassische Langevinsche Rechnung. Die zweite Näherung ergibt prozentual nur ganz geringfügige Abweichungen.

Schon prinzipiell ist die gemachte Ableitung — noch ohne Berücksichtigung der Quantentheorie — insofern einseitig gewesen, als wir bei der Verteilungsfrage der Molekeln nur die potentielle Energie derselben in Betracht gezogen haben. Dies war jedoch kein Fehler, da sich das mittlere Moment aus der Lage der Molekeln berechnen läßt, die Lage andererseits die potentielle Energie eindeutig festlegt, nicht jedoch die kinetische, da mit jeder Lage noch die verschiedensten kinetischen Energien verträglich sind. Dehnt man aber die Betrachtung auch auf die kinetische Energie der Molekeln aus, so wird das Ergebnis umfassender, da es auch die Verteilung der Geschwindigkeiten angibt, es muß jedoch für das mittlere Moment zu demselben Wert führen.

Ohne daß wir die erweiterte Rechnung auszuführen brauchten, läßt sich eine Folgerung derselben auch schon so angeben. Zunächst ist klar, daß bei der kinetischen Energie nur die Rotationskomponente derselben zu berücksichtigen ist, nicht aber die Translationskomponente. Denn letztere hat mit der Einstellung der Molekeln im Feld nicht das geringste zu tun, folglich würden wir mit ihr die Rechnung ganz überflüssig belasten. Die Rotationsenergie dagegen steht in gewissem Zusammenhang mit der potentiellen Energie (Abb. 18). Denken wir uns eine Dipolmolekel — + um den negativen Pol O im elektrischen Felde $\mathfrak{E}$ rotierend. Hat sie eine relativ geringe kinetische Energie, so pendelt sie offenbar zwischen den Lagen 1 — 1′ hin und her. Das mittlere Moment ist durch OM_1 gegeben. Natürlich wird die herausgegriffene Molekel die gedachte Schwingung wegen der Zusammenstöße mit den benachbarten Molekeln nur sehr kurze Zeit ungestört ausführen, was aber für die Betrachtung belanglos ist. Ein Dipol mit höherer Energie wird zwischen den Lagen 2 — 2′ pendeln und dabei das kleinere mittlere Moment OM_2 aufweisen. Erreicht die kinetische Energie den Grenzwert, bei welchem das Dipol bis 3 schwingen kann, so geht die Schwingung in Rotation über. Das mittlere Moment wird hierbei Null und ebenso für alle noch höheren Energien. Daß das Moment verschwindet, erhellt daraus, daß in der Boltzmannschen Funktion im Exponenten nunmehr nicht nur die potentielle, sondern die Gesamtenergie zu stehen kommt, also die Summe aus kinetischer und potentieller Energie. Da bei der gedachten Bewegung stets die eine Komponente zugunsten der anderen abnimmt, jedoch die Summe konstant bleibt, so ist der Exponent und damit die Verteilungsfunktion unabhängig von der Lage. Da also bei gegebener Gesamtenergie alle Punkte des Kreises gleichwahrscheinlich sind, so heben sich bei der Rotation die verschiedenen Richtungen gerade auf und das mittlere Moment verschwindet. Wir haben also das wichtige Ergebnis, wonach rotierende Dipole zur Orientierungspolarisation nichts beitragen können. Für das mittlere Moment ergäbe die vollständige Berechnung denselben Wert wie die vorige Behandlung.

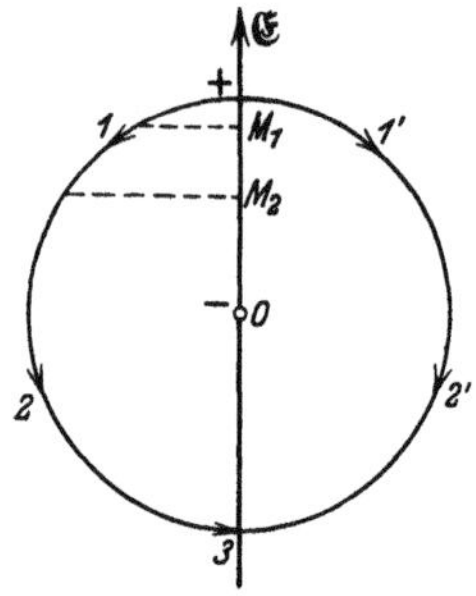

Abb. 18. Einfluß der Rotation auf das mittlere Dipolmoment.

Die Berechnung in der angedeuteten Weise ausgeführt, würde aber in Widerspruch mit der Quantentheorie stehen. Denn die Rotationsenergie einer Molekel kann sich ihr zufolge nur sprungweise ändern. Folglich ist eine Integration über alle Energien, wie wir sie im vorigen Abschnitt gegeben haben, nicht zulässig. Statt der Integration ist vielmehr eine Summation über alle diskreten Energiestufen auszuführen. Um die folgende Rechnung zu vereinfachen, wollen wir von dem soeben gefundenen Satz Gebrauch machen, wonach rotierende Molekeln zur Polarisation nichts beitragen. Er muß offenbar auch bei quantenhaftem Energieaustausch gelten. Es sei übrigens bemerkt, daß eine strenge Berechnung tatsächlich zu diesem Ergebnis führt. Wir wollen aber dieses Ergebnis eben vorwegnehmen und brauchen uns damit mit den höheren Energiestufen nicht besonders abzugeben. In Betracht kommt nur die erste Stufe mit der Rotationsenergie Null. Diese eine Stufe tritt an Stelle der vielen Zustände, denen im eben erörterten Sinne ein Pendeln, aber keine Rotation nach der klassischen Theorie entspricht. Die sogenannte Störungsrechnung in der Wellenmechanik ergibt die Energiedifferenzen, die die einzelnen Stufen aufweisen, falls ein elektrisches Feld angelegt wird. Während diese Differenz für alle höheren Stufen verschwindet, ist sie für die erste Stufe endlich. Sie ist mit dem Ausdruck $-\frac{\alpha_{1m}}{2}\mathfrak{E}^2$ zu identifizieren, falls α_{1m} die Orientierungspolarisierbarkeit pro Molekel bedeutet. Von einer Verteilung nach den verschiedenen Richtungen, wie sie die klassische Theorie so anschaulich ergibt, ist hier allerdings keine Rede.

Um nun die Rechnung durchzuführen, gehen wir von der Schrödingerschen [155] Wellengleichung aus:

$$\nabla^2\psi + \frac{8\pi^2 m}{h^2}(E - U)\psi = 0. \tag{26}$$

Es sei mit einigen Worten die Ableitung derselben angedeutet. Jedem materiellen Teilchen, Atom oder Elektron, wird hiernach eine Welle zugeordnet. Die physikalische Bedeutung dieser Wellen ist noch nicht geklärt, man betrachtet daher am besten ihre Einführung als eine Arbeitshypothese, deren mathematische Konsequenzen mit der Erfahrung übereinstimmen. Die Ausbreitung einer Welle im Vacuum erfolgt, wie wir in Abschnitt 4 sahen, nach der Gl. (12a):

$$\frac{1}{v^2}\frac{\partial^2\psi}{\partial t^2} = \nabla^2\psi,$$

falls wir statt $\mathfrak{E}_y$ ein Skalar ψ einführen, um dessen Schwingungen es sich handeln soll. Setzen wir die Lösung (13) ein, so wird wegen

$$\frac{\partial^2\psi}{\partial t^2} = -4\pi^2\nu^2\psi:$$

$$\nabla^2\psi + \frac{4\pi^2\nu^2}{v^2}\psi = 0. \tag{27}$$

Es frägt sich, welche Größen für v und ν einzusetzen sind. Da werden nun die Ansätze von de Broglie [10] verwendet. Bezüglich der Schwingungszahl der Schwingung soll gelten

$$h\,\nu = m\,c^2, \tag{28}$$

wo m = Masse des Teilchens und h = elementares Wirkungsquantum ($= 6{,}54 \cdot 10^{-27}$ erg. sec). $m\,c^2$ ist bekanntlich die Ruheenergie eines Teilchens und $h\,\nu$ die Energie eines Quants der Schwingungszahl ν.

Für die Ausbreitungsgeschwindigkeit v soll andererseits die Beziehung gelten

$$v\,v_m = c^2, \tag{29}$$

wo v_m die mechanische Geschwindigkeit des Teilchens von der Masse m bedeutet. Auf dem Gebiet der makroskopischen Vorgänge besteht nämlich ein tatsächlicher Zusammenhang zwischen Optik und Mechanik, indem der optische Grundsatz von der kürzesten Lichtzeit von Fermat und der mechanische Grundsatz von der kleinsten Wirkung (Hamilton) dieselbe Form annehmen, falls eben v und v_m nach Gl. (29) verknüpft werden. Diese Bedingungsgleichung wird nun unverändert in der Gl. (27) verwendet, welche die mikroskopischen Vorgänge beschreiben soll. Setzt man ν aus (28) und v aus (29) in (27) ein, so ergibt sich

$$\nabla^2\psi + \frac{4\,\pi^2\,m^2\,v_m^2}{h^2}\,\psi = 0\,.$$

$\frac{m\,v_m^2}{2}$ in dieser Gleichung ist die kinetische Energie. Statt dessen setzt Schrödinger den Ausdruck $(E - U)$, wo E = Gesamt- und U = potentielle Energie. Damit haben wir die Schrödingersche Gl. (26) erhalten. Das Ersetzen von $\frac{m\,v_m^2}{2}$ durch $(E - U)$ hat die Bedeutung, daß wir die potentielle Energie jeweils als Funktion der Koordinaten angeben, somit die Gl. (26) jedem speziellen System anpassen können.

Ist die gemachte Hypothese richtig, so müssen sich dann für E, die Gesamtenergie, jene stationären Energiezustände ergeben, die nach der Quantentheorie dem elementaren System zukommen. Die Ermittlung dieser diskreten Werte für E erfolgt so, daß jene Lösungen der Differentialgleichung aufgesucht werden, welche im ganzen zu betrachtenden Gebiet endlich und stetig verlaufen. Solche Lösungen, die sog. Eigenfunktionen, sind aber, wie die mathematische Theorie der Differentialgleichungen lehrt, nur für bestimmte diskrete Werte, die sog. Eigenwerte, des Parameters E möglich. Gerade diese Werte werden als die stationären betrachtet. Dieses Verfahren hat ebenso den Anschein der Willkürlichkeit wie die sonstigen Grundannahmen der Theorie und wird nur durch die experimentelle Bestätigung gerechtfertigt.

Bei der Anwendung der Schrödingerschen Gleichung auf unseren Fall hat man nun als kinetische Energie die Rotationsenergie einer Molekel einzusetzen. Das heißt nichts anderes, als daß sphärische Koordinaten statt der kartesischen eingeführt werden (Abb. 19). Bezeichnet r den Abstand der beiden Ladungen, dann sind ϑ, φ und der Radius die drei Koordinaten. Die Lage ist jedoch durch ϑ und φ vollständig beschrieben, da r konstant ist. Mit anderen Worten:

$$\frac{\partial \psi}{\partial r} = 0 .$$

Dann ist nach der üblichen Transformationsgleichung

$$\nabla^2 \psi = \frac{1}{r^2 \sin\vartheta} \frac{\partial}{\partial \vartheta}\left(\sin\vartheta \frac{\partial \psi}{\partial \vartheta}\right) + \frac{1}{r^2 \sin^2\vartheta} \frac{\partial^2 \psi}{\partial \vartheta^2} .$$

Für die potentielle Energie gilt so wie früher

$$U = -\mu \mathfrak{E} \cos\vartheta .$$

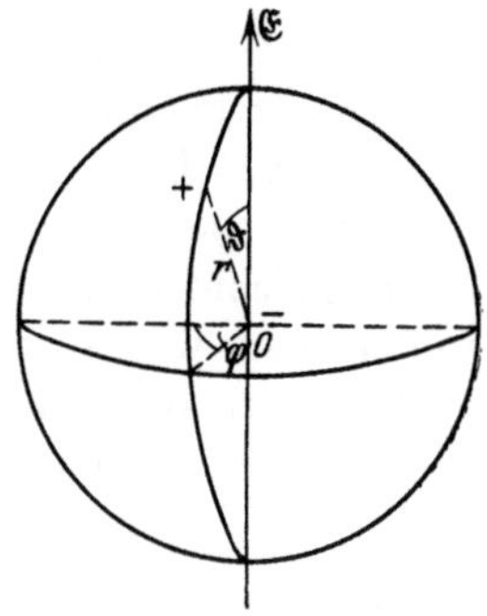

Abb. 19. Zur quantentheoretischen Ableitung der Orientierungspolarisation.

Demnach wird

$$\frac{1}{\sin\vartheta} \frac{\partial}{\partial \vartheta}\left(\sin\vartheta \frac{\partial \psi}{\partial \vartheta}\right) + \frac{1}{\sin^2\vartheta} \frac{\partial^2 \psi}{\partial \vartheta^2} + \frac{8\pi^2 m r^2}{h^2}(E + \mu \mathfrak{E} \cos\vartheta) = 0 .$$

Als Lösung dieser Differentialgleichung erhält man

$$\psi = \Theta \sin p\varphi \tag{30a}$$

und

$$\psi = \Theta \cos p\varphi , \tag{30b}$$

wo p ein Parameter und Θ eine Funktion von ϑ allein ist. Für Θ gilt dann, wenn noch $\cos\vartheta = x$ als Variable eingeführt wird,

$$\frac{d}{dx}\left[(1 - x^2)\frac{d\Theta}{dx}\right] - \frac{p^2}{1 - x^2}\Theta + (\lambda + \varkappa x)\Theta = 0 , \tag{31}$$

wo

$$\lambda = \frac{8\pi^2 m r^2 E}{h^2}$$

und

$$\varkappa = \frac{8\pi^2 m r^2 \mu \mathfrak{E}}{h^2} .$$

Θ hat auf der ganzen Kugeloberfläche einen endlichen Wert, wenn λ, welches als Faktor die Energie enthält, eine Reihe von Eigenwerten annimmt, welche durch die Laufzahlen n und den Wert des Parameters p durch folgende Beziehungen gegeben sind:

$$\lambda = n(n + 1) + (\Phi_n^p - \Phi_{n+1}^p)\frac{\varkappa^2}{2} , \tag{32}$$

wobei

$$\Phi_n^p = \frac{(n - p)(n + p)}{n(2n - 1)(2n + 1)} . \tag{33}$$

n kann jede ganze Zahl von 0 bis $+\infty$ annehmen, der zugehörige Wert von p ebenfalls, mit der Einschränkung, daß $p \leqq n$. Setzt man zunächst $\mathfrak{E} = \varkappa = 0$, dann erhält man die Energiestufen der Molekel, wie sie ohne äußeres Feld auftreten. Dafür gilt offenbar

$$\lambda = n(n + 1).$$

Jedem Wert von n kommen n verschiedene Werte von p zu und jeder Lösung von Θ entsprechen nach Gl. (30) zwei Lösungen für ψ, außerdem eine für $p = 0$, so daß jedem n, $(2n + 1)$ Lösungen zukommen.

Die zu den Eigenwerten zugehörigen Eigenfunktionen der Differentialgleichung (31) sind Kugelfunktionen, die uns aber hier nicht weiter beschäftigen.

Was nun die Polarisierbarkeit α_{1m} pro Molekel betrifft, so sahen wir, daß sie sich aus der Gleichung

$$\alpha_{1m} = -\frac{2\Delta E}{\mathfrak{E}^2}$$

berechnen läßt, falls ΔE die zur Feldstärke $\mathfrak{E}$ gehörige Energiezunahme ist. Das zweite Glied in λ ist eben das mit $\frac{8\pi^2 m r^2}{h^2}$ multiplizierte ΔE. Also ist für eine Molekel der Stufe (n, p)

$$(\alpha_{1m})_n^p = -\left[\Phi_n^p - \Phi_{n+1}^p\right] \frac{8\pi^2 m r^2 \mu^2}{h^2}.$$

Zur Berechnung des Mittelwertes von α_{1m} bei gegebenem n, aber veränderlichem p ist zunächst $\sum_{p=0}^{n}$ zu bilden. Wie mittels der Gl. (33) leicht nachzuweisen, verschwindet diese Summe für alle n, außer für $n = 0$. Die aus klassischen Überlegungen gefundene Gesetzmäßigkeit, wonach rotierende Molekeln zur Polarisation nicht beitragen, wird also auch von der Quantentheorie bestätigt. Jede Energiestufe hat eine Anzahl, $2n + 1$, Unterstufen und die Polarisierbarkeit derselben ist teils positiv, teils negativ (entsprechend dem Para- und Diamagnetismus), so daß sie sich im Mittel gerade aufheben. Es bleibt somit allein die Stufe ohne Rotationsenergie, für welche, wie leicht nachzuweisen,

$$(\alpha_{1m})_0 = \frac{8\pi^2 m r^2 \mu^2}{3h^2}.$$

Diese Zahl ist noch mit der Wahrscheinlichkeit der Stufe Null zu multiplizieren, da nur ein gewisser Bruchteil alle Dipole sich auf dieser Stufe befindet. Die Wahrscheinlichkeit der Stufe n berechnet sich aus dem Boltzmannschen Theorem zu

$$f = a e^{-n(n+1)\frac{h^2}{8\pi^2 m r^2} \cdot \frac{1}{kT}},$$

wo a ein Proportionalitätsfaktor ist. In λ wurde in erster Näherung nur der erste Term berücksichtigt, da der zweite stets klein im Verhältnis zum ersten ist. Da $n = 0$, so ist für die Stufe Null $f = a$. Diese Wahrscheinlichkeit muß noch durch die Summe aller Wahrscheinlichkeiten dividiert werden. Dadurch wird

$$\alpha_{1m} = \frac{(\alpha_{1m})_0}{\sum_{n=0}^{\infty}(2n+1)e^{-n(n+1)\frac{h^2}{8\pi^2 mr^2}\frac{1}{kT}}}.$$

In erster Näherung ergibt das

$$\alpha_{1m} = \frac{\mu^2}{3kT}\left(1 - \frac{h^2}{24\pi^2 mr^2 kT}\right). \tag{34}$$

Der zweite Term in der Klammer ist aber klein im Verhältnis zum ersten, so daß der Wert $\frac{\mu^2}{3kT}$ genügend genau ist. Damit ist aber die Polarisierbarkeit pro Volumeinheit

$$\alpha = \frac{N\varrho\mu^2}{3MkT} + \alpha_2, \tag{35}$$

also identisch mit dem in Abschnitt 7 gefundenen Wert. Die spezifisch quantentheoretische Abweichung (Auftreten des Wirkungsquantums sowie des Trägheitsmomentes mr^2) wäre erst bei sehr tiefen Temperaturen bemerkbar. Es sei noch erwähnt, daß die Ableitung nur für einfache zweiatomige polare Molekeln mit nur einem Trägheitsmoment gilt. Für mehratomige Molekeln müssen in der Schrödingerschen Gleichung mehrere Trägheitsmomente berücksichtigt werden, wodurch die Ableitungen umständlicher werden. Als erste Näherung erhält man aber in allen Fällen die Debyesche Gleichung.

Obwohl nicht streng in unsere elektrophysikalische Darstellung gehörend, sei hier doch der sog. Starkeffekt erwähnt. Er beruht darauf, daß die von Gasmolekeln emittierten Spektrallinien durch das Anlegen eines elektrischen Feldes verschoben werden. Die Erscheinung ist das elektrische Analogon zum magnetischen Zeeman-Effekt. Nun entspricht nach der Quantentheorie jeder Spektrallinie ein Quantensprung zwischen zwei bestimmten Energiestufen, wobei die beiden Energieterme und die emittierte Frequenz durch die Bohrsche Bedingung

$$h\nu = E_1 - E_2$$

verknüpft werden. Nach der obigen Darlegung wird jede Stufe durch das Anlegen eines Feldes in bestimmter Weise verändert. Diese Veränderung ist bei zweiatomigen Gasen $\mathfrak{E}^2$ proportional, dader ist auch $\Delta\nu$ $\mathfrak{E}^2$ proportional und es liegt ein sog. quadratischer Stark-Effekt vor. Bei mehratomigen Gasen enthält λ auch ein in $\varkappa$ lineares Glied, wodurch hier auch ein entsprechender linearer Stark-Effekt auftritt.

Wird $\Delta\nu$ nach den obigen Gleichungen abgeleitet, so läßt sich aus dem beobachteten Effekt das in die Formel eingehende Dipolmoment der Molekeln berechnen.

9. Die Prüfung der Gl. (25) an der Erfahrung.

Es sei jetzt gezeigt, inwiefern die Debyesche Gl. (25) den experimentell beobachtbaren Tatsachen gerecht wird. Da muß zunächst folgendes vorausgeschickt werden. Die Debyesche Gleichung berücksichtigt nur die Wärmebewegung der Molekeln, vernachlässigt jedoch die Kräfte, die die Molekeln gegenseitig aufeinander ausüben. Und zwar denken wir dabei an die van der Waalsschen Kräfte. Für Gase hat demnach die Theorie strenge Gültigkeit, für Flüssigkeiten gilt sie höchstens in erster Näherung, für kristalline Körper dagegen nicht mehr, da dort die Gitterkräfte eine wesentliche Rolle spielen werden. Bei der Prüfung der Gleichungen sind daher in erster Linie Gase, bez. des Verhaltens in Wechselfeldern — wie weiter unten gezeigt wird — auch Flüssigkeiten herangezogen worden.

Außerdem wird die Theorie auch vielfach dort Geltung haben, wo die Dipole als gelöster Stoff in einer Flüssigkeit von Nichtdipolen gelöst sind. Die Konzentration der Dipole ist dann so gering, daß ihre Wechselwirkung zu vernachlässigen ist. Handelt es sich z. B. — wie das in der Praxis vielfach der Fall ist — um Spuren gelösten Wassers in isolierenden Flüssigkeiten (oder auch in synthetischen festen Preßmaterialien, wie Bakelit), so wird auf solche Systeme — was nämlich den Einfluß des Wassers betrifft — die Debyesche Theorie anwendbar sein. Einstweilen aber hat sie in die Elektrotechnik noch wenig Eingang gefunden. Es liegen nur die allerersten Versuche vor, diese Anwendung zu versuchen. Wir können auch dementsprechend nur über die tatsächlich ausgeführten Prüfungen berichten, welche sich, wie gesagt, nach rein physikalischen und nicht elektrotechnischen Gesichtspunkten richteten. Es liegt hier jedenfalls noch ein weites Arbeitsfeld unbearbeitet vor.

Bei der Anwendung der Gl. (25) ist zu beachten, daß sich α auf die Volumeinheit bezieht. Will man die Temperaturabhängigkeit prüfen, dann ist aber zu beachten, daß α_2 keine Konstante sein wird, da sie ihrerseits auch der Dichte proportional sein muß. Man bezieht also praktischerweise α auf die Gewichtseinheit und hat dann

$$\alpha_g = \frac{N\mu^2}{3Mk}\frac{1}{T} + \left(\frac{\alpha_2}{\varrho}\right),$$

wo nunmehr $\left(\frac{\alpha_2}{\varrho}\right)$ eine Konstante ist, unabhängig von der Temperatur. Verbinden wir diese Gleichung mit (5), so ergibt sich

$$\frac{3}{4\pi\varrho}\,\frac{\varepsilon-1}{\varepsilon+2} = \frac{N\mu^2}{3Mk}\frac{1}{T} + \left(\frac{\alpha_2}{\varrho}\right). \tag{36}$$

In dieser Form wird die Debyesche Gleichung meist der Prüfung unterzogen. Man mißt hierbei ε als Funktion der Temperatur, nach irgend einer der besprochenen Methoden. Das Aggregat an der linken Seite enthält noch die Dichte, die man als Funktion der Temperatur meistens kennt. Nun wird die linke Seite als Ordinate und $\frac{1}{T}$ als Abszisse aufgetragen.

Ist die Theorie richtig, so muß sich eine Gerade ergeben (Abb. 20). Der Schnittpunkt der verlängerten Geraden mit der Ordinatenachse (für $T = \infty$) ergibt die Konstante $\left(\frac{\alpha_2}{\varrho}\right)$. Der tg vom Neigungswinkel ϑ ist $\frac{N\mu^2}{3Mk}$. Aus tg ϑ läßt sich demnach μ berechnen.

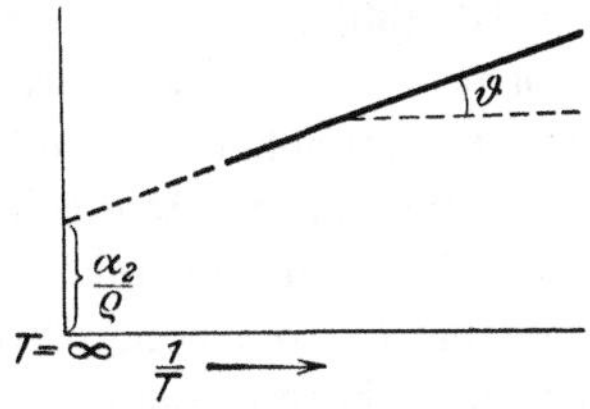

Abb. 20. Polarisierbarkeit und Temperatur.

Solche Messungen sind in großer Zahl ausgeführt worden und haben im allgemeinen die Theorie bestätigt. Manchmal ergaben sich allerdings Abweichungen vom geradlinigen Verlauf. Wir geben im folgenden eine Zusammenstellung der berechneten Dipolmomente für einige wichtige Stoffe in absoluten elektrostatischen Einheiten.

Tabelle 1. Elektrische Momente.

Stoff	μ in 10^{-18} abs.	Stoff	μ in 10^{-18} abs.
Azeton	2,8	Hexan	0
Äthylalkohol	1,7	Jod	1,2
Äthyläther	1,1	Kohlenoxyd	0,11
Ammoniak	1,5	Naphthalin	0,70
Benzol	0	Nitrobenzol	3,9
Chloroform	1,0	Phenol	1,7
Chlorwasserstoff	1,0	Wasser	1,8

Die Kenntnis des Dipolmomentes ist vom Standpunkt der Isolierstoffe sehr wichtig. Je größer μ, um so weniger kommt ein Stoff als brauchbares Dielektrikum in Frage. Hauptsächlich deshalb nicht, weil Dipolstoffe die Spuren von Elektrolyten, die sie enthalten, in Ionen zerlegen, wodurch die Ableitung des Stoffes wächst. Wirklich gute Isolierstoffe haben entweder keine Dipolmolekeln oder die Momente sind sehr klein. Daß die Dipole außer ihrer dissoziationsfördernden Wirkung in Wechselfeldern zu Verlusten führen, werden wir im nächsten Abschnitt sehen.

Außerdem ist ersichtlich, daß die Temperaturabhängigkeit der Dielektrizitätskonstante außer von der Dichteänderung eben vom Dipolmoment herrührt. Die Deformationspolarisation ist temperaturunabhängig. Ist also ein möglichst temperaturunabhängiges Dielektrikum zu wählen, so wird man auch einen dipolarmen Stoff suchen.

Für rein physikalisch-chemische Zwecke dient außerdem die Ermittlung des Dipolmomentes zur Strukturforschung der Verbindungen. Dieses Gebiet interessiert uns jedoch hier nicht.

Gl. (36) ist eine Spezialisierung der sog. Clausius-Mosottischen Formel: $\varepsilon - 1 = k\varrho$, wo $k =$ eine Konstante. Die Konstanz von k wurde vielfach über große Dichtebereiche bestätigt.

Eine weitere Möglichkeit, Gl. (36) zu prüfen, beruht darauf, daß — wie wir noch ausführlich zeigen werden — die Orientierungspolarisation bei extrem hohen Frequenzen verschwindet. Andererseits kann in erster Näherung für ε, n^2 gesetzt werden. Man hat daher die Beziehung

$$\frac{3}{4\pi\varrho}\,\frac{n^2-1}{n^2+2} = \left(\frac{\alpha_2}{\varrho}\right).$$

Daraus läßt sich die Konstante $\left(\frac{\alpha_2}{\varrho}\right)$ berechnen, und zur Konstruktion der Geraden auf Abb. 20 genügt die Kenntnis eines Punktes (während sonst mindestens zwei Punkte erforderlich sind). Die Neigung der so festgelegten Geraden führt wiederum zu μ, welches, falls die Gleichung richtig ist, mit dem nach der vorhin genannten Methode bestimmbaren Wert übereinstimmen muß. Für Ammoniak ist z. B. n für die D-Linie 1,00038. Daraus und aus dem Wert von ε für $20^0\,C$ errechnet sich μ zu $1{,}5\cdot 10^{-18}$ abs. in Übereinstimmung mit dem auf Tab. 1 angeführten Wert.

Daß in einzelnen Fällen die Experimente nicht zu einem linearen Zusammenhang zwischen $\frac{1}{\varrho}\,\frac{\varepsilon-1}{\varepsilon+2}$ und $\frac{1}{T}$ führen, beruht sicherlich darauf, daß intermolekulare Kräfte eine zu starke Wirkung ausüben. Oder es treten manchmal Assoziationserscheinungen auf. Jedenfalls können wir sagen, daß für statische Felder die Gl. (36) das Richtige trifft. Über die physikalische Natur der Konstante $\left(\frac{\alpha_2}{\varrho}\right)$ sagt natürlich die Debyesche Theorie nichts aus. Darauf kommen wir weiter unten zurück.

Auf einige weitere Experimentalarbeiten kommen wir in Abschnitt 11 zu sprechen.

10. Dispersion im elektrischen Gebiet durch Dipolmolekeln.

Die Debyesche Gl. (25) ist nur ein Grenzfall für statische Felder. Würde die Einstellung des Dielektrikums auf die jeweilige Feldstärke trägheitslos verlaufen, dann würde die Gleichung für beliebige Wechselfelder Gültigkeit haben. Dies ist aber nicht der Fall. Beschränken wir uns zunächst auf das Gebiet $\lambda = \infty$ bis ~ 1 cm, dann verläuft die Deformationspolarisation trägheitslos, ist also frequenzunabhängig. Nicht so die Orientierung. Die Molekeln drehen sich in einer reibenden

Umgebung, so daß die Einstellung eine Zeit benötigt, welche im Verhältnis zur Schwingungsdauer des Wechselfeldes nicht klein zu sein braucht. Dann muß aber eine Frequenzabhängigkeit für ε herauskommen, welche für $\nu = 0$ in die obige Gleichung übergeht. Die vollständige, für alle Frequenzen (und Temperaturen) gültige Beziehung soll im folgenden abgeleitet werden. Wir schließen uns an Debye an, von dem die Ableitung herrührt.

Wir betrachten wieder eine Einheitskugel (Abb. 21), um die verschiedenen Richtungen zu definieren. $\mathfrak{E}$ sei die Richtung der von der Zeit abhängigen Feldstärke. Mit ϑ definieren wir die Richtung eines herausgegriffenen Oberflächenelementes $d\Omega$. Die Dichte der Dipole f ist wiederum eine Funktion von ϑ. Ihre Anzahl in $d\Omega$ sei also $f(\vartheta)\, d\Omega$.

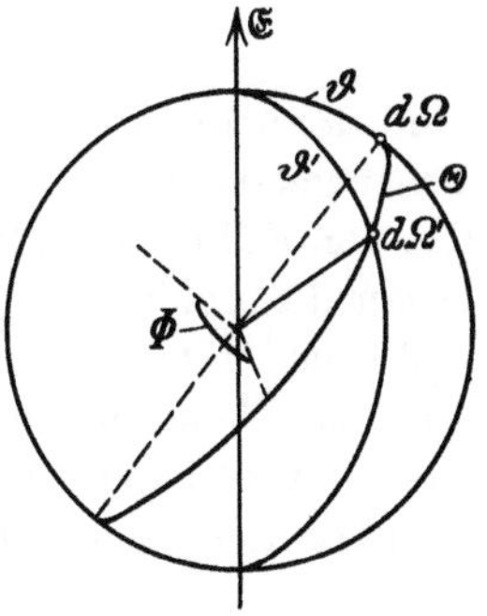

Abb. 21. Zur Ableitung der Dipoldispersion.

Unsere Aufgabe besteht darin, eine Differentialgleichung für f aufzustellen, welche die Differentialquotienten $\frac{\partial f}{\partial \vartheta}$ und $\frac{\partial f}{\partial t}$ außer den sonstigen Bestimmungsstücken enthält. Setzt man dann in diese Gleichung $\mathfrak{E}$ als periodische Funktion der Zeit ein, so kann man sie integrieren und erhält f als Funktion von ϑ und t und damit durch Mittelwertbildung über ϑ die Polarisation $\mathfrak{P}$ als Funktion der Zeit. Daraus läßt sich dann ε als Funktion der Frequenz angeben.

Wir betrachten eine gewisse Zeitspanne δt und fragen nach der Zunahme der Teilchenzahl in $d\Omega$ während dieser Zeit. Sie beträgt rein formell $\delta t \frac{\partial f}{\partial t} d\Omega$. Diese Änderung läßt sich aber physikalisch in zwei Teile zerlegen. Erstens rührt sie davon her, daß $\frac{\partial f}{\partial \vartheta}$ von Null verschieden ist und somit infolge der Wärmebewegung eine Art Diffusion der Dipole von Orten höherer nach solchen geringerer Besetzung stattfindet. Diese Zunahme von $f\, d\Omega$ hat für sich nichts mit dem äußeren Feld zu tun. Wir bezeichnen diesen Anteil als Δ_1.

Der zweite Term rührt andererseits von der geordneten Rotation der Dipole nach der Feldrichtung her. Er ist durch die augenblickliche Größe der Feldstärke bestimmt. Dieser Anteil sei mit Δ_2 bezeichnet. Demnach

$$\delta t \frac{\partial f}{\partial t} d\Omega = \Delta_1 + \Delta_2. \tag{37}$$

Wir berechnen zuerst Δ_1. Er zerfällt seinerseits wieder in zwei Teile. Der eine, negative Teil, gibt die Zahl der während δt austretenden, der andere positive die der eintretenden Dipole an.

Da $d\Omega$ als differentiell klein angenommen wird, so können wir annehmen, daß während δt durch die Wärmebewegung alle Dipole aus dem Element $d\Omega$ in andere Elemente übergegangen sind. Dann ist also dieser negative Anteil $-f\,d\Omega$.

Der hereinwandernde Teil ist nicht so einfach anzugeben. Er ist um so größer, je intensiver die Diffusion der Dipole. Wir definieren zu diesem Zweck $W\,d\Omega$ als die Wahrscheinlichkeit, daß eine Molekel während der Zeit von δt um den Winkel Θ verschoben wird und dabei in ein Element von der Größe $d\Omega$ gelangt. W selbst ist also quasi auf Flächeneinheit bezogen und ist Funktion von Θ. Es muß demnach

$$\int W\,d\Omega = 1$$

sein, denn in irgend eines aller vorhandenen Elemente muß die Molekel sicher gelangen. Greifen wir z. B. ein Element $d\Omega'$ (s. Abb. 21) heraus, das von $d\Omega$ um Θ entfernt ist und das seinerseits durch den Winkel ϑ' gegen die Feldrichtung definiert ist. Dann ist die Wahrscheinlichkeit, daß eine Molekel von da aus in $d\Omega$ landet, $W\,d\Omega$, also die Anzahl aller Molekeln, welche aus $d\Omega'$ in $d\Omega$ übertreten: $W\,d\Omega\,f'\,d\Omega'$. Die Anzahl aller Dipole überhaupt, welche während δt in $d\Omega$ eingewandert sind, ist demnach $d\Omega\int W\,f'\,d\Omega'$ über alle $d\Omega'$ integriert. Mithin

$$\Delta_1 = -f\,d\Omega + d\Omega\int Wf'd\Omega'$$

oder

$$\Delta_1 = d\Omega\left(-f + \int Wf'd\Omega'\right).$$

Wir versuchen jetzt das Integral durch einen Mittelwert zu ersetzen. Zu diesem Zweck entwickeln wir f' nach ϑ. Wegen der Kleinheit von δt ist W nur für Elemente $d\Omega'$ von Null verschieden, welche dicht in der Nachbarschaft von $d\Omega$ stehen; es kommen daher nur Werte von f' in Frage, welche f benachbart sind. Man kann daher die Reihe mit dem zweiten Glied abbrechen:

$$f' = f + \gamma\frac{\partial f}{\partial\vartheta} + \frac{\gamma^2}{2}\frac{\partial^2 f}{\partial\vartheta^2}.$$

wo

$$\gamma = \vartheta' - \vartheta.$$

Dann ist

$$\int Wf'd\Omega' = f\int W\,d\Omega' + \frac{\partial f}{\partial\vartheta}\int\gamma\,W\,d\Omega' + \frac{1}{2}\frac{\partial^2 f}{\partial\vartheta^2}\int\gamma^2 W\,d\Omega'$$

oder

$$\int Wf'd\Omega' = f + \frac{\partial f}{\partial\vartheta}\bar{\gamma} + \frac{1}{2}\frac{\partial^2 f}{\partial\vartheta^2}\overline{\gamma^2},$$

wo $\bar{\gamma}$ und $\overline{\gamma^2}$ Mittelwerte für die stattgehabte Verschiebung bedeuten. Diese Mittelwerte haben aber keine allgemeine Bedeutung, da für die Wärmebewegung die Richtung von $\mathfrak{E}$ belanglos ist. Es kommt vielmehr auf den Mittelwert von Θ an, der bloß den Abstand von $d\Omega$ und $d\Omega'$ kennzeichnet. Wir versuchen γ als Funktion von Θ in eine Reihe zu entwickeln und setzen

$$\gamma = \alpha\Theta + \beta\Theta^2,$$

wo α und β Funktionen von ϑ und Φ sind, wenn unter Φ der Winkel zwischen den Bögen ϑ und Θ verstanden wird. Wir definieren damit jedes Element $d\Omega'$ um $d\Omega$ durch seine Koordinaten Θ und Φ. Um α und β zu ermitteln, schreiben wir nach der Definitionsgleichung $\vartheta' = \vartheta + \gamma$ für kleine γ

$$\cos\vartheta' = \cos\vartheta - \gamma\sin\vartheta - \frac{\gamma^2}{2}\cos\vartheta.$$

Der Ansatz für γ eingesetzt ergibt:

$$\cos\vartheta' = \cos\vartheta - \alpha\Theta\sin\vartheta - \beta\Theta^2\sin\vartheta - \frac{\alpha^2\Theta^2}{2}\cos\vartheta.$$

Nach dem Kosinussatz der sphärischen Trigonometrie besteht andererseits die Beziehung

$$\cos\vartheta' = \cos\vartheta\cos\Theta + \sin\vartheta\sin\Theta\cos\Phi$$

oder für kleine Θ

$$\cos\vartheta' = \cos\vartheta + \sin\vartheta\cos\Phi\,\Theta - \frac{\cos\vartheta}{2}\Theta^2.$$

Dies mit der ansatzgemäßen Entwicklung von $\cos\vartheta'$ verglichen, ergibt für α und β:

$$\alpha = -\cos\Phi,$$

$$\beta = \frac{\sin^2\Phi}{2}\operatorname{ctg}\vartheta,$$

woraus

$$\gamma = -\cos\Phi\,\Theta + \frac{\sin^2\Phi}{2}\operatorname{ctg}\vartheta\,\Theta^2.$$

Aus diesem Wert für γ, welcher also für kleine Θ gültig ist, wird

$$\bar{\gamma} = \iint\left(-\cos\Phi\,\Theta + \frac{\sin^2\Phi}{2}\operatorname{ctg}\vartheta\,\Theta^2\right) W\sin\Theta\,d\Theta\,d\Phi,$$

da

$$d\Omega' = \sin\Theta\,d\Theta\,d\Phi.$$

Der erste Teil dieses Integrals ist

$$-\int W\Theta\sin\Theta\,d\Theta\int_0^{2\pi}\cos\Phi\,d\Phi = 0.$$

Der zweite Teil kann infolge

$$\int_0^{2\pi}\sin^2\Phi\,d\Phi = \tfrac{1}{2}\int_0^{2\pi}d\Phi - \Big|\tfrac{1}{2}\sin\Phi\cos\Phi\Big|_0^{2\pi} = \tfrac{1}{2}\int_0^{2\pi}d\Phi$$

folgenderweise geschrieben werden:

$$\tfrac{1}{4}\operatorname{ctg}\vartheta \iint W\,\Theta^2\,d\Omega' = \tfrac{1}{4}\operatorname{ctg}\vartheta\,\overline{\Theta^2}.$$

Also

$$\overline{\gamma} = \tfrac{1}{4}\operatorname{ctg}\vartheta\,\overline{\Theta^2}$$

und in ähnlicher Weise abgeleitet:

$$\overline{\gamma^2} = \frac{\overline{\Theta^2}}{2}.$$

Das Integral $\int W f' d\Omega'$ nimmt demgemäß die Form an

$$\int W f' d\Omega' = f + \frac{\partial f}{\partial\vartheta}\frac{1}{4}\overline{\Theta^2}\operatorname{ctg}\vartheta + \frac{\partial^2 f}{\partial\vartheta^2}\frac{1}{4}\overline{\Theta^2}$$

und somit

$$\Delta_1 = d\Omega\,\frac{\overline{\Theta^2}}{4}\left(\operatorname{ctg}\vartheta\,\frac{\partial f}{\partial\vartheta} + \frac{\partial^2 f}{\partial\vartheta^2}\right). \tag{38}$$

Das mittlere Verschiebungsquadrat pro Sekunde $\frac{\overline{\Theta^2}}{\delta t}$ ist eine rein thermische Größe und von der Richtung des Feldes ganz unabhängig. Sie wird offenbar mit der Temperatur zunehmen. Andererseits gehen die räumlichen Differentialquotienten in (38) ein. nimmt die Dichte auf Abb. 21 nach oben zu, so erfolgt eine Diffusion nach unten mit einer folgenden Dichtezunahme unterhalb und Dichteabnahme oberhalb des Äquators, wobei wegen $\operatorname{ctg}\vartheta$ die Änderungen an den Polen viel stärker sind als am Äquator.

Nun werden wir Δ_2 berechnen, den Anteil, um den die Teilchenzahl in $d\Omega$ infolge des angelegten Feldes in der Zeiteinheit zunimmt. Auf die Dipole wirkt ein Drehmoment M in Richtung von ϑ von der Größe

$$M = -\mu\mathfrak{E}\sin\vartheta.$$

Da die Drehung im reibenden Medium erfolgt, so haben die Dipole eine konstante Drehgeschwindigkeit $\frac{d\vartheta}{dt}$, die sich aus der Bedingung berechnet, daß Reibungskraft und Triebkraft sich genau aufheben müssen. Die Reibungskraft ist $-\zeta\frac{d\vartheta}{dt}$, wo ζ = Reibungskoeffizient der Rotation, also muß

$$M = \zeta\frac{d\vartheta}{dt},$$

woraus sich die Verschiebung $\delta\vartheta$ während δt zu

$$\delta\vartheta = \frac{M}{\zeta}\delta t$$

berechnet.

Als $d\Omega$ sei nun ein Ring von der Höhe ϑ und der Breite $d\vartheta$ betrachtet, so daß

$$d\Omega = 2\pi\sin\vartheta\,d\vartheta. \tag{39}$$

An dem unteren Kreis dieses Ringes treten die Dipole ein. Während der Zeit δt werden offenbar $-2\pi f \sin\vartheta\, \delta\vartheta$ Dipole eintreten. Würde am oberen Kreis dieselbe Zahl austreten, so wäre Δ_2 Null. Ist aber die genannte Zahl oben kleiner, so wird Δ_2 endlich. D. h.

$$\Delta_2 = \frac{\partial}{\partial\vartheta}(-2\pi f \sin\vartheta\, \delta\vartheta)\, d\vartheta$$

oder

$$\Delta_2 = -\frac{\partial}{\partial\vartheta}\left(2\pi f \sin\vartheta \frac{M}{\zeta}\delta t\right) d\vartheta\,. \tag{40}$$

Nunmehr werden Δ_1 und Δ_2 Gl. (38) und (40) in Gl. (37) eingesetzt, wobei auch der Wert von $d\Omega$, Gl. (39) berücksichtigt wird:

$$\delta t \frac{\partial f}{\partial t} 2\pi \sin\vartheta\, d\vartheta = 2\pi \sin\vartheta\, d\vartheta \frac{\overline{\Theta^2}}{4}\left(\operatorname{ctg}\vartheta \frac{\partial f}{\partial\vartheta} + \frac{\partial^2 f}{\partial\vartheta^2}\right)$$
$$-\frac{\partial}{\partial\vartheta}\left(2\pi f \sin\vartheta \frac{M}{\zeta}\delta t\right) d\vartheta\,.$$

Dividiert man durch $2\pi \sin\vartheta\, d\vartheta\, \delta t$ und zieht die beiden Terme in Δ_1 zusammen, so ergibt sich

$$\frac{\partial f}{\partial t} = \frac{1}{\sin\vartheta}\frac{\partial}{\partial\vartheta}\left[\sin\vartheta\left(\frac{\overline{\Theta^2}}{4\delta t}\frac{\partial f}{\partial\vartheta} - f\frac{M}{\zeta}\right)\right]. \tag{41}$$

Dies ist die gesuchte Differentialgleichung zwischen f, ϑ und der Zeit. Als unbekannte Größe kommt zunächst $\overline{\Theta^2}$ darin vor, das mittlere Verschiebungsquadrat während δt. Man könnte sie durch molekularkinetische Betrachtungen ableiten, vorliegende Gleichung gestattet jedoch in einfacher Weise ihre Auswertung, indem wir den Fall eines Gleichfeldes betrachten. $\frac{\partial f}{\partial t}$ muß dann verschwinden und demnach auch

$$\frac{\overline{\Theta^2}}{4\delta t}\frac{\partial f}{\partial\vartheta} = f\frac{M}{\zeta} \tag{42}$$

sein. Nun wissen wir aber, daß für diesen Fall

$$f = a e^{\frac{\mu\mathfrak{E}}{kT}\cos\vartheta}$$

und demnach

$$\frac{\partial f}{\partial\vartheta} = -f\frac{\mu\mathfrak{E}}{kT}\sin\vartheta\,.$$

Beide Gleichungen in (42) eingesetzt, erhalten wir

$$\frac{\overline{\Theta^2}}{4\delta t} = \frac{kT}{\zeta}$$

und diese Gleichung gilt unabhängig von der angelegten Feldstärke. Somit geht die Differentialgleichung über in

$$\zeta\frac{\partial f}{\partial t} = \frac{1}{\sin\vartheta}\frac{\partial}{\partial\vartheta}\left[\sin\vartheta\left(kT\frac{\partial f}{\partial\vartheta} - Mf\right)\right]. \tag{43}$$

In dieser Form haben wir statt $\overline{\Theta^2}$ den Reibungskoeffizienten der Rotation ζ. Obwohl ζ eine primäre Größe ist, wollen wir an ihrer Stelle doch eine abgeleitete Größe, nämlich die sog. Relaxationszeit τ einführen, da letztere in der Elektrophysik recht geläufig ist.

Um die Relaxationszeit einzuführen, sei ein Gleichfeld $\mathfrak{E}_0$ betrachtet, welches zur Zeit $t = 0$ plötzlich vom Dielektrikum abgeschaltet wird. Dann ist also $M = 0$ und die letzte Gleichung lautet:

$$\zeta \frac{\partial f}{\partial t} = \frac{kT}{\sin\vartheta} \frac{\partial}{\partial \vartheta}\left(\sin\vartheta \frac{\partial f}{\partial \vartheta}\right).$$

Die Lösung dieser Gleichung gibt uns offenbar Auskunft darüber, wie die Polarisation, die für $t = 0$ bestand, mit der Zeit verschwindet. Das Integral der Gleichung lautet

$$f = A\left[1 + \frac{\mu \mathfrak{E}_0}{kT} \varphi(t) \cos\vartheta\right]. \tag{44}$$

Differentiiert man f nach ϑ und t und setzt die Werte in die Differentialgleichung ein, so ergibt sich die Bedingungsgleichung

$$\frac{d\varphi}{dt} = -\frac{2kT}{\zeta}\varphi$$

oder

$$\varphi = e^{-\frac{2kT}{\zeta}t}$$

Das mittlere Moment, das durch Mittelung aus (44) berechnet werden kann, ist

$$\overline{\mu} = \frac{\mu^2 \mathfrak{E}_0}{3kT} e^{-\frac{2kT}{\zeta}t}. \tag{45}$$

Für $t = 0$ bedeutet Gl. (44) offenbar die Boltzmannverteilung für kleine Werte des Exponenten in Gl. (22). Für $t = \infty$ ist $f = A$, die Ver teilung eine gleichmäßige, somit $\overline{\mu} = 0$. Der Übergang des Anfangszustandes in den Endzustand erfolgt gemäß (45) nach einer Exponentialgleichung, genau so, wie etwa die Entladung eines Kondensators über einen Widerstand exponentiell erfolgt. Der Faktor von t im Exponenten ist nun das Reziproke der Relaxationszeit, somit

$$\tau = \frac{\zeta}{2kT}. \tag{46}$$

Je größer τ, diese für den Isolierstoff charakteristische Zeitdauer, um so langsamer erfolgen die „Schalt"vorgänge in demselben. ζ ist nach Stokes für Rotationsvorgänge gegeben durch

$$\zeta = 8\pi\eta r^3 \tag{47}$$

wo η = Viskositätskoeffizient und r = Radius des Teilchens. Mit $r \approx 10^{-8}$ cm ist somit ζ von der Größenordnung 10^{-24} und $\tau \approx 10^{-10}$ sec.

Führen wir τ statt ζ ein, so haben wir die Differentialgleichung (43) in der Form:

$$2\tau \frac{\partial f}{\partial t} = \frac{1}{\sin\vartheta} \frac{\partial}{\partial \vartheta}\left[\sin\vartheta \left(\frac{\partial f}{\partial \vartheta} - \frac{M f}{k T}\right)\right]. \tag{48}$$

In dieser Form verwenden wir die Gleichung, um sie für den Fall einer angelegten Wechselspannung zu integrieren. Wir setzen also

$$\mathfrak{E} = \mathfrak{E}_0 e^{i\omega t}$$

entsprechend einem Wechselfeld der Frequenz ω. Dementsprechend wird auch

$$M = -\mu \mathfrak{E}_0 e^{i\omega t} \sin\vartheta .$$

Setzen wir diesen Wert von M in die Gleichung ein, so ergibt sich als Lösung:

$$f = A\left[1 + B \frac{m \mathfrak{E}_0}{k T} e^{i\omega t} \cos\vartheta\right], \tag{49}$$

also genau dieselbe Form wie für Gleichspannung, nur daß wir noch einen allgemeinen Faktor B eingeführt haben. Daß die Lösung richtig ist, erkennt man, wenn die Differentialquotienten nach ϑ und t in die Differentialgleichung eingesetzt werden. Es ergibt sich eine Identität, sofern nur

$$B = \frac{1}{1 + i\omega\tau}$$

gesetzt wird und sofern man höhere Potenzen von $\mathfrak{E}$ vernachlässigt. In der Tat geht B für $\omega = 0$ in 1, also (49) in den Ausdruck für Gleichfelder über; während für $\omega = \infty$, also sehr hohe Frequenzen, $f = A$ wird, eine Orientierung also nicht auftritt. Während bei langsamen Frequenzen wegen der geringen Drehungsgeschwindigkeiten die Reibung noch keine Rolle spielt, wird sie für hohe Frequenzen so groß, daß eine Orientierung gar nicht erfolgt; ein Ergebnis, von welchem wir bereits in Abschnitt 9 Gebrauch gemacht haben.

Mitteln wir über die vorhandenen Lagen der Dipole, so ergibt sich

$$\bar{\mu} = \frac{1}{1 + i\omega\tau} \frac{\mu^2}{3 k T} \mathfrak{E}_0 e^{i\omega t}.$$

Wir können das auch in der Form

$$\bar{\mu} = \frac{1}{\sqrt{1 + \omega^2\tau^2}} \frac{\mu^2}{3 k T} \mathfrak{E}_0 e^{i\omega(t-\tau)}$$

schreiben. Zwischen Feldstärke und Polarisation ist also die Phasenverschiebung $\omega\tau$ vorhanden, letztere eilt um diesen Winkel der Feldstärke nach. Aus $\bar{\mu}$ hat man dann $\mathfrak{P}$:

$$\mathfrak{P} = \frac{1}{1 + i\omega\tau} \frac{N \mu^2 \varrho}{3 M k T} \mathfrak{E}$$

und

$$\alpha_1 = \frac{1}{1 + i\omega\tau} \frac{N \mu^2 \varrho}{3 M k T}. \tag{50}$$

Setzt man dies in Gl. (5) ein, so wird

$$\frac{3}{4\pi\varrho}\frac{\varepsilon-1}{\varepsilon+2}=\frac{1}{1+i\omega\tau}\frac{N\mu^2}{3MkT}+\left(\frac{\alpha_2}{\varrho}\right).$$

Wir wollen nun ε als Funktion von ω haben. Zu diesem Zweck führen wir mit Debye statt μ und $\left(\frac{\alpha_2}{\varrho}\right)$ zwei andere Konstanten ε_0 und ε_∞ mittels der beiden Gleichungen ein:

$$\frac{3}{4\pi\varrho}\frac{\varepsilon_0-1}{\varepsilon_0+2}=\frac{N\mu^2}{3MkT}+\left(\frac{\alpha_2}{\varrho}\right)$$

und

$$\frac{3}{4\pi\varrho}\frac{\varepsilon_\infty-1}{\varepsilon_\infty+2}=\left(\frac{\alpha_2}{\varrho}\right).$$

Dabei bedeuten ε_0 die Dielektrizitätskonstante für $\omega=0$ und ε_∞ für $\omega=\infty$. Damit wird

$$\varepsilon=\frac{\dfrac{\varepsilon_0}{\varepsilon_0+2}+i\omega\tau\dfrac{\varepsilon_\infty}{\varepsilon_\infty+2}}{\dfrac{1}{\varepsilon_0+2}+i\omega\tau\dfrac{1}{\varepsilon_\infty+2}}.$$

Zerlegen wir ε nach (10) in den reellen und imaginären Bestandteil, so hat man

$$\varepsilon'=\varepsilon_\infty+\frac{\varepsilon_0-\varepsilon_\infty}{1+x^2}, \tag{51}$$

$$\varepsilon''=(\varepsilon_0-\varepsilon_\infty)\frac{x}{1+x^2} \tag{52}$$

und

$$\operatorname{tg}\delta=\frac{(\varepsilon_0-\varepsilon_\infty)\,x}{\varepsilon_0+\varepsilon_\infty x^2} \tag{53}$$

mit

$$x=\frac{\varepsilon_0+2}{\varepsilon_\infty+2}\omega\tau. \tag{54}$$

Die Dielektrizitätskonstante ε' fällt von seinem Gleichstromwert ε_0 nach Gl. (51) mit steigender Frequenz bis ε_∞ (Abb. 22). Der Abfall erfolgt in dem Bereich $\omega=\frac{1}{\tau}$. Außerdem zeigt sich, daß ε auch eine imaginäre Komponente hat, d. h. es ist ein endlicher durch Gl. (53) gegebener Verlustwinkel vorhanden. Die Debyesche Theorie gibt somit nicht bloß vom Gang der Dielektrizitätskonstante, sondern auch vom Auftreten von Verlusten Rechenschaft. Es zeigt sich, daß ε mit der Frequenz im elektrischen Gebiet abnimmt und daß an der Stelle, wo die Abnahme hauptsächlich erfolgt, auch Verluste auftreten. Sonst

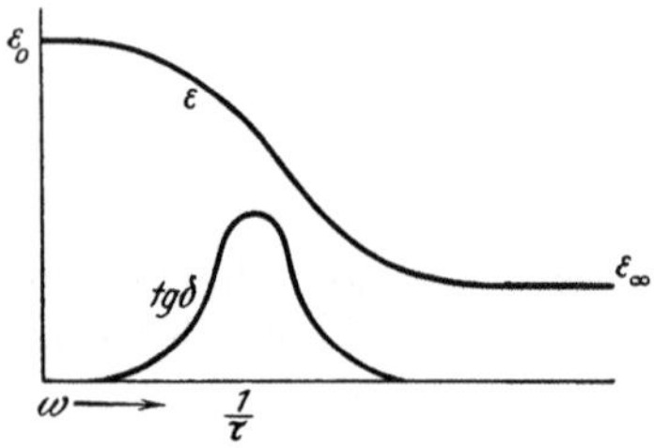

Abb. 22. Verlauf von ε und tg δ mit der Frequenz.

ist $\operatorname{tg} \delta$ sowohl für $\omega = 0$ wie $\omega = \infty$ Null. Dieser Verlauf wird durch das Experiment durchaus bestätigt, wie noch ausführlich gezeigt wird.

Man kann ε gemäß Gl. (17) und (18) auch in n und $\varkappa$ zerlegen. Durch Vergleich mit (51) und (52) ergeben sich dann die beiden Gleichungen:

$$n^2 = \frac{1}{2}\left[\sqrt{\frac{\varepsilon_0^2 + \varepsilon_\infty^2 x^2}{1 + x^2}} + \frac{\varepsilon_0 + \varepsilon_0 x^2}{1 + x^2}\right]$$

$$n^2 \varkappa^2 = \frac{1}{2}\left[\sqrt{\frac{\varepsilon_0^2 + \varepsilon_\infty^2 x^2}{1 + x^2}} - \frac{\varepsilon_0 + \varepsilon_\infty x^2}{1 + x^2}\right].$$

Der Verlauf des Brechungsexponenten ist dem von ε' analog. Da allgemein die Zunahme von n mit der Frequenz als normale Dispersion bezeichnet wird, so hat man im elektrischen Gebiet sog. anomale Dispersion vor sich. Die anomale Dispersion ist wie auch sonst im optischen Gebiet mit Absorption der Wellen verbunden. $\varkappa$ hat sein Maximum bei

$$\omega_{\max} = \frac{1}{\tau} \frac{\varepsilon_\infty + 2}{\varepsilon_0 + 2} \sqrt{\frac{\varepsilon_0}{\varepsilon_\infty}} \tag{55}$$

mit

$$\varkappa_{\max} = \frac{\sqrt{\varepsilon_0} - \sqrt{\varepsilon_\infty}}{\sqrt{\varepsilon_0} + \sqrt{\varepsilon_\infty}}.$$

11. Experimentelle Prüfung der Dipoldispersion.

Nach der Debyeschen Theorie müssen also alle Dielektriken im Gebiet der Frequenzen, deren Schwingungsdauer mit der Relaxationszeit des Dielektrikums übereinstimmt, Dispersion wie Absorption zeigen. Bei Gasen ist die Reibung so gering, daß im elektrischen Gebiet keine Absorption zu erwarten ist. Wohl dagegen wird die Theorie für flüssige Dielektriken hauptsächlich in Frage kommen.

Im allgemeinen werden Serienversuche so ausgeführt, daß für bestimmte Frequenzen die Temperatur variiert wird, da es leichter ist, die Temperatur als die Frequenz beliebig zu verändern. Wir müssen deshalb zunächst zusehen, wie sich nach obigen Gleichungen ε mit der Temperatur bei konstant gehaltener Frequenz verändert.

Vereinigen wir Gl. (46) mit Gl. (54), so ergibt sich für x:

$$x = \frac{\varepsilon_0 + 2}{\varepsilon_\infty + 2} \frac{\omega \zeta}{2 k T}.$$

Hier kommt T explizite, außerdem in ε_0 und ζ implizite vor. Die Reibungskonstante nimmt sehr stark mit zunehmender Temperatur ab, ε_0, die statische Dielektrizitätskonstante, nimmt mit zunehmender Temperatur auch ab (s. Abschnitt 7), so daß alles in allem x stark mit zunehmender Temperatur sinkt. Demnach wird sich bei tiefen

Temperaturen, wo x groß ist und der zweite Term in ε' [Gl. (51)] allmählich zur Wirkung gelangt, hauptsächlich eine Zunahme von ε' mit zunehmender Temperatur geltend machen. Wird dann x mit steigender Temperatur so klein, daß ε' allmählich zu ε_0 degeneriert, so wird sich eine weitere Abnahme von ε' mit steigender Temperatur bemerkbar machen. Die Zunahme rührt also vom kinetischen Dipoleffekt her: mit zunehmender Temperatur wird die Orientierung erleichtert, die Polarisierbarkeit steigt. Die Abnahme ist dann im statischen Dipoleffekt begründet, zunehmende Temperatur begünstigt eine gleichmäßige Verteilung: die Polarisierbarkeit sinkt.

Wir haben schon gesehen, daß τ von der Größenordnung 10^{-10} sec ist, dies entspricht einer Wellenlänge im Gebiet von 1 bis 10 cm. Für dünnflüssige Flüssigkeiten ist also der Debye-Effekt auf dem Gebiet der kurzen elektrischen Wellen zu erwarten. Es sei hier schon bemerkt, daß tatsächlich Verluste vielfach bei technischer Periodenzahl sowie Hörfrequenzen auftreten, was darauf hinweist, daß diese Verluste wahrscheinlich einen anderen Grund haben. Über diese zweite Ursache der Verluste wird im dritten Kapitel ausführlich gesprochen. Die Prüfung der obigen Gleichungen erfolgt jedenfalls stets mit schnellen Schwingungen. Obwohl sehr viele Messungen vorliegen, ist eine streng quantitative Prüfung nur in seltenen Fällen ausgeführt. Dies hat darin seinen Grund, daß in den Formeln das Dipolmoment und der Dipolradius vorkommen, die vielfach nur größenordnungsgemäß eingesetzt werden können.

Allgemein verhält es sich so, daß, während eine qualitative Bestätigung der Gleichung die Regel ist, eine streng quantitative Übereinstimmung nur in wenigen Fällen festgestellt werden konnte. Dies ist auch nicht verwunderlich, da die Ableitung nur in erster Näherung gilt, ferner gerade in flüssigen Stoffen allerhand andere störende Einflüsse (Assoziationen usw.) auftreten können.

Als Beispiel nennen wir zunächst die Messungen von Mizushima [109]. Er untersuchte z. B. Glyzerin bei einer Wellenlänge von 9,5 m. Folgende Tabelle gibt die Meßergebnisse wieder.

Tabelle 2. ε und tg δ von Glyzerin.

Temp. in ^{0}C	— 41	— 24	0	22	40	65
ε'	5	6	20	42	41	36
ε''	0,6	1,7	15	8,6	1,7	

Wie ersichtlich, liegen die Zahlen durchaus im Sinne der Theorie. Ferner führte er Messungen an n-Propylalkohol aus, und zwar bei drei Wellenlängen (50, 9,5 und 3 m). Die Ergebnisse sind auf folgender

Tabelle angegeben. Die in Klammern angeführten Zahlen sind von Debye mit $2 \cdot 10^{-8}$ cm für r (in der Formel für ζ) berechnet.

Tabelle 3. ε und tg δ von n-Propylalkohol.

Temp. in °C	$\lambda = 50$ m		$\lambda = 9{,}5$ m		$\lambda = 3$ m	
	ε'	ε''	ε'	ε''	ε'	ε''
—60	24 (26)	14 (13)	7 (5)	7 (10)	5 (2,5)	2 (3,5)
—40	30 (29)	4 (5,5)	15 (15,5)	13 (14)	6,5 (4,5)	4 (8)
—20	27,5 (27,5)		24 (24)	8 (8,5)	11 (13)	9 (13)
0	24 (25)		25 (24)	3 (4)	17,5 (20)	9 (10)
20	21,5 (22)		22 (22)	1 (2)	20,5 (21)	4 (5)

Innerhalb einer Wellenlänge sind die Ergebnisse denen an Glyzerin ähnlich. Je höher die Frequenz ist, nach um so höherer Temperatur verschiebt sich das Maximum, da dann die Relaxationszeit entsprechend abnimmt. Betrachtet man andererseits Serien konstanter Temperatur, so findet man mit zunehmender Frequenz eine Abnahme der Dielektrizitätskonstante, und zwar um so ausgeprägter, je tiefer die Temperatur ist. Die Zahlen sind in guter Übereinstimmung mit den berechneten.

Trägt man ε und tg δ in Abhängigkeit von der Temperatur bei gegebener Frequenz auf, so erhält man Kurven wie auf Abb. 23 aufgetragen. Sie sind hier für zwei verschiedene Frequenzen angegeben, wobei $\nu_2 > \nu_1$. Man sieht, daß sich die Kurven mit steigender Frequenz nach höherer Temperatur verschieben. Das Maximum der Verlustkurve fällt jeweils auf den aufsteigenden Ast der ε-Kurve.

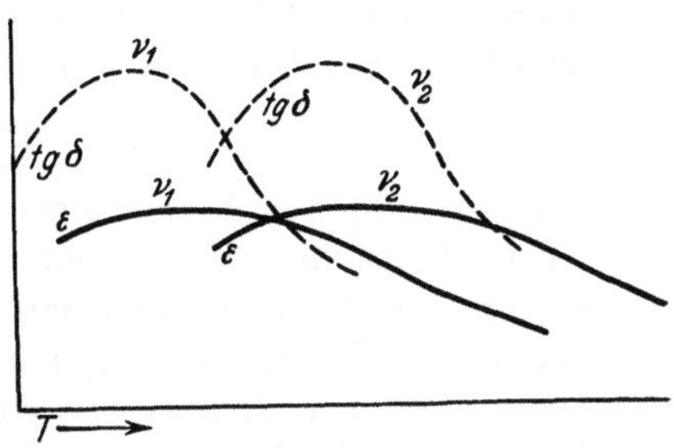

Abb. 23. Verlauf von ε und tg δ mit der Temperatur.

In einer neuen Untersuchung findet Kitchin [87] die Debyesche Theorie auch für technische flüssige Isolierstoffe, insbesondere harzhaltige Öle, wie sie in der Kabelindustrie Verwendung finden, bestätigt. Es ist jedoch unwahrscheinlich, daß hier der Debyesche Mechanismus vorliegt. Wenn auch die Viskosität der Öle um 4 bis 5 Zehnerpotenzen höher liegt als die der leichtflüssigen Stoffe, so sollte der Verlust immer noch bei Frequenzen um 10^5 auftreten. Über die Ursache der Verluste bei technischer Frequenz sei auf eine Arbeit des Verf. mit E. Bormann [51a] verwiesen, welche in Abschnitt 22 besprochen wird. Übrigens ist es neuerdings Johnstone und Williams [81a] gelungen die Debye-Verluste an Lösungen von Nitrobenzol in hochviskösen Mineralölen bei Wellenlängen von etwa 100 m nachzuweisen.

Debye dehnt seine Theorie auch auf feste Körper aus, indem die Voraussetzungen etwas geändert werden und die Rechnung in schematischer Form durchgeführt wird. Strenge Rechnungen dürften ja bei kristallinen Stoffen wesentlich schwieriger sein. Qualitativ ist der Verlauf von ε und tg δ ähnlich wie bei flüssigen Stoffen. Er führt als Bestätigung seiner Theorie als Beispiel Messungen von Errera [30] und Granier [54] an Eis bei — 2° C an. Wir geben sie in folgender Tabelle wieder. Für die Berechnung wurde $\tau = 2 \cdot 10^{-6}$ sec gesetzt.

Tabelle 4. ε von Eis.

λ in km	680	465	294	196	97	54	38,5	28,5	18,5	8
ε' gef.	77,3	76	73,4	69	47,2	30,6	23,2	15,2	7,8	4,6
ε' ber.	79	78	76	71	53	31	20	13	7	3

Verluste wurden auch gemessen, das Maximum ergab sich zwischen 17 und 55 km zu 68° für δ. Die Rechnung führt zu 70° bei 20 km Wellenlänge.

Im folgenden sollen noch einige weitere Arbeiten aus diesem Gebiet kurz referiert werden. Bell und Poynton [6] bestimmten die Dielektrizitätskonstante von Kastoröl, Olivenöl und Leinsamenöl bei verschiedenen Temperaturen und fanden lineare Abnahme mit der Temperatur entsprechend der Gleichung

$$\varepsilon_t = \varepsilon_{20}\,[1 - (t - 20)\,\alpha_{20}]\,.$$

Graffunder [53] konnte bei Azeton und Glyzerin zwischen — 30 und + 100° C kein Dipolmoment nachweisen, anscheinend wegen Assoziation, welche dem Temperatureffekt entgegenwirkt. Glyzerin weist bei 500 m Wellenlänge und um — 10° C anomale Dispersion auf. Bock [7] findet bei Glyzerin zwischen — 40 und 225° C zuerst eine Zunahme, dann Abnahme der Dielektrizitätskonstante mit der Temperatur, ganz im Sinne der Debyeschen Theorie. — Nach Grenacher [55] nimmt die Dielektrizitätskonstante organischer Flüssigkeiten mit dem Druck zu, bei Dipolen mehr als bei Nichtdipolen. — Guthrie [60] fand zwischen 0,6 und 1,7 Millionen Hertz bei verschiedenen Stoffen konstantes ε und unregelmäßig schwankende Verlustwinkel. — Isnardi [78] bestätigt an einer Anzahl von Messungen eine von der Debyeschen etwas abweichende Theorie von Gans [41]. — E. Meyer [106] prüft die Debyeschen Gleichungen an organischen Flüssigkeiten, findet jedoch Abweichungen vom Experiment. — Gagnebin [40] untersucht Quarz und findet, daß ε parallel zur optischen Achse von 200° C ab schwach steigt ($\sim$ 5), bei 290° stark ansteigt und hierauf ein Maximum ($\sim$ 12) erreicht. — Epstein [29] leitet bei Gasen eine Abnahme der Polarisierbarkeit bei hohen Feldern ab. Eine Sättigung ist, wie erwähnt, auch nach der Debyeschen Theorie zu erwarten. — Zahn [193] findet bei Halogenwasserstoffen die obigen Gleichungen gut bestätigt. Er berechnete aus denselben die Dipolmomente. — Hill [68] untersucht Bleiglas bis 220° C bei Wellenlängen von 400 bis 3000 m. — In einer ausführlichen Arbeit von Möller [110] werden organische Flüssigkeiten und anorganische feste Isolierstoffe mittels einer Substitutionsmethode zwischen $\omega = 5 \cdot 10^5$ und $12 \cdot 10^6$ untersucht. tg δ nimmt mit der Frequenz im allgemeinen zu. Für diese Zunahme unterscheidet er drei Gleichungstypen. — Errera [30] untersucht organische Körper in der Nähe des Schmelzpunktes. λ erstreckt sich zwischen 500 m und 1000 km. ε nimmt mit der Wellenlänge zu, jedoch um so weniger, je tiefer die Temperatur. Bei der Erstarrung ändert sie sich plötzlich. — Zahn [194] weist in einer Untersuchung auf den Umstand hin, daß Jona [82] für Wasserdampf einen Knick in der Kurve $\varepsilon - 1 = k\,p$ (p = Druck) fand. In der Nähe des Verflüssigungspunktes nimmt nämlich ε plötzlich stärker mit dem Druck zu als bei schwächeren Drucken. Die Ursache sei jedoch in der Ausbildung einer Adsorptionsschicht von Wasser an den Elektrodenplatten zu suchen. Eine Abweichung von der Clausius-Mosottischen Formel besteht somit nicht. — Eine ausführliche Untersuchung von K. Lichtenecker [94] erstreckt sich auf die verschiedenen Gleichungen, die zur Berechnung der Dielektrizitätskonstante von Mischkörpern von verschiedenen Autoren vorgeschlagen worden sind. Im besonderen wird hierbei seine logarithmische Mischungsregel herausgearbeitet. — Errera [31] untersucht die Dielektrizitätskonstante der cis- und trans-Form von Äthylenderivaten und findet bei den ersteren jeweils höhere Werte als Folge des höheren Dipolmomentes. Smyth [163] versucht, die Debyesche Gleichung auf Flüssigkeiten auszudehnen. Die berechneten Werte stimmen mit den beobachteten bei nichtassoziierenden Flüssigkeiten überein.

Diese wenigen Literaturangaben sollten nur eine Probe von der sehr umfangreichen Dipolliteratur geben. Vom speziellen Isolierstoffstandpunkt ist der größte Teil dieser Arbeiten, welche eher auf die Aufdeckung der molekularen Struktur hinzielen, nur von bedingtem Interesse. Eine gute Zusammenstellung der neuesten Literatur findet man in den Darstellungen von Estermann [32] und von Sack [149] in Bd. 8 der Ergebnisse der exakten Naturwissenschaften.

12. Die Deformationspolarisation.

Zum Schluß dieses Kapitels seien einige Worte über das Wesen der Deformationspolarisation gesagt. Die Kürze rechtfertigt sich hier dadurch, daß, wie schon erwähnt, der Bestandteil α_2 in der Polarisierung im elektrischen Gebiet als durchweg konstant zu gelten hat. Sie läßt sich einfach aus dem Brechungsindex für sichtbares Licht ermitteln, da dort die Orientierung schon aufgehört hat.

Um aber einen Anhaltspunkt zu geben, sei mit einigen Worten die Ableitung der diesbezüglichen Grundgleichung angedeutet, wie sie mit Hilfe der elementarsten Vorstellungen der Elektronentheorie ausgeführt wurde. Ausführlich auf diese Gleichungen einzugehen, lohnt es sich schon deshalb nicht, weil gerade auf diesem Gebiet die Quantentheorie einschneidend eingegriffen hat.

Die Grundvorstellung der Deformationstheorie ist die, daß einzelne Elektronen innerhalb der Atome bei Anlegung eines äußeren Feldes verschoben werden. Es sei zunächst in jeder Molekel nur ein bestimmtes Elektron angenommen, das elastisch gebunden und durch ein angelegtes Feld verschoben wird. Ist das elektrische Moment der ursprünglichen Molekel Null und bedeutet r die Verschiebungskomponente des Elektrons in Richtung des Feldes, dann ist $r e$ das durch das Feld entstandene Moment. Dasselbe ist auch das Zusatzmoment, wenn ein ursprüngliches Dipolmoment vorhanden war.

Die Verschiebung r ist dadurch gegeben, daß eine Kraft $-f r$ das Elektron in seine Ursprungslage zurückzieht, wobei f als Direktionskraft bezeichnet wird. Zwischen dieser Kraft, der elektrischen: $e \mathfrak{E}_0$ und der Trägheitskraft $m \frac{d^2 r}{d t^2}$ (m = Masse des Elektrons) muß Gleichgewicht bestehen. An Stelle des d'Alembertschen Satzes müßte allerdings nach der Quantenmechanik die Schrödingersche Gleichung angewendet werden. Am Schluß dieses Abschnittes wollen wir kurz zeigen, wie das geschieht. Für größere Wellenlängen, wie sie uns hier interessieren, wird allerdings auch die klassische Theorie halbwegs richtige Ergebnisse liefern.

Um die Absorption zu erklären, wird eine Elektronenreibung angenommen. Sie soll in üblicher Weise der Geschwindigkeit proportional sein, also: $-g \frac{d r}{d t}$. Die physikalische Bedeutung dieser Reibung ist hierbei offen gelassen. Planck [134] berücksichtigt an Stelle der Reibung die Ausstrahlung des Elektrons, wodurch auch eine Energieabsorption stattfindet. Hierbei kommt er den tatsächlichen Verhältnissen viel näher, denn auch die Quantentheorie erklärt die Absorption durch Emission von Energiequanten. Aber formal läßt sich in erster Näherung auch die Strahlung als eine Art Reibung auffassen.

Man hat dann die Gleichung

$$m \frac{d^2 r}{d t^2} = -f r - g r + \mathfrak{E}_0 e,$$

wo laut Gl. (4)

$$\mathfrak{E}_0 = \mathfrak{E} + \frac{4\pi}{3} \mathfrak{P}.$$

Berücksichtigen wir, daß

$$\mathfrak{P} = \frac{N\varrho}{M} e r,$$

da $\frac{N\varrho}{M}$ die Anzahl der Molekeln pro Volumeinheit ist, so wird:

$$m' \frac{d^2\mathfrak{P}}{dt^2} = \left(\frac{4\pi}{3} - f'\right)\mathfrak{P} - g'\frac{d\mathfrak{P}}{dt} + \mathfrak{E}, \tag{56}$$

wo

$$m' = \frac{Mm}{N\varrho e^2}, \quad f' = \frac{Mf}{N\varrho e^2}, \quad g' = \frac{Mg}{N\varrho e^2}.$$

Man setzt nun als Lösung der Differentialgleichung (56) die Gl. (13), d. h.

$$\mathfrak{E} = \mathfrak{E}_{\max} e^{-\frac{\omega n \varkappa}{c} x} e^{i\omega\left(t - \frac{n x}{c}\right)}$$

und gemäß (1)

$$\mathfrak{P} = \frac{\varepsilon - 1}{4\pi}\mathfrak{E}.$$

Durch Einsetzen dieser Lösung in die Differentialgleichung erhält man die Bedingungsgleichung

$$\frac{\varepsilon - 1}{4\pi} = \frac{1}{\alpha + i\beta},$$

falls

$$\alpha = f' - \frac{4\pi}{3} - m'\omega^2$$

und

$$\beta = g'\omega.$$

Zerlegt man ε gemäß (10) in $\varepsilon' - i\varepsilon''$, so erhält man, wenn man noch die Zusammenhänge mit n und $\varkappa$ nach (17) und (18) berücksichtigt,

$$\varepsilon' = n^2(1 - \varkappa^2) = 1 + \frac{4\pi\alpha}{\alpha^2 + \beta^2} \tag{57}$$

und

$$\varepsilon'' = 2n^2\varkappa = \frac{4\pi\beta}{\alpha^2 + \beta^2}, \tag{58}$$

also Brechungsindex und Absorptionskoeffizient als Funktion der Elektronenkonstanten und der Frequenz

Insbesondere wird für vernachlässigbare Absorption

$$\varepsilon' = 1 + \frac{4\pi}{f' - \frac{4\pi}{3} - m'\omega^2}. \tag{59}$$

Aus dieser Gleichung ergibt sich, daß die Polarisierbarkeit für elektrische Frequenzen konstant und durch

$$\varepsilon' = 1 + \frac{4\pi}{f' - \frac{4\pi}{3}}$$

gegeben ist. Wie durch Einsetzen der Zahlenwerte ersichtlich, gelangt ω erst von $\sim 10^{14}$ ab, also bei den ultraroten Wellenlängen zur Wirkung.

Sind pro Molekel mehrere Elektronen vorhanden, die im elektrischen Felde mitschwingen, so hat man

$$\varepsilon' = 1 + \sum_i \frac{4\pi}{f_i' - \frac{4\pi}{3} - m'\omega^2}, \tag{60}$$

wo der Index i und die Konstante f_i' sich auf die verschiedenen Elektronen bezieht.

Das Gebiet, in welchem starke Dispersion auftritt, nennt man einen Dispersionsstreifen. Es treten i solche Streifen auf. Außerhalb der Streifen nimmt ε' mit ω zu: normale Dispersion.

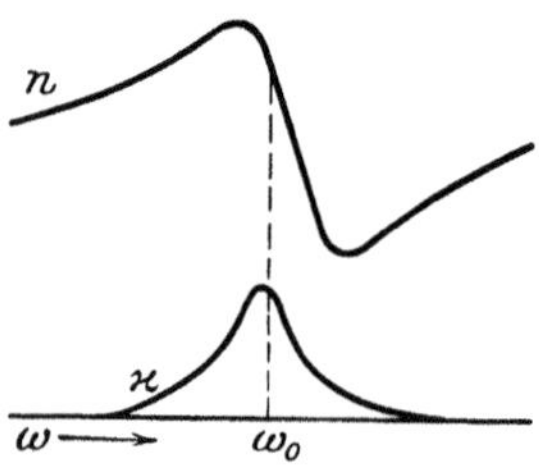

Abb. 24. Abhängigkeit von n und $\varkappa$ von der Frequenz.

Über das Verhalten in einem Dispersionsstreifen kann nur Gl. (57) Auskunft geben. Nähert sich nämlich α_i dem Wert Null, so kann man β_i^2 im Nenner nicht mehr vernachlässigen. Es ergibt sich dann für n ein Verlauf, wie auf Abb. 24 gezeigt. Im Gebiet der Absorption wird $\varkappa$ von Null verschieden, gleichzeitig nimmt n mit steigender Frequenz ab: anomale Dispersion. Das Gebiet wird gekennzeichnet durch den Wert ω_{0i}, nämlich

$$\omega_{0i} = \sqrt{\frac{f_i' - \frac{4\pi}{3}}{m'}}.$$

Diese Frequenz ist die Eigenfrequenz des Elektrons im klassischen Sinne. Nach Überschreitung derselben wird $\varkappa$ wieder unmeßbar klein und die Dispersion wieder normal.

Fügen wir die Erkenntnis, die wir hier gewonnen haben, zu den Ergebnissen der Dipoltheorie hinzu, so ergibt sich folgendes Bild der Dielektrizitätskonstante und der Verluste (Abb. 25). ε nimmt von seinem Gleichstromwert im Gebiete der kurzen elektrischen Wellen ab. Im optischen Gebiet erfolgt dann eine ständige Zunahme, durch einzelne anomale Streifen unterbrochen. Die Absorption ist überall dort von Null verschieden, wo ε mit steigender Frequenz abnimmt.

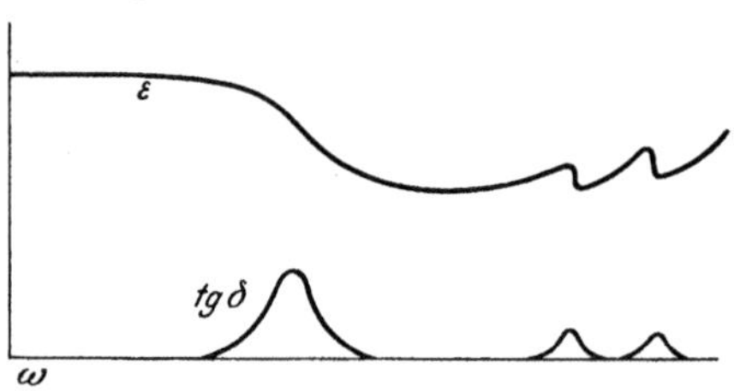

Abb. 25. ε und tg δ im Debye- und optischen Gebiet.

Dieses Bild wird im III. Kapitel wesentlich vervollständigt durch ein Absorptionsgebiet, das nach links vom Dipolgebiet in das Gebiet der technischen elektrischen Frequenzen fällt und welches sich als von den Ionen herrührend herausstellen wird. Dies ist das sog. Wagnergebiet.

Ergänzend sei nun mit einigen Worten auf die wellenmechanische Fassung der Dispersionsgleichung hingewiesen. Dem Wesen nach hat sich nicht viel daran geändert; nur statt der Direktionskräfte f_i' treten die spektralen Frequenzen bzw. die Differenzen der Energieterme $(E_n - E_k)$ in der Formel auf.

Als Ausgangspunkt der Ableitung dient wieder die Schrödingersche Differentialgleichung, jedoch in einer anderen Form als oben in Gl. (26) angegeben. Diese Form enthält auch den zeitlichen Differentialquotienten der Wellenfunktion:

$$\nabla^2 \psi - \frac{4\pi i m}{h} \frac{\partial \psi}{\partial t} - \frac{8\pi^2 m}{h^2} U \psi = 0. \tag{61}$$

Ist das vom Feld $\mathfrak{E}$ erzeugte Moment $\sum e\, r$, so ist die Energie $-\mathfrak{E} \sum e\, r$ und statt U ist in obiger Gleichung $U_0 - \mathfrak{E} \sum e\, r$ zu setzen. Diese Gleichung wurde nun weiter behandelt, indem die Eigenwerte und zugehörigen Eigenfunktionen ψ ermittelt worden sind.

Nun gibt nach einem von Born [9] herrührenden Prinzip ψ^2 als Funktion der Kugelkoordinaten die Wahrscheinlichkeit an, daß das herausgegriffene Elektron in der betreffenden Richtung liegt. Dies ergibt die Möglichkeit, die mittlere Orientierung der Elektronen bzw. das mittlere elektrische Moment zu berechnen. Für dieses Zusatzmoment des Atoms errechnet sich:

$$a_{kk} + 2\mathfrak{E} \sum_n \frac{(E_n - E_k)\, a_{kn}\, b_{kn}}{(E_n - E_k)^2 - h^2 \nu^2}, \tag{62}$$

sofern sich das Atom auf der k-ten Stufe befand. Die Größen a und b stellen Wahrscheinlichkeitsfaktoren für das Verweilen bzw. den Übertritt in bezug auf die indizierten Zustände dar. ν ist die aufgedrückte Frequenz. Es ist über alle quantentheoretisch möglichen Zustände E_n zu summieren. Die Formel ist der Gl. (60) durchaus analog gebaut. Für das Dispersionsgebiet, wo $h\nu = E_n - E_k$ wird, also für die Resonanz zwischen der Frequenz des angelegten Feldes und einer möglichen Spektrallinie gilt die Formel ebensowenig wie die obige angenäherte Gl. (60). Der Nenner wird nicht Null, vielmehr erhält man einen Verlauf, wie Abb. 24 zeigt.

Obige Dispersionsformel ist zuerst von Ladenburg [90] und Kramers [89] aufgestellt und dann durch Schrödinger theoretisch abgeleitet worden.

Drittes Kapitel.

Die Ionen im Dielektrikum.

13. Die Leitfähigkeit von Gasen. Townsend-Ströme.

In diesem Kapitel sollen nunmehr im Gegensatz zu den neutralen, dielektrischen Molekeln die geladenen Molekeln, also Ionen, des näheren betrachtet werden. Etwas allgemeiner könnten wir eher Ladungsträger sagen, da wir auch die freien Elektronen mit in die Betrachtung einbeziehen. In dieser Hinsicht bestehen wesentliche Unterschiede zwischen gasförmigen, flüssigen und festen Isolatoren, weshalb sie getrennt zu behandeln sind.

Das Verhalten der Gase ist dadurch gekennzeichnet, daß die Leitfähigkeit bei Spannungen, die unterhalb der Durchschlagsspannung liegen, verschwindend klein ist. Nur kurz vor dem Durchschlag treten meßbare Ströme auf. Hierbei wird vorausgesetzt, daß weder glühende, Elektronen aussendende Elektroden, noch intensive Fremdionisatoren (wie Röntgenstrahlen oder Radiumpräparate) vorhanden sind. Die Entladung soll vielmehr durchaus selbständig sein. Im allgemeinen pflegt man die hierher gehörigen Erscheinungen stets im Zusammenhang mit dem Durchschlag zu erörtern, da sie eben nur kurz vor demselben auftreten. Hier jedoch ist es gebotener, diese sog. dunklen Vorströme eher im Zusammenhang mit den Ionen in Dielektriken zu erörtern, da sie keineswegs zum Durchschlag führen müssen.

Wie eine nähere Betrachtung ergibt, ist die vorige Beschränkung bezüglich der Selbständigkeit der Entladung folgenderweise zu verstehen. Wäre im Gasraum überhaupt keine Fremdionisierung, so könnte eine Entladung bei den üblichen Feldstärken von 30 kV/cm nicht zu stande kommen. Durch die Spannung allein wäre ein Entstehen von Ladungsträgern nicht erklärlich. Es muß also in jedem Fall eine Fremdionisierung vorhanden sein. Alle Erscheinungen, welche zur sog. unselbständigen Entladung zählen, werden sich somit auch abspielen müssen. Nur ist bei Abwesenheit eines genügend starken Ionisators die Intensität der Erscheinungen so gering, daß sie nicht messend verfolgt werden können und daher praktisch zu vernachlässigen sind. Aber streng genommen sind die unselbständigen Ströme da. Man hat also stets damit zu rechnen, daß schon bei den kleinsten angelegten Spannungen winzige Ströme fließen werden, welche zunächst dem Ohmschen Gesetz gehorchend ansteigen und dann einem Sättigungswert zustreben, sofern eben alle in der Zeiteinheit erzeugten Ionen durch den Strom abgetragen werden. Dieser Sättigungsstrom ist aber praktisch zu vernachlässigen.

Ein meßbarer Strom wird erst dann auftreten, wenn durch Ionisation die Anzahl der vorhandenen Ionen allmählich zunimmt. Die Ladungsträger erreichen nämlich im Feld bestimmte kinetische Energien, welche beim Zusammenstoß mit unelektrischen Molekeln zur Aufspaltung derselben in einen positiven und negativen Teil dienen. Der negative Teil ist meist ein Elektron, der positive ein Ion. Es kommen jedoch unter Umständen auch negative Ionen vor.

Diese Aufspaltung der Molekeln wird nun mit steigender Spannung immer höhere und höhere Ionenkonzentrationen und somit höhere Leitfähigkeiten erzeugen. Der Absolutwert der Leitfähigkeit wird zwar davon abhängen, wieviele Ausgangsträger vorhanden sind, der Verlauf des Stromanstieges ist jedoch davon gänzlich unabhängig.

Dies ist die Grundlage der Townsendschen Theorie [173], welche gleichzeitig, wie im fünften Kapitel gezeigt wird, zur Erklärung des Durchschlages in Gasen führt. Hier jedoch interessieren uns nur die dunklen Vorströme, welche von keinerlei Leuchterscheinung begleitet sind. Wir geben im folgenden das Wesentliche der Theorie wieder.

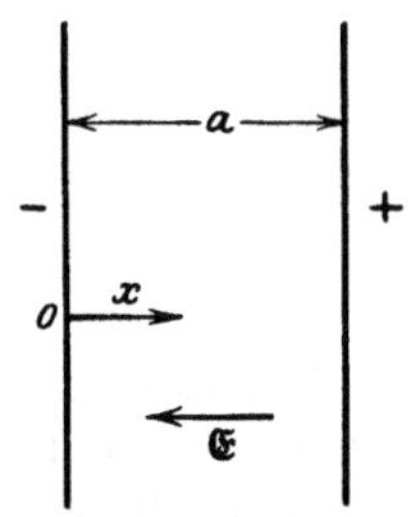

Abb. 26. Zur Ableitung der Gleichung von Townsend.

Sie geht in ihrer einfachsten Form von der Betrachtung eines Plattenkondensators aus (Abb. 26). Der Plattenabstand sei a, die Feldrichtung sei als die x-Richtung angenommen. Als Nullpunkt diene die negative Elektrode. Wir bezeichnen mit p die Anzahl der positiven Ladungsträger/cm³, mit n die der negativen. p und n sind also als Funktionen von x aufgefaßt. Ferner werden die Wanderungsgeschwindigkeiten u und v der positiven und negativen Träger eingeführt. Dieselben sind zunächst der Feldstärke proportional, außerdem hängen sie in bestimmter, noch näher zu zeigender Weise von den Ionenkonstanten ab. Die Geschwindigkeit in der Feldstärke 1 bezeichnet man als Beweglichkeit. Übrigens ist die Linearität zwischen Geschwindigkeit und Feldstärke nicht immer erfüllt (s. Abschnitt 14).

Als weitere wesentliche Zahlen werden die Ionisierungszahlen α und β eingeführt. Unter α versteht man die Anzahl der Ionenpaare, welche von einem negativen Träger auf der Strecke 1 erzeugt werden, unter β die entsprechende Zahl für positive Träger. Mit den Ionisierungszahlen werden wir uns noch weiter unten befassen. Sie sind Funktionen der Feldstärke, indem sie mit ihr zunehmen. Streng genommen haben sie schon bei den kleinsten Feldstärken endliche Werte, praktisch sind sie aber erst von einer bestimmten Grenzfeldstärke an meßbar.

Townsend stellt nun die Differentialgleichung des Stromvorganges auf, indem er ein Volumelement vom Querschnitt 1 und der Länge dx betrachtet. Die darin enthaltene Anzahl positiver Teilchen ist $p\,dx$ und ihre Zunahme in der Zeiteinheit beträgt $\frac{\partial(p\,dx)}{\partial t}$. Diese Zunahme setzt sich aus drei Beträgen zusammen. Erstens aus der Divergenz des Stromes. In der Zeiteinheit wandern $p\,u$-Teilchen durch das Volumelement. Wächst diese Zahl mit zunehmendem x, so befindet sich in dx eine Quelle von der Höhe:

$$\frac{\partial(pu)}{\partial x}\,dx.$$

Andererseits werden durch Ionisation von jedem positiven Träger $\beta\,dx$, insgesamt also $p\,u\,\beta\,dx$ neue Ionen erzeugt. Die negativen Träger erzeugen $n\,v\,\alpha\,dx$ neue Ionen. Man hat daher

$$\frac{\partial(p\,dx)}{\partial t} = \frac{\partial(pu)}{\partial x}\,dx + pu\,\beta\,dx + nv\,\alpha\,dx.$$

Kürzt man die Gleichung durch dx, so ergibt sich

$$\frac{\partial p}{\partial t} = \frac{\partial(pu)}{\partial x} + \beta\,pu + \alpha\,nv. \tag{63}$$

Ebenso für die negativen Ladungsträger

$$\frac{\partial u}{\partial t} = -\frac{\partial(nv)}{\partial x} + \beta\,pu + \alpha\,nv. \tag{63a}$$

Später bei der Behandlung der zeitlichen Vorgänge des Gasdurchschlages werden wir zu diesen ursprünglichen Gleichungen zurückkehren. Hier interessiert uns nur der Endzustand, wie er sich bei gegebener Feldstärke einstellt. Für den stationären Zustand sind die Differentialquotienten nach der Zeit Null zu setzen, und man hat dann aus der letzten Gleichung

$$\frac{d(nv)}{dx} = \alpha\,nv + \beta\,pu.$$

Daß hier $n\,v$ statt n als Variable genommen wird, hat keine wesentliche Bedeutung, da v nur von der Feldstärke abhängt. Solange also die Raumladungen vernachlässigt werden, die Feldstärke demnach auf der ganzen Strecke konstant betrachtet wird, ist auch v konstant. Demnach sind nur n und p die eigentlichen Variablen. Da $(p\,u + n\,v)$, der Strom, überall konstant ist, so läßt sich $p\,u$ eliminieren, und man hat

$$\frac{d(nv)}{dx} = (\alpha - \beta)\,nv + \beta i,$$

wo i eine Konstante ist. Diese Gleichung läßt sich leicht integrieren. Die Lösung lautet

$$nv = -\frac{\beta}{\alpha-\beta}\,i + C\,e^{(\alpha-\beta)x}. \tag{64}$$

Die Integrationskonstante errechnet sich aus der Bedingung, daß für

$$x = 0;\quad nv = (nv)_0.$$

$(n v)_0$ ist der negative Strom, der an der Kathode frei wird. Er hängt von den zufällig anwesenden Fremdionisatoren (radioaktive Stoffe, Höhenstrahlung usw.) ab. Damit wird

$$C = (nv)_0 + \frac{\beta}{\alpha - \beta} i.$$

Setzen wir in Gl. (64) $x = a$, so gibt uns der Wert von $n v$ den gesamten Strom, also i an, da dicht an der Anode kein positiver Strom fließt. Die positiven Träger entstehen ja erst im Gasraum durch Ionisierung und werden sofort nach der Kathode zu bewegt. Demnach ist

$$i = \frac{(\alpha - \beta) e^{(\alpha - \beta) a}}{\alpha - \beta e^{(\alpha - \beta) a}} (n v)_0 \tag{65}$$

oder für $\alpha \gg \beta$

$$i = (n v)_0 e^{\alpha a}. \tag{65a}$$

Dies sind die von Townsend abgeleiteten Stromgleichungen, die, wie im fünften Kapitel gezeigt wird, auch zur Ableitung der Durchschlagsbedingung benutzt werden. Als Bestätigung der Gl. (65) mag eine Versuchsreihe von Townsend angeführt werden. Die Feldstärke betrug 350 V/cm, der Druck 1 mmHg. $\alpha = 5{,}2$, $\beta = 0{,}014$, $(n v)_0$ in willkürlichen Einheiten = 1.

Tabelle 5. Prüfung der Gl. (65) nach Townsend.

a in cm	i gef.	i ber.
0,2	2,9	2,9
0,4	8,3	8,3
0,6	24	25
0,8	81	80
1,0	370	350
1,1	2300	2200

14. Die Ionisierungszahlen.

Die wichtigsten Größen nach dieser Theorie sind die Ionisierungszahlen α und β. Wir geben im folgenden eine kurzgefaßte Ableitung derselben, ebenfalls nach Townsend. Man muß dabei zweierlei Grenzfälle unterscheiden, denjenigen großer Feldstärken und kleiner Drucke und jenen kleiner Feldstärken und großer Drucke. Die Formeln fallen in beiden Fällen verschieden aus, streng gerechnet müßten sie sich allerdings ineinander überführen lassen. Für das uns hauptsächlich interessierende Gebiet des Atmosphärendruckes kommt wahrscheinlich die zweite Ableitung und Formel in Frage.

Für den ersten Grenzfall $\left(\frac{\mathfrak{E}}{p} \text{ groß}\right)$ ist das Wesentliche, daß die Ladungsträger im allgemeinen genau in Richtung des Feldes bewegt werden und daß die Wärmebewegung gegenüber der elektrischen zurücktritt. Die Träger bewegen sich in Feldrichtung je zwischen zwei Zusammenstößen, erlangen also während dieser Zeit eine gewisse kinetische Energie, die sie beim Zusammenstoß mit den Molekeln abgeben. Ihre Energie errechnet sich aus

$$\tfrac{1}{2} m c^2 = e \mathfrak{E} \lambda = e V . \tag{66}$$

λ ist die sog. freie Weglänge, V die c entsprechende Voltgeschwindigkeit. Ionisierung tritt dann ein, wenn die zur Verfügung stehende Energie eV einen gewissen Schwellenwert eV_0 erreicht, wobei V_0 die sog. Ionisierungsspannung ist. Dem Wert V_0 entspricht nach Gl. (66) eine Ionisierungsgeschwindigkeit c_0 und (bei gegebener Feldstärke) eine bestimmte Weglänge λ_0.

Entlang eines Zentimeters erfolgen $N = \frac{1}{\lambda_m}$ Zusammenstöße, falls λ_m die sog. mittlere freie Weglänge ist. α war die Zahl der erfolgten Ionisationen auf dieser Strecke. Es kommt also darauf an, wie viele unter den N Weglängen die Strecke λ_0 überschreiten. Nach der kinetischen Gastheorie von Clausius ist die Wahrscheinlichkeit einer Weglänge zwischen λ und $\lambda + d\lambda$ gegeben durch

$$\frac{1}{\lambda_m} e^{-\frac{\lambda}{\lambda_m}} d\lambda .$$

Die Anzahl der Weglängen zwischen λ und $\lambda + d\lambda$ unter $N = \frac{1}{\lambda_m}$ Weglängen ist

$$N e^{-\frac{\lambda}{\lambda_m}} d\left(\frac{\lambda}{\lambda_m}\right)$$

und die Anzahl der Weglängen zwischen λ_0 und ∞, somit α:

$$\alpha = N \int_{\lambda_0}^{\infty} e^{-\frac{\lambda}{\lambda_m}} d\left(\frac{\lambda}{\lambda_m}\right) = N e^{-\frac{\lambda_0}{\lambda_m}} .$$

Schreiben wir

$$N = p N_0 ,$$

wo also N_0 sich auf die Druckeinheit bezieht und somit nur von der Gasart (Größe der Molekeln) abhängt und berücksichtigen wir Gl. (66), so wird

$$\frac{\alpha}{p} = N_0 e^{-N_0 V_0 \frac{p}{\mathfrak{E}}} = f\left(\frac{\mathfrak{E}}{p}\right) . \tag{67}$$

Ebenso hat man für β eine analog gebaute Gleichung

$$\frac{\beta}{p} = M_0 e^{-M_0 U_0 \frac{p}{\mathfrak{E}}} = \varphi\left(\frac{\mathfrak{E}}{p}\right) .$$

$\frac{\mathfrak{E}}{p}$ ist proportional $\mathfrak{E} \lambda_m$, also der Spannung pro mittlere freie Weglänge. Darauf kommt es in erster Linie an. Je größer diese Spannung, um so größer die Exponentialfunktion: die Ionisierungswahrscheinlichkeit. Die e-Funktion ist dann noch mit p, der Anzahl der Zusammenstöße, zu multiplizieren. α muß daher mit zunehmendem Druck durch ein Maximum gehen, eine wichtige Folgerung, auf welche in Abschnitt 34 zurückzukommen sein wird.

Die Abhängigkeit von $\frac{\alpha}{p}$ $\left(\text{und } \frac{\beta}{p}\right)$ von $\frac{\mathfrak{E}}{p}$ ist von Townsend [172] und später von Wheatley [188] experimentell bestimmt worden, indem sie Stromspannungs-Charakteristiken aufnahmen und α und β so bestimmten, daß Gl. (65) erfüllt sein soll. Auf diese Weise erhielten sie z. B. für Luft folgende Zahlenwerte (Tabelle 6).

Leider sind die Ströme für $\frac{\mathfrak{E}}{p} < 40$ so klein, daß keine brauchbaren Zahlen zu ermitteln waren, obwohl gerade dieses Gebiet theoretisch und praktisch wichtig ist. Die Gl. (67) ist nun bis $\frac{\mathfrak{E}}{p} \sim 100$ gut erfüllt, darunter nicht mehr. $\frac{\mathfrak{E}}{p} = 100$ entspricht bei Atmosphärendruck 76 kV/cm. So große Feldstärken kommen aber nur bei kleinen Abständen vor (s. Abschnitt 28), für kleine Feldstärken müssen wir daher zum zweiten Grenzfall übergehen.

Tabelle 6.
Zahlenwerte für die Ionisierungszahl α.

$\frac{\mathfrak{E}}{p}$ in $\frac{\text{Volt}}{\text{cm} \cdot \text{mm Hg}}$	$\frac{\alpha}{p}$	$\frac{\mathfrak{E}}{p}$	$\frac{\alpha}{p}$
1000	10,5	200	2,6
900	10,0	100	0,73
800	9,3	90	0,50
700	8,7	80	0,33
600	7,9	70	0,21
500	7,0	60	0,12
400	5,8	50	0,055
300	4,4	40	0,019

In dem Gebiet, wo Gl. (67) stimmt, läßt sie sich zur Berechnung der Ionisationsspannung verwerten. Townsend erhielt folgende Werte (Tabelle 7).

Tabelle 7. Ionisierungsspannungen.

Gas	V_0 in Volt	Gas	V_0
Luft	25	Salzsäure	16,5
Stickstoff	27,6	Wasserdampf	22,4
Wasserstoff	26	Argon	17,3
Kohlendioxyd	23,3	Helium	12,3

Für den zweiten Grenzfall $\left(\frac{\mathfrak{E}}{p} \text{ klein}\right)$ gelten die hier gemachten Voraussetzungen nicht. Zunächst erfolgt die Bewegung der Teilchen nicht in Richtung des Feldes, sondern zickzackförmig, da die Wärmebewegung keinesfalls zu vernachlässigen ist. Dementsprechend ist die Anzahl der Stöße pro cm nicht $\frac{1}{\lambda_m}$, sondern wegen des Umweges, den die Teilchen machen, größer. Die mittlere thermische Geschwindigkeit ist c_{eff}, wobei

$$c_{\text{eff}}^2 = \overline{c^2}.$$

Dann ist $\frac{c_{\text{eff}}}{u}$ der sog. Umwegfaktor, falls u die geordnete Geschwindigkeitskomponente ist. Die Anzahl der Zusammenstöße pro cm ist daher

$$\frac{1}{\lambda_m} \frac{c_{\text{eff}}}{u}.$$

Während bei dem ersten Grenzfall der größte Teil der Stöße ionisierend wirkte, so ist hier umgekehrt nur ein kleiner Teil wirksam. Bei den meisten Zusammenstößen geht die aufgestapelte elektrische Energie in Form von Wärme verloren, die Energie wird zerstreut. Würde eine solche Zerstreuung nicht vorhanden sein, dann würde sich c_{eff} aus

$$m\, c_{\text{eff}} = M\, C_{\text{eff}}$$

berechnen lassen, falls sich die kleinen Buchstaben auf die Ladungsträger, die großen auf die Molekeln beziehen. Dies folgt aus dem Gleichverteilungssatz der Energie. So aber gilt

$$m\, c_{\text{eff}} = l\, M\, C_{\text{eff}},$$

wo l ein Faktor ist, der von $\mathfrak{E}$ abhängt. Die Einführung dieses Faktors ist eigentlich eine Lücke in der Townsendschen Theorie. Er berechnet l abhängig von der Feldstärke aus experimentellen Daten. Auf die Ermittlung von u kommen wir weiter unten zu sprechen.

Für die Wahrscheinlichkeit der Ionisierung kam vorhin die Verteilung der Weglängen in Betracht, da die Weglänge die Geschwindigkeiten eindeutig bestimmt hat. Hier hat sie keinen eindeutigen Einfluß auf die Geschwindigkeit. Wir betrachten daher eher die Maxwellsche Geschwindigkeitsverteilung, da die Stöße offenbar dann ionisierend wirken, falls $c > c_0$. Für die Wahrscheinlichkeit einer Geschwindigkeit zwischen c und $c + d\,c$ gilt:

$$W\,d\,c = \frac{4}{\sqrt{\pi}} \frac{c^2}{c_w^3} e^{-\frac{c^2}{c_w^2}} d\,c,$$

wobei c_w die wahrscheinlichste Geschwindigkeit ist:

$$c_w^2 = \tfrac{2}{3} c_{\text{eff}}^2.$$

Alle Stöße pro sec betragen

$$N = \int_0^\infty \frac{c}{\lambda_m} W\,d\,c,$$

da das Teilchen in der Zeiteinheit den Weg $c\,W\,d\,c$ mit der Geschwindigkeit c zurücklegt. Die aktiven Stöße in der Zeiteinheit betragen dagegen

$$N_a = \int_{c_0}^\infty \frac{c}{\lambda_m} W\,d\,c,$$

da die Strecke $\int_{c_0}^{\infty} c\,W\,dc$ mit einer Geschwindigkeit größer als c_0 zurückgelegt wird. Die Ionisierungswahrscheinlichkeit beträgt daher

$$\frac{N_a}{N} = e^{-\frac{c_0^2}{c_w^2}}\left(1 + \frac{c_0^2}{c_w^2}\right)$$

und

$$\alpha = \frac{c_{\text{eff}}}{\lambda_m u} \frac{N_a}{N}. \tag{68}$$

Die Zahlen der Tabelle 6 nach Gl. (68) ausgewertet, führen einerseits zu den Zahlenwerten für l (Größenordnung 100), andererseits zu den Werten für c_0 (V_0). Die Ionisierungsspannung für Luft beträgt $\left(\text{für } \frac{\mathfrak{E}}{p} = 40\right)$ 23,7 V, während sich aus dem anderen Grenzfall 25 V errechnet hat.

Die geschilderten Theorien führen auch zu Ausdrücken für die Wanderungsgeschwindigkeiten. Nach dem ersten Grenzfall können wir angenähert folgendes sagen. Die mittlere Weglänge λ_m wird während der Zeit τ zurückgelegt, und zwar in einem Beschleunigungsfeld von $\frac{e\mathfrak{E}}{m}$. Dann gilt

$$\lambda_m = \frac{e\mathfrak{E}}{2m}\tau^2,$$

woraus

$$\tau = \sqrt{\frac{2m\lambda_m}{e\mathfrak{E}}}.$$

Die Geschwindigkeit ist

$$u = \frac{\lambda_m}{\tau}$$

oder

$$u = \sqrt{\frac{e\lambda_m}{2m}\mathfrak{E}}.$$

Eine theoretisch genauere Durchrechnung ergibt statt dieses Ausdruckes:

$$u = \sqrt{\frac{2e\lambda_m}{\pi m}\mathfrak{E}}. \tag{69}$$

Die Gleichung gilt, wie erwähnt, für große $\frac{\mathfrak{E}}{p}$, also für kleine Drucke. Für Atmosphärendruck und 30 kV/cm ergibt sich daraus für positive Ionen etwa 10^5 cm/sec, für Elektronen $0{,}5 \cdot 10^8$ cm/sec. Bemerkenswert ist, daß in diesem Bereich von einer Beweglichkeit im üblichen Sinne nicht gesprochen werden kann, da u der Wurzel aus der Feldstärke proportional ansteigt.

Für Atmosphärendruck arbeiten wir besser mit dem zweiten Grenzfall. Die Verschiebung des Trägers während $\tau = \frac{\lambda}{c_{\text{eff}}}$ sec ist

$$\frac{1}{2}\frac{e\mathfrak{E}}{m}\frac{\lambda^2}{c_{\text{eff}}^2}.$$

Der Mittelwert von λ^2 beträgt $2\lambda_m^2$, also ist die Verschiebung

$$\frac{e\mathfrak{E}}{m}\frac{\lambda_m^2}{c_{\text{eff}}^2}.$$

Dies durch $\tau = \frac{\lambda_m}{c_{\text{eff}}}$ dividiert, ergibt

$$u = \frac{e\lambda_m}{m\,c_{\text{eff}}}\mathfrak{E}. \tag{70}$$

Nach dieser Gleichung hat man für Atmosphärendruck und 30 kV/cm für positive Ionen etwa $2\cdot 10^5$ cm/sec und für Elektronen $3\cdot 10^8$ cm/sec. Diese Größenordnungen dürften als die wahrscheinlichsten angesehen werden.

15. Ströme im Vakuum.

Als Ergänzung des Gesagten sei mit ein paar Worten auf die Entladungsströme im Vakuum eingegangen. Wird die Entgasung so weit getrieben, daß praktisch keine Gasmolekeln zwischen den Elektroden sich befinden, dann können nennenswerte Ströme durch Ionisierung nicht mehr zustande kommen. Der Widerstand der Anordnung müßte unbegrenzt anwachsen. Dies ist jedoch nicht der Fall, da bei recht hohen Feldstärken Elektronen aus dem Metall selbst herausgerissen werden, um dann im Felde weiter zu wandern. Die Ladungsträger werden also von den Elektroden selbst gebildet. Es sei kurz auf das Quantitative dieser Erscheinung eingegangen.

Elektronen werden auch ohne äußeres Feld aus Metallen befreit, und zwar durch ihre Wärmebewegung. An und für sich ist der Austritt der Elektronen elektrostatisch gehindert. Jedes austretende Elektron wird durch die entgegengesetzte Ladung zurückgehalten. Um diese Anziehung zu überwinden, ist eine elektrostatische Austrittsarbeit W zu verrichten, die bei allen Metallen von der Größenordnung einiger Volt ist („1 V" ist die kinetische Energie, die ein Elektron beim Durchlfiegen einer Potentialdifferenz von einem Volt erlangt, also $e\,V$). Durch die Wärmeenergie besitzen einige Elektronen diese kritische Energie W, und diese werden dann das Metall verlassen. Ein angelegtes Feld wird sie alle abführen. Diese Erscheinung ist als Thermoemission bekannt und liegt allen Glühkathodenröhren zugrunde. Der Strom wird durch die sog. Richardsonsche Gleichung gegeben [136]:

$$i = a\sqrt{T}\,e^{-\frac{W}{kT}}, \tag{71}$$

wo a eine Konstante und T die absolute Temperatur ist. Mit zunehmender Temperatur nimmt der Strom sehr stark zu. Schon bei Zimmertemperatur ist er theoretisch vorhanden, allerdings unmeßbar klein.

Wird jedoch an die Elektroden ein hohes Feld angelegt, so dient dasselbe nicht nur dazu, um die schon losgelösten Elektronen weiterzuleiten, sondern es wird, wie leicht einzusehen, selbst den Loslösungsvorgang erleichtern, indem es die Influenzkraft teilweise überwindet. Nach Gl. (71) ist der Strom um so größer, je kleiner W, die Austrittsarbeit. Bei Anlegung eines hohen Feldes wird die Austrittsarbeit künstlich verkleinert, so daß der Strom wachsen muß.

Die eben geschilderte Wirkung des Feldes ist von Schottky [154] aufgedeckt worden, dem wir die ganze diesbezügliche Theorie verdanken. Es ist nicht ohne weiteres möglich, die Influenzkraft bis dicht an die Metalloberfläche anzugeben, da hierzu die Kenntnis der wirklichen Verteilung der influenzierten Ladung erforderlich wäre. In einiger Entfernung von der Oberfläche ist aber die Influenzladung als Bildladung zu denken und die Kraft, welche auf das Elektron ausgeübt wird, ist

$$K = \frac{e^2}{4\,x^2},$$

falls x die Entfernung des Elektrons von der Oberfläche ist. W ist (Abb. 27) durch die gesamte Fläche zwischen Abszisse, Ordinate und der $K - x$-Kurve gegeben. Wird eine äußere Kraft K_a angelegt, welche mit der angelegten Feldstärke durch die Beziehung

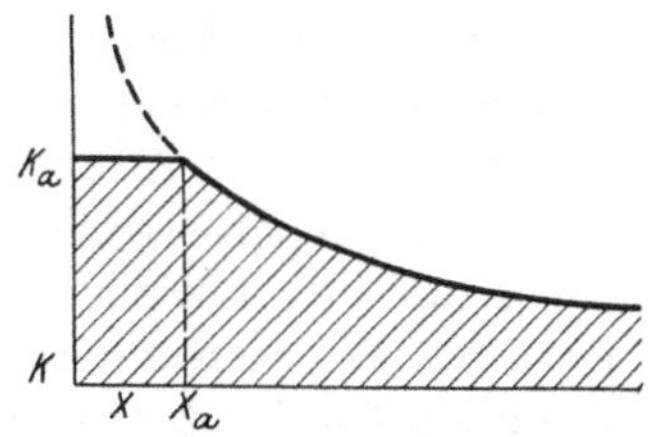

Abb. 27. Zur Theorie von Schottky.

$$K_a = e\,\mathfrak{E}_a$$

verbunden ist, so vermag dieses Feld an der Influenzkraft eine Arbeit zu leisten. welche durch die schraffierte Fläche der Abb. 27 gegeben ist. Diese Fläche lautet

$$K_a x_a + \int_{x_a}^{\infty} \frac{e^2}{4\,x^2}\,dx,$$

wobei

$$K_a = \frac{e^2}{4\,x_a^2}.$$

Ausgewertet, hat man für die Fläche

$$e\sqrt{K_a} = \sqrt{e^3\,\mathfrak{E}_a}.$$

In die Richardsonsche Gleichung ist statt W der Ausdruck $W - \sqrt{e^3\,\mathfrak{E}_a}$ zu setzen; man hat dann für das Verhältnis der Ströme mit und ohne Feld

$$\frac{i_a}{i} = e^{\frac{\sqrt{e^3\,\mathfrak{E}_a}}{k\,T}}. \tag{72}$$

Das ist die Schottkysche Gleichung. Es liegen verschiedene Experimentalarbeiten über dieses Gebiet vor, jedoch mit nicht ganz einheitlichem Ergebnis. Rother [146] nahm Stromspannungscharakteristiken auf, welche die Schottkysche Theorie z. T. bestätigen. Allerdings scheint nicht nur die Feldstärke, sondern auch die Spannung selbst einen Einfluß auf die Stromstärke auszuüben. Arbeiten von Millikan [107] sprechen noch mehr in diesem Sinne. Es scheint, daß es insofern recht schwierig ist, die Theorie zu bestätigen, als schon der geringste Gasgehalt der Elektroden eine Stromkomponente hervorruft (sog. Aeonaeffekt), der sich dem Schottkyschen Mechanismus überlagert. Die großen Schwierigkeiten, die mit der extremen Entgasung der Elektrode verknüpft sind, verhindern die Vermeidung des störenden Spannungseffektes.

16. Die Leitfähigkeit in flüssigen Dielektriken.

Flüssige Dielektriken enthalten außer den eigenen Molekeln stets fremde Ionen in mehr oder weniger großer Konzentration. Die Quelle dieser Ionen ist entweder Wasser oder sonstige Elektrolyte, welche Ionen liefern. Anorganische Elektrolyte kommen insofern wenig in Frage, als ihre Löslichkeit in organischen Flüssigkeiten eine sehr geringe ist. Dagegen kommen organische Elektrolyte eher in Betracht. Diese werden durch elektrolytische Dissoziation in Ionen zerfallen.

Man kann sich ein ungefähres Bild von der zustandekommenden Leitfähigkeit machen, wenn man die Konzentration des gelösten Elektrolyten als bekannt voraussetzt. Kennt man außerdem die Dissoziationskonstante und die Beweglichkeit der gebildeten Ionen, dann läßt sich die Leitfähigkeit ermitteln. Wie das geschieht, soll im folgenden kurz erörtert werden.

Die Gesamtkonzentration des Elektrolyten, also z. B. des Wassers, sei c_0 Mol/Liter. Dann ist die nächste Frage die nach der Konzentration der Ionen c. Wasser zerfällt z. B. nach der Gleichung

$$H_2O \rightleftarrows H^{\cdot} + OH'$$

in Wasserstoff- und Hydroxylionen gemäß der Dissoziationskonstante K, wobei

$$K = \frac{[H^{\cdot}]\,[OH']}{[H_2O]},$$

wo die eckigen Klammern Konzentrationen des betreffenden Bestandteils bedeuten. War die Gesamtkonzentration des Wassers c_0, so ist

$$c = [H^{\cdot}] = [OH']$$

und

$$c_0 - c = [H_2O],$$

so daß

$$K = \frac{c^2}{c_0 - c}$$

und

$$c = \frac{-K + \sqrt{K^2 + 4\,K\,c_0}}{2}.$$

Ist $K \ll c_0$, wie das in unseren Fällen stets zutrifft, so degeneriert dieser Ausdruck in

$$c = \sqrt{K c_0}. \tag{73}$$

Es ist also c, die Konzentration der freien Ionen, leicht zu ermitteln, wenn nur K bekannt ist. Über die Berechnung der letzteren Größe sei folgende Betrachtung des Verf. [46] mitgeteilt. Die Konstante steht mit der maximalen Arbeit A im Zusammenhang, welche bei der reversiblen, isothermen Dissoziation eines Mols aufzuwenden ist. Sie beträgt

$$A = -\,R\,T \ln K.$$

Andererseits läßt sie sich als Summe zweier Terme auffassen. Einerseits muß bei der Dissoziation die Aufspaltungsarbeit A_0 der Molekeln aufgewandt werden, andererseits wird durch die elektrostatische Abbindung der Ionen seitens der Molekeln des Lösungsmittels eine gewisse Arbeit frei, welche nach Born [8] pro Mol

$$\frac{N e^2}{2}\left(\frac{1}{r_k} + \frac{1}{r_a}\right)\left(1 - \frac{1}{\varepsilon}\right)$$

beträgt. ε bezieht sich auf das Lösungsmittel, r_k und r_a bedeuten die kürzesten Abstände zwischen Ionenladung und Dipolmittelpunkt der Molekeln, also die Summe der Radien des Ions und der Molekel für Kation und Anion. Sie sind von der Größenordnung einiger Å-Einheiten. Also hat man

$$-\,R\,T \ln K = A_0 - \frac{N e^2}{2}\left(\frac{1}{r_k} + \frac{1}{r_a}\right)\left(1 - \frac{1}{\varepsilon}\right).$$

Andererseits ist für Wasser als Lösungsmittel die Konstante K_w bekannt. In der Gleichung für K_w ist $\frac{1}{\varepsilon}$ neben 1 zu vernachlässigen:

$$-\,R\,T \ln K_w = A_0 \quad \frac{N e^2}{2}\left(\frac{1}{r_k} + \frac{1}{r_a}\right),$$

falls die r-Werte in roher Annäherung als dieselben betrachtet werden. Daraus hat man dann

$$\ln \frac{K_w}{K} = \frac{N e^2}{2\,R\,T\,\varepsilon}\left(\frac{1}{r_k} + \frac{1}{r_a}\right). \tag{74}$$

Kennt man K_w (für Wasser als Elektrolyten beträgt er z. B. 10^{-14}), so läßt sich aus dieser Gleichung K im Isolierstoff der Größenordnung nach ermitteln. So würde für $\varepsilon = 4$ und $r_k = r_a \sim 6 \cdot 10^{-8}$, K etwa 10^{-25} betragen. Ist die Beimengung eine organische Säure von $K_w = 10^{-4}$ und setzen wir $\varepsilon = 2{,}5$, so wird $K \sim 10^{-21}$. Dies ist jedenfalls die richtige Größenordnung der Dissoziationskonstanten in flüssigen Isolierstoffen.

Die spezifische Leitfähigkeit einer Lösung, σ, ist gegeben durch

$$\sigma = \sigma_\infty\, c\, 10^{-3} \cdot S\ \text{cm}^{-1}, \tag{75}$$

wo σ_∞ die sog. „Äquivalentleitfähigkeit bei unendlicher Verdünnung" ist, eine für den betreffenden Elektrolyten charakteristische Zahl, welche die Leitfähigkeit angibt, die ein Mol des total dissoziierten Elektrolyten zwischen Platten von 1 cm Entfernung erzeugt. Offenbar muß diese Zahl mit der Molkonzentration der Ionen im Kubikzentimeter ($10^{-3} \cdot c$) multipliziert werden, um die spezifische Leitfähigkeit zu ergeben.

σ_∞ ihrerseits berechnet sich aus der sog. Beweglichkeit der Ionen; ihrer Geschwindigkeit im Einheitsfelde von 1 V/cm. Die treibende Kraft auf das einwertig gedachte Ion ist

$$\frac{e}{300},$$

da 1 V/cm in absoluten Einheiten 1/300 beträgt. Die bremsende Kraft ist nach Stokes:

$$6\pi\eta r u_0,$$

wo η = Viskosität der Lösung, r = Ionenradius und u_0 = Geschwindigkeit. Aus der Gleichsetzung der beiden hat man

$$u_0 = \frac{e}{1800\pi\eta r}. \tag{76}$$

Für u_0 beträgt die Größenordnung 10^{-3} cm/sec pro V/cm. Sie nimmt mit der Temperatur zu, da η stark mit ihr abnimmt. Messungen der Beweglichkeit der einzelnen Ionen liegen für Wasser und Alkohol in ausgedehntem Maße vor. Aus diesen Zahlen lassen sich die Beweglichkeiten in den Isolierstoffen unter Berücksichtigung von η leicht umrechnen. Die Anwendung des Stokesschen Gesetzes auf Ionen rührt von Einstein [23] her. Die umgekehrte Proportionalität zwischen u_0 und η wurde schon früher experimentell von Walden [182] gefunden.

Im Einheitsfeld erfolgt also die Bewegung der Träger mit der Geschwindigkeit u_0. Da ein Äquivalent die Ladung von $F = 96500$ Coul trägt, so ist also die Äquivalentleitfähigkeit

$$\sigma_\infty = F(u_0 + v_0), \tag{77}$$

wo u_0 die Beweglichkeit des Kations, v_0 die des Anions bezeichnet. σ_∞ ist von der Größenordnung 100. $F u_0$ pflegt man auch schlechthin als Ionenbeweglichkeit im Gegensatz zu u_0, der absoluten Ionenbeweglichkeit, zu bezeichnen. $F u_0$ ist für organische Ionen in wäßriger Lösung etwa 30. In leichtflüssigen Isolierstoffen sind die Beweglichkeiten entsprechend größer, in viskösen Ölen entsprechend kleiner.

Nunmehr hat man alle Daten zur Berechnung der Größenordnung der Leitfähigkeit. Nehmen wir als Beispiel Transformatorenöl, welches genügend entwässert ist. Es enthält dann immer noch organische Säuren, und zwar etwa 0,003 Äquivalent im Liter, wie dies aus der sog. Säurezahl bekannt ist. Es ist also

$$c_0 = 0{,}003\,.$$

Da K, wie oben berechnet, etwa 10^{-21} beträgt, so ist

$$c = \sqrt{0{,}003 \cdot 10^{-21}} \sim 2 \cdot 10^{-12}.$$

σ_∞ ist für Öle mit der Viskosität 1 Pois von der Größenordnung 1. Demnach ist

$$\sigma \sim 2 \cdot 10^{-15} \cdot S\,\mathrm{cm}^{-1}$$

eine Größenordnung, wie sie tatsächlich für Zimmertemperatur beobachtet wird. Sie steigt mit der Temperatur an, weil 1. K gemäß Gl. (74) exponentiell mit zunehmender Temperatur steigt, 2. u_0 infolge Gl. (76) auch mit der Temperatur zunimmt. Dementsprechend wird auch im wesentlichen ein exponentielles Ansteigen der Gleichstromableitung mit der Temperatur beobachtet.

Die Dielektrizitätskonstante ist auf die Ionenleitfähigkeit auch von Einfluß, sie wirkt nach Gl. (74) in demselben Sinne wie die absolute Temperatur. Schon deshalb ist vom technischen Standpunkt eine niedrige Dielektrizitätskonstante erwünscht.

Zahlenangaben über die Ableitung verschiedener isolierender Flüssigkeiten anzuführen, hätte keine große Bedeutung. Sie rührt ja, wie gezeigt, ausschließlich von den Elektrolyten her, welche beigemengt sind, sie ist daher für die betreffende isolierende Flüssigkeit nicht kennzeichnend. Sie ist auch keineswegs konstant oder reproduzierbar. Nur die Größenordnung ist vielfach dieselbe, da der Wassergehalt oder die Säurebeimengung auch meistens innerhalb bestimmter Grenzen schwankt.

Man kann nun die Frage aufwerfen, was denn für Leitfähigkeiten auftreten, falls man die Flüssigkeit möglichst weitgehend von Beimengungen befreit. Solche Versuche sind insbesondere von G. Jaffe [79] ausgeführt worden, und zwar an Hexan, Petroläther usw. Für die Elektrotechnik kommen solche hochgradig gereinigte Isolierstoffe nicht allzusehr in Frage, deshalb genügt es, dieses Gebiet zu streifen.

Es stellte sich heraus, daß eine sehr geringe Leitung auch dann noch bestehen bleibt, welche aber einer von außen wirkenden Ionisierung zuzuschreiben ist. Es ist ein ganz ähnlicher Vorgang wie bei Gasen. Je nach der Intensität der Bestrahlung ist die Leitfähigkeit stärker oder schwächer. Mit zunehmender Spannung nähert sich der Strom einem Grenzwert, dem Sättigungsstrom, wie es stets bei äußerer

Lieferung der Ladungsträger der Fall ist. Eine Feldstärke von 200 V/cm genügt zur Erzeugung des Sättigungsstromes.

Die Strahlung ist meist kosmischer Natur, teils sekundär von der Gefäßwandung ausgehend. Jedenfalls konnte durch Anbringung eines äußeren schützenden Bleimantels, welcher die Strahlung absorbiert, die Stromstärke bei gegebener Spannung auf die Hälfte heruntergedrückt werden. Außerdem vermindert eine positive Aufladung der Gefäßwandung den Strom, weil dadurch die sekundäre Elektronenemission der Wand herabgesetzt wird. Auch das Wandmaterial, ob Aluminium oder Kupfer, ist von Einfluß. Äußere zusätzliche Bestrahlung erhöht die Leitfähigkeit.

17. Zunahme des Leitwerts mit der Feldstärke.

Der Ohmsche Widerstand eines flüssigen Dielektrikums, wie wir ihn im vorigen Abschnitt aus seinem Elektrolytgehalt berechnet haben, ist innerhalb weiter Grenzen von der angelegten Spannung unabhängig. Mehrere Autoren haben diese Unabhängigkeit, allerdings an gutleitenden Lösungen, öfters festgestellt. Da die Dielektriken ebenfalls Lösungen sind, die sich prinzipiell nicht von den gutleitenden (wässerigen oder alkoholischen) Lösungen unterscheiden, so gilt auch für jene die Konstanz des Ohmschen Widerstandes.

Diese Prüfungen sind aber stets mit verhältnismäßig geringen Feldstärken ausgeführt worden. Das liegt hauptsächlich daran, daß gutleitende Lösungen hohe Spannungen auch auf verhältnismäßig kurze Zeit nicht gut vertragen, da die entwickelte Wärme die Lösung sofort zum Kochen bringen würde. An Isolierflüssigkeiten dagegen lassen sich hohe Felder viel leichter anbringen, und so waren es zunächst diese, an welchen die Konstanz des Widerstandes auch für hohe Spannungen geprüft wurde. Diese Prüfungen ergaben dann, daß der Leitwert bei höheren Spannungen keineswegs konstant bleibt. Es muß jedoch bemerkt werden, daß solche Versuche auch in Isolierstoffen technisch nicht leicht auszuführen sind. Zumal bei Zimmertemperatur sind die fraglichen Ströme sehr gering, und so können Fehlerquellen wie Kriechströme usw. sehr störend wirken.

Die Versuche von Dräger [18] an Ölen sind z. B. in dieser Beziehung recht wenig eindeutig. Er kam zum Schluß, daß gut gereinigte Öle eine konstante Leitfähigkeit haben, während bei ungereinigten die Leitfähigkeit mit der Spannung zunimmt. Die Ergebnisse zeigt Tabelle 8. Die Zahlen in der dritten Kolonne sind sogar abnehmend, was sehr unwahrscheinlich klingt. Auch ist die Feldstärke nicht sehr hoch gewesen (maximal 18 kV/cm).

Wesentlich eindeutiger sind die diesbezüglichen Kurven von Toriyama aus dem Institut von Rogowski [170]. Mit zunehmender

Spannung nimmt der Strom in Transformatorenöl anfangs langsamer, dann immer schneller zu. Eine weitere Steigerung der Spannung wird vielfach durch den eintretenden Durchschlag unmöglich gemacht. Die Zahlen von Toriyama gibt die Tabelle 9.

Tabelle 8. Leitfähigkeit von Ölen, abhängig von der Feldstärke.

𝔈 in kV/cm	Leitwert in 10^{-12} S			
	Öl 1 unger.	Öl 1 ger.	Öl 2 unger.	Öl 2 ger.
1	0,4	0,25	0,25	0,50
2	0,35	0,20	0,25	0,50
4	0,35	0,15	0,30	0,50
6	0,45	0,15	0,30	0,50
10	0,7	0,15	0,35	0,50
14	0,8	0,10	—	0,50
18	—	0,10	—	0,50

An den Stromstärken sieht man, daß sie stärker als linear zunehmen, insbesondere bei den kleineren Abständen 3 und 1 mm, wo die Feldstärke entsprechend größer ist.

Ähnliche Messungen hat dann A. Nikuradse [118] im Institut von Schumann ausgeführt, mit ähnlichem Ergebnis. Nur arbeitete er mit der Anordnung Spitze gegen Platte. Bemerkenswert ist hier auch ein Polaritätsunterschied, indem die Versuche bei positiver Spitze besser reproduzierbar waren. Die negative Spitze scheint empfindlicher zu sein. Eine Meßreihe gibt z. B. die Tabelle 10.

Tabelle 9. Leitfähigkeit von Transformatorenöl.

Spannung in kV	Strom in 10^{-9} A		
	Elektrodenabstand		
	10 mm	3 mm	1 mm
4	10	40	60
8	20	70	240
12	40	120	900
16	50	190	—
20	60	300	—
24	70	460	—
28	90	700	—
32	100	1050	—

Die Kurven verlaufen mehr geradlinig als die von Toriyama, allerdings geht er auch nicht so hoch mit der Feldstärke.

Verf. hat zusammen mit E. Bormann [51a] im Rahmen einer Untersuchung über Kabelöle ähnliche Ergebnisse erzielt. Der Abstand der Elektroden betrug hier 10 mm, die maximale Spannung 50 kV. Die Nichtlinearität ist über 10 kV/cm deutlich festzustellen.

Tabelle 10. Leitfähigkeit von Transformatorenöl.

Spannung in kV	Strom in 10^{-9} A		
	Elektrodenabstand		
	12 mm	5 mm	2 mm
4	0,3	1,0	1,5
8	0,7	1,8	2,7
12	1,3	2,6	4,2
16	2,1	3,9	6,5
20	3,0	5,5	9,1

An dieser Stelle weisen wir auch darauf hin, daß die dielektrischen Verluste, die man bei Ölen unter Hochspannung von Zimmertemperatur aufwärts zu messen pflegt, wohl hauptsächlich auf die Ohmsche Leitfähigkeit zurückzuführen sind. In der soeben genannten Arbeit konnte diese Behauptung auch quantitativ bestätigt werden. Die Verluste, die bei Ölen unter Zimmertemperatur auftreten und welche durch ein Maximum gehen, erwähnten wir kurz in Abschnitt 11 im Zusammenhang mit einer Arbeit von Kitchin, kommen aber noch auf sie bei der Besprechung der Wagnerschen Verluste zurück (Abschn. 22).

Die dielektrischen Verluste könnten auch durch Ionisation von Lufteinschlüssen entstehen, jedoch ist zweifelhaft, ob in flüssigen Ölen dadurch meßbare Verluste entstehen. Dieser Ansicht sind allerdings Ornstein, Willemse und Mulders [124], die das Öl maximal, und zwar durch Stromreinigung (s. weiter unten) entwässerten, um den Hauptanteil der dielektrischen Verluste zu entfernen. Was noch übrig blieb, war frequenzabhängig und nahm mit der Spannung zu. Diese Zunahme verschwand jedoch angeblich mit Entlüften des Öles. Dies würde jedenfalls für eine Rolle der Luftionisierung im Öl sprechen. Wir wollen jedoch an der Ansicht festhalten, daß die dielektrischen Verluste in Ölen über Zimmertemperatur von den Ohmschen Verlusten herrühren. Dieser Ansicht ist auch L. Emanueli in seiner kürzlich erschienenen Monographie „High-Voltage Cables" [26].

Es erhebt sich nun die Frage, welche Ursache die. Zunahme der Leitfähigkeit mit der Feldstärke haben könnte. Es soll sofort vorweggenommen werden, daß diese Frage einen der grundlegendsten strittigen Punkte in der Physik der Isolierstoffe spielt. Wir werden derselben Frage auch bei den festen Stoffen begegnen. Bei Gasen, wo etwas Ähnliches auch vorhanden ist, konnten wir diese Erscheinung zweifellos auf Ionisation zurückführen. Hier aber ist dies höchstens eine Vermutung, aber lange nicht erwiesen.

Eine Möglichkeit für die Widerstandsabnahme ergibt sich in der Anwendung des sog. Wieneffektes auf Isolierstoffe. Wir wollen deshalb kurz auf die Besprechung desselben eingehen. Die Untersuchungen, die vor einigen Jahren von M. Wien [192] ausgegangen sind, haben unsere Kenntnisse der Elektrolytleitung wesentlich erweitert. Er untersuchte nämlich wäßrige Lösungen bei hohen Feldstärken und prüfte hier die Konstanz des Ohmschen Widerstandes. Es war hierzu erforderlich, eine Methode auszuarbeiten, welche gestattete, mit kurzen Stromstößen zu arbeiten, da eine nennenswerte Erwärmung vermieden werden mußte. Trotzdem war eine gewisse Erwärmung der Lösung da, und man mußte die dadurch bewirkte Leitfähigkeitszunahme berücksichtigen und vom gesamten Effekt abziehen, um auf die reine Feldwirkung zu gelangen. Es zeigte sich nun, daß eine solche in der Tat vorhanden war, die Leitfähigkeit nimmt also auch in gutleitenden Lösungen mit der Feldstärke zu. Die Versuche sind in großer Zahl wiederholt worden, und bei allen Kombinationen bestätigte sich der Satz. Auch nichtwäßrige Lösungsmittel von höherer Dielektrizitätskonstante sind herangezogen (hinunter bis $\varepsilon = 17$ bei Benzaldehyd), und auch hier bestätigte sich der Effekt, den man seitdem als Wieneffekt bezeichnet.

Es gelang nun Joos [83], auch die Ursache des Wieneffektes anzugeben. In gutleitenden Lösungen hat man es nämlich mit einer verhältnismäßig großen Anzahl von Ionen zu tun. Will man die Leitfähigkeit einer solchen Lösung bestimmen, so genügt es nicht, die Rechnung nur bis zu dem Punkt durchzuführen, wie dies in Abschnitt 16 geschah. Es muß noch die elektrische Ladung der Ionen berücksichtigt werden. Dieser Gedanke ist schon vor langer Zeit von Milner [108] und Hertz [66] ausgesprochen worden, nur haben sie die Theorie nicht richtig ausarbeiten können. Erst Debye [17] ist dieser Schritt gelungen, allerdings nur für niedrige Ionenkonzentrationen. Er ging hierbei von der Vorstellung der Doppelschichten aus, wie sie an Phasengrenzflächen von Chapman [13] und Gouy [52] angenommen und berechnet worden sind. Betrachten wir z. B. einen geladenen Kondensator, dessen Zwischenraum durch eine Elektrolytlösung ausgefüllt ist, so wird sich — unabhängig vom Stromvorgang und von der dielektrischen Polarisation — noch eine dritte Erscheinung abspielen, nämlich ein gewisses Auseinanderziehen der vorhandenen Ionen. Die positiven Ionen werden an der negativen Elektrode angereichert, die negativen werden daselbst verarmen und umgekehrt. Es bildet sich also an den Elektroden eine Doppelschicht aus, die man als diffus bezeichnet, weil die in der Lösung vorhandene Belegung nicht geometrisch flächenhaft zu denken ist, sondern wegen der Wärmebewegung der Ionen räumlich eine gewisse Tiefe hat. Die mathematische Theorie der Doppelschichten hier mitzuteilen, würde zu weit führen, wir begnügen uns mit diesen Andeutungen.

Debyes Idee war nun, daß sich die Vorgänge in gut leitenden Elektrolyten am einfachsten beschreiben lassen, wenn man annimmt, daß jedes Ion von einer kugelflächenförmigen Ladung entgegengesetzten Vorzeichens umgeben ist. Das Ion und jene Kugelschale bilden dadurch eine Doppelschicht, für deren Bau dieselben Gleichungen gelten, wie sie Chapman für makroskopische Doppelschichten abgeleitet hat. Die physikalische Bedeutung jener Kugelschale ist nichts anderes, als daß sich in unmittelbarer Nähe des Ions infolge der elektrischen Anziehung im Mittel mehr Ionen entgegengesetzten als solche gleichen Zeichens befinden. Roh ausgedrückt, ist das andere Ion, welches das herausgegriffene neutralisiert, in zeitlichem Mittel kugelflächenförmig angeordnet gedacht. Diese Ionenwolke, wie sie auch genannt wird, wirkt nun als Hindernis bei der elektrolytischen Bewegung jedes Ions. Die Wolke bleibt nämlich stets ein wenig hinter dem Ion zurück, weil es eine gewisse Zeit braucht, bis sie sich hinten abbaut und vorne, wohin das Ion wandert, immer wieder aufbaut. Der Schwerpunkt der Wolke bleibt also zurück und wirkt elektrisch zurückziehend auf das Ion. Daher ist die Bewegung langsamer, als nach der früher gegebenen Gleichung zu erwarten wäre. Schon lange ist es bekannt, daß die wahre Leitfähigkeit σ sich aus der theoretisch berechneten σ_0 nach einer Gleichung

$$\sigma = f_\sigma \sigma_0$$

berechnen läßt, wo f_σ der sog. Leitfähigkeitsfaktor ist, der stets kleiner ist als 1. f_σ ist, wie empirisch bekannt, von der Form

$$f_\sigma = 1 - C\sqrt{c}.$$

wo C eine Konstante und c die Konzentration der Ionen bedeutet. Je größer letztere, um so kleiner ist der Leitfähigkeitsfaktor, um so größer die Abweichung von dem theoretisch berechneten Wert. Auf Grund seiner Annahme gelang es Debye, obige Gleichung theoretisch abzuleiten. Er erhielt

$$f_\sigma = 1 - \sqrt{\frac{4\pi N e^2}{\varepsilon k T} \nu c}\left(r w_2 + \frac{e^2}{6\varepsilon k T} w_1\right), \qquad (78)$$

wo N = Loschmidtsche Zahl, e = Elementarladung, ε = Dielektrizitätskonstante des Lösungsmittels, k = Boltzmannsche Konstante, T = absolute Temperatur, ν = Anzahl der Ionen, in welche eine Molekel zerfällt, r = mittlerer Ionenradius, w_1 und w_2 = sog. Wertigkeitsfaktoren. Es sei erwähnt, daß die Gleichung nachher durch Onsager [122] vervollkommnet worden ist. Die Gl. (78) wurde in vielen Fällen bestätigt.

Die Erklärung des Wieneffektes von Joos gelang nun durch den Debyeeffekt, wie man die elektrostatische Behinderung der Ionen kurz bezeichnet. Die Gl. (78) gilt nämlich für geringe Geschwindigkeiten, also geringe Feldstärken. Je größer nämlich die Ionengeschwindigkeit, um so unvollkommener erfolgt der Wiederaufbau der Wolke, da die Zeit dazu immer weniger ausreicht. Die Folge ist also ein allmähliches Verschwinden des Debyeeffekts mit zunehmender Feldstärke oder aber: eine Zunahme der Leitfähigkeit. Dies ist die Ursache der von Wien beobachteten Erscheinung. Joos und Blumentritt haben diesen Gedanken auch mathematisch des näheren ausgeführt und eine — wenn auch nicht restlose — Übereinstimmung mit den Beobachtungen von Wien erhalten.

Beiläufig sei erwähnt, daß, ähnlich wie Hochspannung auch Hochfrequenz den Debyeeffekt verschwinden läßt, wie Debye und Falkenhagen [16] zeigen konnten. Hier erfolgen nämlich die Schwingungen des Ions so schnell, daß infolge der Trägheit die Ionenwolke sich nicht vom Fleck rührt. Ihre Wirkung wird daher während einer ganzen Periode Null.

Man hat also sowohl bei höchster Frequenz wie in höchsten Feldstärken jene Leitfähigkeitswerte zu erwarten, wie sie sich ohne Berücksichtigung der elektrostatischen Anziehung errechnen lassen.

Da nun in gutleitenden Lösungen eine Feldstärkenabhängigkeit des Widerstandes festgestellt und dieselbe ohne jeden Zweifel auf die Zunahme der Elektrolytleitfähigkeit zurückgeführt wurde, so ist der Gedanke in der Tat naheliegend, daß wir es bei den Isolierstoffen mit derselben Erscheinung, also mit einem Wieneffekt zu tun haben.

Verf. hat folgenden Weg eingeschlagen, um diese Frage zu entscheiden. Die Leitfähigkeit der Isolierstoffe ist keine streng definierte Größe, wie wir das in Abschnitt 16 sahen. Sie hängt vom Feuchtigkeitsgrad ab, letzterer ist aber überhaupt nicht exakt bestimmbar, außerdem veränderlich und nicht willkürlich festzulegen. Deshalb ist es günstig, ein Objekt zu wählen, dessen Leitfähigkeit genau festgelegt werden kann. Es handelt sich also um halbleiterartige Flüssigkeiten. Solche sind zunächst daraufhin untersucht worden, ob sie überhaupt eine deutliche Zunahme der Leitfähigkeit mit der Feldstärke zeigen, dann daraufhin, ob diese Zunahme als Wieneffekt gedeutet werden kann. Ist letzteres der Fall, so spricht das dafür, daß auch in Isolierstoffen ein gleicher Effekt vorliegen dürfte, ist die Frage aber zu verneinen, dann liegt bei Isolierstoffen noch viel weniger ein Wieneffekt vor.

Die fraglichen Hochohmwiderstände [47] bestanden aus Lösungen eines starken Elektrolyte in einem Gemisch in Benzol und Äthylalkohol. Starke Elektrolyte sind solche, welche in Wasser praktisch vollständig in Ionen zerfallen, also eine große Dissoziationskonstante (von der Größenordnung 1 und darüber) haben. In Benzol mit einem Zusatz von Äthylalkohol leiten indessen auch diese starken Elektrolyte sehr mäßig. Als Elektrolyt eignet sich Pikrinsäure, Salzsäure, Natriumhydroxyd usw. Es war für unseren speziellen Zweck erwünscht, Lösungen zu haben, welche in einem bestimmten Temperaturbereich einen verschwindend kleinen Temperaturkoeffizienten des Widerstandes aufweisen. Die Herstellung solcher ist durch Zusatz von Phenol gelungen. Folgende Abbildung (Abb. 28) gibt z. B. die Abhängigkeit des spezifischen Widerstandes der halbleitenden Lösung von ihrer Zusammensetzung wieder. Auf der Abszisse sind die Logarithmen des spezifischen Widerstandes in Ω cm enthalten, auf der Ordinate die entsprechenden Prozentgehalte an Äthylalkohol und Phenol in der benzolischen Lösung. An Pikrinsäure enthält die Lösung jeweils 1%. Der Widerstand dieser Halbleiter ist zwischen 10 und 30° C konstant.

Mit diesen Flüssigkeiten sind die Versuche ausgeführt worden. Da eine Erwärmung in mäßigen Grenzen den Widerstand nicht verändert, die Erwärmung ihrerseits wegen des sehr hohen Widerstandes gering war, so konnte man für kurze Zeit ebensogut Hochspannung anlegen, wie an eine isolierende Flüssigkeit mit geringer Ableitung. Die Versuchsanordnung war daher recht einfach (Abb. 29). Bei *a* wird hohe Gleichspannung zugeführt, *b* ist eine Röhre, welche ebenfalls mit einem hochohmigen Flüssigkeitswiderstand gefüllt ist. Sie hat seitliche Platinanzapfungen, so daß sie als Spannungsteiler benutzt werden kann. In Verbindung mit einem statischen Voltmeter bis 4 kV konnte man Spannungen bis 160 kV damit messen. *d* ist das Meßgefäß, mit dem Halbleiter gefüllt. Es enthielt zwei platinierte Messingkalotten. *e* war das empfindliche Amperemeter zur Strommessung. Der Widerstand wurde also einfach durch Stromspannungsmessung ermittelt.

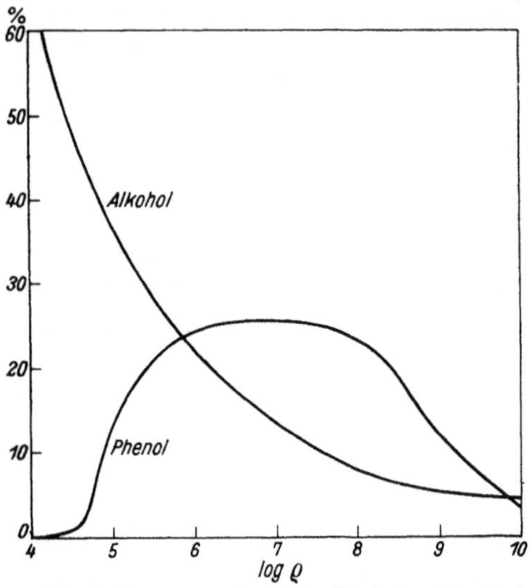

Abb. 28. Zusammensetzung der Hochohmwiderstände (aus Gemant: Wiss.Veröff. Siem.-Konz. VII, 1, 134 (1928).

Die Versuche sind mit den oben beschriebenen Flüssigkeiten ausgeführt worden, mit dem Unterschied, daß statt des Phenols ein Mineralöl verwendet wurde, welches sich für diesen Zweck ebenfalls eignet. Die Lösung enthielt 5% Äthylalkohol und 0,4% Mineralöl. Aus der gemessenen Spannung konnte die mittlere Feldstärke berechnet werden (mittlerer Abstand der Elektroden: 7 mm), aus dem gemessenen Strom der spezifische Widerstand. Die Messungen gibt Abb. 30 wieder. Es

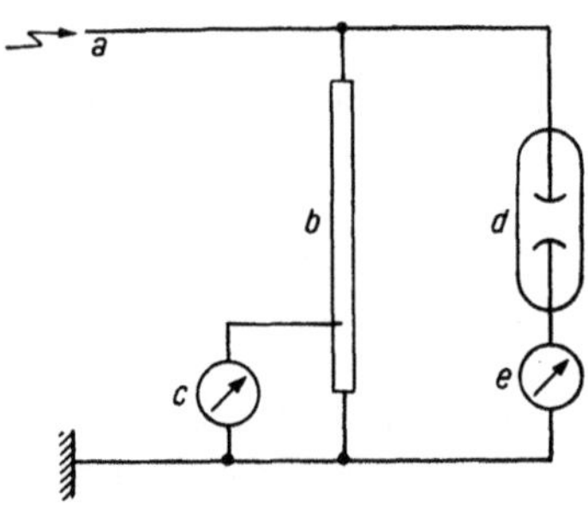

Abb. 29. Messung des Feldeffekts an den Hochohmwiderständen (aus Gemant: Wiss. Veröff. Siem.-Kon. VII, 1, 134 (1928)).

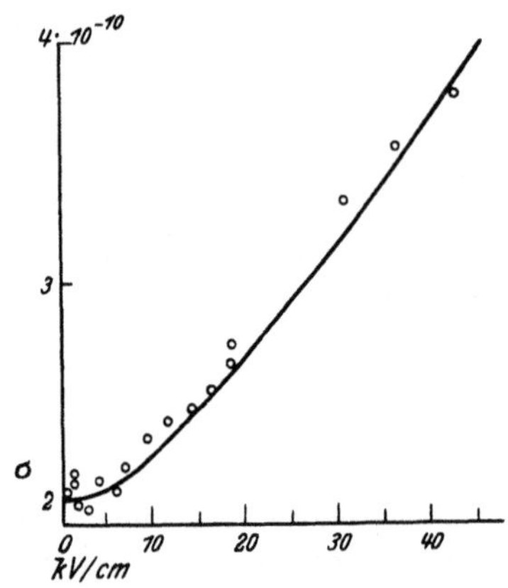

Abb. 30. Leitfähigkeit abhängig von der Feldstärke bei Halbleitern.

hat den Anschein, als ob der Widerstand bis etwa 5 kV/cm konstant wäre und von da ab anstiege.

Die zweite Versuchsreihe erfolgte mit einer Lösung von 8% Äthylalkohol und 3% Mineralöl. Das Ergebnis gibt Abb. 31 wieder. Es ist dem vorigen durchaus ähnlich. Wir können hieraus ohne weiteres ersehen, daß eine Leitfähigkeitszunahme mit zunehmender Feldstärke an diesen Halbleitern ebenso vorhanden ist wie bei isolierenden Flüssigkeiten und in Elektrolyten.

Wie war es nun möglich, in diesem Fall zu entscheiden, ob wir es mit einem Wieneffekt zu tun hatten oder nicht? Ein solcher ist nur

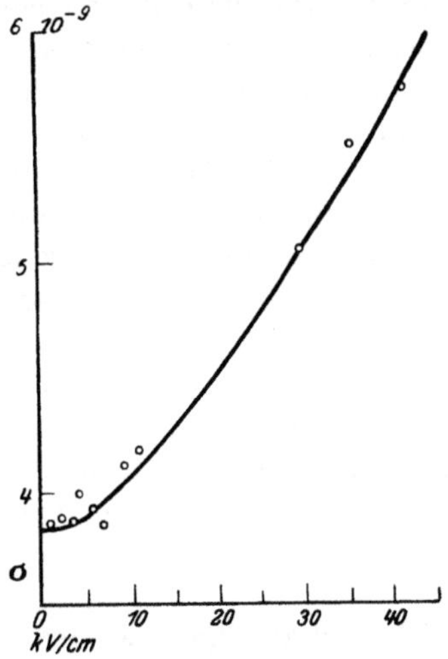

Abb. 31. Leitfähigkeit und Feldstärke beim Halbleiter.

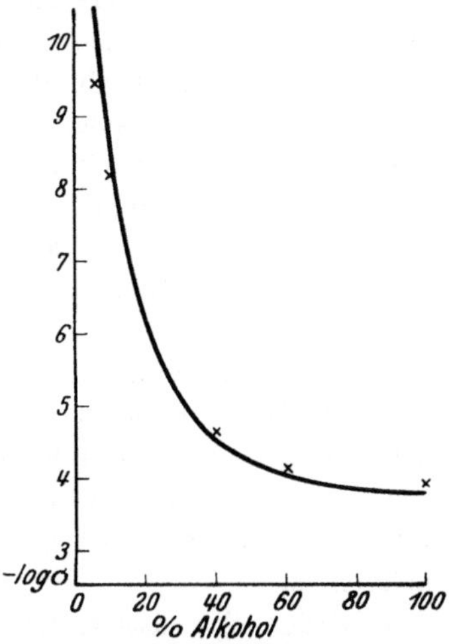

Abb. 32. Spezifischer Widerstand als Funktion der Zusammensetzung der hochohmigen Flüssigkeit.

dann möglich, wenn die Pikrinsäure oder Salzsäure auch in benzolischen Lösungen als starke Elektrolyte gelten, d. h. praktisch vollständig dissoziiert sind. Dann erst ist die Ionenkonzentration so groß, daß f_σ gemäß Gl. (78) überhaupt von 1 verschieden ist, und dann erst kann f_σ mit der Feldstärke zunehmen, um dem Grenzwert 1 zuzustreben. Verhält es sich so, dann muß aber die Leitfähigkeitsabnahme mit abnehmendem Alkoholgehalt (Abb. 32) nach der Debyeschen Theorie aus der Abnahme von ε erklärbar sein. Leider sind die vorhandenen Gleichungen für so niedrige Werte der Dielektrizitätskonstante nicht mehr gültig, so daß eine einwandfreie mathematische Prüfung des Ansatzes nicht möglich ist. Versucht man das Verhalten mittels Gl. (78) zu erklären, so ist das nicht möglich; die außerordentlich hohe Widerstandszunahme mit abnehmendem ε ist nach ihr jedenfalls nicht verständlich.

Sind dagegen die starken Elektrolyte in benzolischen Lösungen nicht mehr stark, dissoziieren sie hier also nur zu einem geringen Bruchteil, dann ist ein Debyeeffekt nicht zu erwarten und ebensowenig ein Wieneffekt. Dann muß die Leitfähigkeitszunahme mit zunehmender Feldstärke auf einer anderen Ursache beruhen. Es muß dann die Abhängigkeit der Leitfähigkeit vom Alkoholgehalt, wie sie auf Abb. 32 zutage tritt, daher rühren, daß die Dissoziationskonstante gemäß Gl. (74) mit abnehmendem ε abnimmt. Und in der Tat, versucht man diese Gleichung auf einen solchen Fall anzuwenden, dann ist die Übereinstimmung mit der Erfahrung durchaus befriedigend. Abb. 32 zeigt das Ergebnis der Berechnung für den Fall einer 0,002 normalen Salzsäurelösung. Die Abszissen geben Volumprozente Alkohol an und die Ordinaten die Logarithmen des spezifischen Widerstandes. Die gemessenen Punkte sind durch * gekennzeichnet, die theoretische Kurve nach Gl. (74) ist ausgezogen. Man hat also die Berechtigung anzunehmen, daß Salzsäure in Benzol-Alkohol ein schwacher Elektrolyt ist. Damit ist auch wahrscheinlich gemacht, daß der gefundene Feldstärkeneffekt hier kein Wieneffekt ist, sondern eine andere Ursache hat.

Ist aber die Widerstandsabnahme schon bei den Halbleitern nicht mehr als Wieneffekt zu deuten, dann gilt diese Behauptung um so mehr für isolierende Flüssigkeiten von geringer Ableitung, da hier mit einer hohen Ionenkonzentration, welche bloß durch die geringe Dielektrizitätskonstante in ihrer Wirkung abgeschwächt wäre, nicht gut zu rechnen ist.

Es frägt sich daher, woher die Widerstandsabnahme bei Isolierstoffen herrührt, wenn sie nicht auf der Herabsetzung der elektrostatischen Ionenanziehung beruht. Einen gewissen, wenn auch nicht bindenden Anhaltspunkt liefert folgender Versuch, der ebenfalls an halbleitenden Flüssigkeitswiderständen ausgeführt worden ist. Er sollte nämlich entscheiden, ob der Widerstand auch senkrecht zum angelegten hohen Feld erhöht ist oder ob er in dieser Richtung unverändert ist. Bindend wäre für unseren speziellen Zweck der Versuch nur dann, wenn er an einem Isolierstoff mit geringer Ableitung ausgeführt wäre. Dieser Versuch steht aber noch aus.

Die Anordnung war folgende (Abb. 33). Bei *a* erfolgt die Zuführung der Hochspannung, welche hier durch den Strom in *c* gemessen wurde, der durch den Widerstand *b* hindurchging. Das Meßgefäß mit den beiden Kugelkalotten ist *d*. An *e* mißt man den hindurchgehenden Strom. Senkrecht zum hohen Feld waren zwei Platindrähte angebracht, um den Querwiderstand zu messen. Diese Messung erfolgte mit Wechselspannung (*g*), welche am statischen Voltmeter *h* gemessen wurde. Die Wechselspannung fiel an zwei in Reihe geschalteten Widerständen ab, dem Meßgefäß *d* und dem Widerstand *i*. Gemessen wurde die Teilspannung am letzteren. Die Kondensatoren *f*, *f'* (zwei Leydener Flaschen) schützten den Wechselstromkreis vor der Hochspannung. Damit der Wechselstrom seinen Weg nicht teilweise durch die Kugelkalotten in *d* nimmt, wurde noch ein hochohmiger Widerstand *l* zwischengeschaltet.

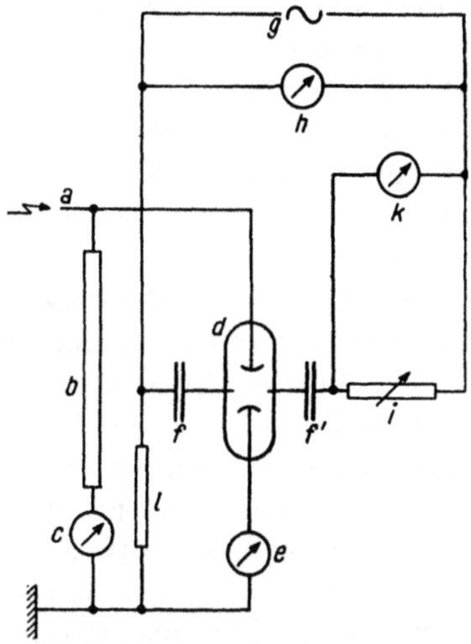

Abb. 33. Anordnung zur Messung des Querwiderstandes in hohen Feldern (aus Gemant: Wiss. Veröff. Siem.-Konz. VII, 1, 134. 1928).

An dem Konstantbleiben oder Zunehmen der Spannung am Instrument *k* beim Einschalten der Gleichspannung kann man erkennen, ob der Querwiderstand in *d* konstant blieb oder abgenommen hat. Die untersuchte Lösung enthielt 10% Alkohol und 6% Mineralöl, war also temperaturunabhängig. Die Spannung bei *g* betrug 2500 V. Folgende Tabelle 11 gibt die Meßergebnisse wieder. Man sieht die Zunahme der Längsleitfähigkeit. Die Teilspannung an *k* wird bei drei verschiedenen Werten des Widerstandes *i* angegeben.

Ein deutlicher Gang ist zwar an der Teilspannung vorhanden, jedoch ohne eindeutige Richtung. Außerdem beträgt die Gesamtänderung nur 3 bis 5%, während die der Längsleitfähigkeit 40% ist. Der Querwiderstand ist somit innerhalb der Fehlergrenzen als konstant zu betrachten. D. h. aber soviel, daß — wenigstens bei den Halbleitern — ein gerichteter Effekt vorliegt (wie es z. B. auch der Wieneffekt ist). Eine Zunahme der Ionenbeweglichkeit in der Feldrichtung wäre auch ein gerichteter Effekt. Eine Zunahme der Ionenkonzentration ist aber damit für diesen Fall ausgeschlossen, denn dann müßte sich der Querwiderstand in demselben Verhältnis ändern wie der Längswiderstand. Es wäre durchaus erwünscht, denselben Versuch auch mit einer richtig isolierenden Flüssigkeit auszuführen, um zu sehen, ob der Effekt auch dort ein gerichteter ist, was nach dem vorhergehenden Versuch allenfalls wahrscheinlich ist.

Tabelle 11. Untersuchung des Querwiderstandes.

$\mathfrak{E}$ in kV/cm	σ in S/cm	Teilspannung in kV		
6	$8{,}6\cdot 10^{-9}$	0,55	0,64	0,81
15,5	9,9	0,56	0,65	0,81
23,5	11,0	0,57	0,66	0,80
30	12,0	0,58	0,67	0,79

18. Abhängigkeit der Leitfähigkeit von der Stromdauer.

Wenn man längere Zeit hohe Gleichspannung an flüssige Isolierstoffe anlegt, so findet man manchmal eine Änderung der Leitfähigkeit mit der Zeit. Im allgemeinen besteht die Änderung in einer Zunahme des Widerstandes, eine Erscheinung, die hauptsächlich durch die Arbeiten von E. Warburg [183] bekannt geworden ist. Allerdings ist der größte Teil der Versuche an Halbleitern ausgeführt, welche genau so wie im vorigen Abschnitt die quantitativen Verhältnisse besser überblicken lassen.

Die Ursache der Widerstandszunahme ist die Elektrolyse. Die beiden Ionenarten wandern nämlich zu den beiden Elektroden und geben da ihre Ladung an die Elektrode ab, wobei sie selbst in ungeladener Form frei werden. Ihr weiteres Schicksal ist nun je nach den Versuchsbedingungen und je nach der Natur der Ionen verschieden. Handelt es sich um Ionen, die in unelektrischer Form bei gewöhnlicher Temperatur gasförmig sind, so entweichen die freigewordenen Ladungsträger an den Elektroden. Dies ist z. B. der Fall mit der häufigsten Beimengung, dem Wasser. Die Wasserstoffionen an der Kathode bilden Wasserstoffgas, die Hydroxylionen an der Anode Sauerstoffgas. Die Folge ist ein allmähliches Verschwinden des Wassers aus dem Isolierstoff, der somit durch den Stromdurchgang gereinigt wird. Dieser Vorgang ist von Dräger [18] zur Reinigung von Transformatorenöl verwendet worden.

Ist die Beimengung eine organische Säure, dann ist der elektrolytische Vorgang komplizierter. Der Wasserstoff entweicht wieder in Gasform, das Anion dagegen nicht. Es sind verschiedene Möglichkeiten vorhanden. Vielfach geht das freigewordene Anion eine sekundäre Reaktion an der Anode ein, wodurch eine komplexe Verbindung entsteht, die aber nicht mehr elektrolytisch dissoziiert. In dieser Weise scheidet das Anion ebenso aus, als wenn es in Gasform entwichen wäre, und der Widerstand des Isolierstoffes wächst ebenfalls mit zunehmender Stromdauer.

Eine weitere Möglichkeit ist aber die, daß das Anion der Säure mit dem ebenfalls vorhandenen Wasser sich regeneriert, indem Sauerstoff frei wird und gleichzeitig wieder die ursprüngliche Säure gebildet wird. Die Folge davon ist, daß die Konzentration der Säure an der Kathode abnimmt, an der Anode dagegen zunimmt. Es findet dann eine einfache Konzentrationsverschiebung des gelösten Elektrolyten statt, wie das in praktischen Fällen oft verwirklicht ist. Der Widerstand der ganzen Anordnung berechnet sich dann aus der Hintereinanderschaltung dreier verschieden starker Lösungen. In den meisten Fällen führt eine solche Kombination ebenfalls zu einem Erhöhen des Widerstandes. Das Wesentliche für diesen Fall ist aber, daß die Konzentrationsunterschiede nach dem Abschalten des Stromes wieder ausgeglichen werden und allmählich zu einer Wiederabnahme des Widerstandes führen. Auch diese Erscheinung ist vielfach aus der Praxis bekannt.

Im allgemeinen handelt es sich um kombinierte Fälle, so daß der Widerstand nach dem Abschalten des Stromes zwar abnimmt, jedoch nicht mehr die ursprüngliche Höhe erreicht.

Ähnliche Erscheinungen beobachtet man manchmal auch bei festen Isolatoren, z. B. an Bakelitmischkörpern.

19. Kataphoretischer Strom.

Das Vorhandensein gelöster Ionen ist nicht die einzige Möglichkeit, um in flüssigen Isolierstoffen eine Leitfähigkeit zu erhalten. Es ist nämlich sehr oft in der flüssigen Phase eine zweite — flüssig oder fest — in Form feinster Kügelchen verteilt, so daß man es mit einer Emulsion oder Suspension zu tun hat. Eine Emulsion bildet z. B. das Wasser in ungenügend gereinigtem Transformatorenöl, eine Suspension bilden die festen Kohlenwasserstoffe in Zylinderölen. Die Verteilung ist hier äußerst fein, nur durch das Polarisationsmikroskop erkenntlich. Die festen Teilchen leuchten unter gekreuzten Nikols als Sterne oder Nadeln auf.

Nun besteht an der Grenze der beiden verschiedenen Phasen eine Doppelschicht, wie dies in Abschnitt 17 schon erörtert wurde. Auf die Ursache dieser Doppelschichten können wir uns hier nicht einlassen, da diese Frage in das Gebiet der Kolloidphysik gehört. Uns interessiert nur die Tatsache, daß zwischen den beiden Phasen eine Potentialdifferenz ζ vorhanden ist, welche durch die Doppelschicht an der Grenze gebildet wird. Das Teilchen trägt die eine Belegung, die andere ist als diffuse Schicht in der Umgebung. Das Teilchen verhält sich also wie ein sehr großes Ion mit einer großen Anzahl von Elementarladungen. Es ist demnach zu erwarten, daß auch ein solches großes Ion, also ein kolloides Teilchen im elektrischen Felde wandern wird. Dies ist in der Tat der Fall. Da diese Wanderung von Gesetzmäßigkeiten beherrscht wird, welche von denen der gewöhnlichen elektrolytischen Wanderung ziemlich verschieden sind, so wird sie auch anders bezeichnet, man nennt sie Kataphorese.

Die Wanderung geladener Teilchen unter hochgespannten Feldern spielt in der Isolierstofftechnik eine gewisse Rolle. Zwar ist der Beitrag, den sie zum Leitungsstrom beisteuert, meist verschwindend klein, so daß sie in dieser Bezeichnung nicht in Frage kommt. Wichtig dagegen ist, daß durch diese Wanderung die Teilchen aus dem Isolierstoffe herausbefördert werden, ebenso wie das bei den Elektrolyten in Abschnitt 18 erläutert wurde. Da nun diese Inhomogenitäten aus technischem Standpunkt keineswegs günstig sind, so ist die kataphoretische Reinigung des Öles auch von gewisser Bedeutung.

Im folgenden wollen wir die Grundgleichung herleiten, welche die Kataphorese beherrscht, die sog. Helmholtzsche Gleichung. Sie wird meist recht umständlich hydrodynamisch abgeleitet, wir geben aber hier eine vereinfachte Ableitung, die wohl von Perrin [133] herrührt.

Man kann nämlich die Wanderung von Kugeln auf den etwas einfacheren Fall der Verschiebung einer Ebene im elektrischen Feld zurückführen. In Abb. **34** ist f die feste, fl die flüssige Phase, die Grenzebene ist weit ausgedehnt gedacht, sie liegt in Richtung des elektrischen Feldes $\mathfrak{E}$. Die feste Wand sei positiv geladen, die negative Ladung denkt man sich in einem mittleren Abstand d von der Grenzfläche befindlich. Die positive Ladung verschiebt sich dann in der Feldrichtung mit der Geschwindigkeit u, während die flüssige Phase ruhend gedacht ist. Die Geschwindigkeit innerhalb der Grenzschicht ist mit der Entfernung von der Wand variabel. Unmittelbar an der Grenze ist sie u, da sie von der Wand mitgenommen wird. An der anderen Grenze rechts ist sie Null, da diese Schicht von der ruhenden Masse fl festgehalten wird. Sie nimmt also linear von links nach rechts ab, das Geschwindigkeitsgefälle ist $\frac{u}{d}$. Auf die feste Phase wirkt eine elektrische treibende Kraft und eine zurückhaltende reibende Kraft. Die Feldstärke normal zur Wand ist $\frac{\zeta}{d}$, die Ladung pro Flächeneinheit demnach $\frac{\zeta\varepsilon}{4\pi d}$, falls ε die Dielektrizitätskonstante der flüssigen Phase ist. Die treibende Kraft pro Flächeneinheit beträgt daher:

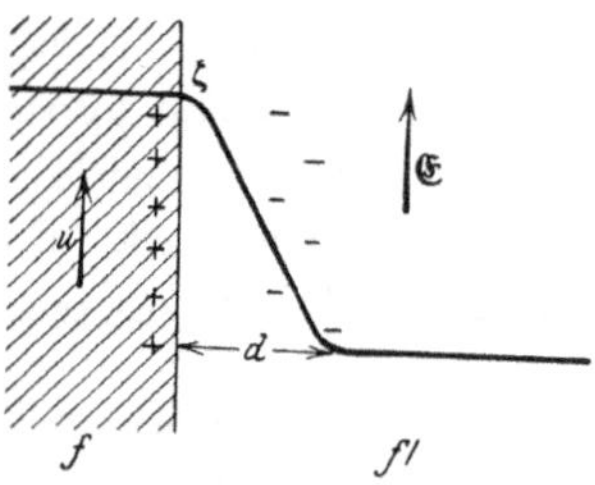

Abb. 34. Schema zur Kataphorese.

$$\frac{\mathfrak{E}\zeta\varepsilon}{4\pi d}.$$

Die reibende Kraft dagegen ist:

$$\eta\frac{u}{d},$$

wo η die Viskosität der Flüssigkeit und $\frac{u}{d}$ das oben genannte Geschwindigkeitsgefälle ist. Es gilt daher aus der Gleichsetzung beider

$$u = \frac{\zeta\varepsilon\mathfrak{E}}{4\pi\eta}. \tag{79}$$

Dies ist die Helmholtzsche Formel.

Nun konnte Smoluchowski zeigen, daß dieselbe Gleichung gültig bleibt, auch wenn es sich um die Verschiebung einer beliebig geformten

Grenzfläche handelt. Speziell für Kugeln hat Debye [17] eine neuere Rechnung angestellt und statt $\frac{1}{4\pi}$ einen etwas abweichenden Zahlenfaktor gefunden. Jedenfalls ist aus der Gleichung ersichtlich, daß die Geschwindigkeit in Ölen recht klein ist. Erstens ist hier ε sehr niedrig, zweitens η sehr groß, drittens auch ζ äußerst klein.

Verf. [43] hat an organischen Lösungsmitteln, welche Wassertröpfchen emulgiert enthielten, die Kataphorese quantitativ untersucht. Eine quantitative Untersuchung an flüssigen Isolierstoffen ist bis jetzt nicht ausgeführt worden. Wir geben in Ermangelung dessen eine Tabelle aus der eben genannten Arbeit, welche die Wanderungsgeschwindigkeiten von Wassertröpfchen in Benzonitril enthält. Die Messung erfolgte mikroskopisch mittels einer Glaskammer, welche die Flüssigkeit und die Elektroden enthielt. Das angelegte Feld war 33 V/cm.

Tabelle 12. Kataphorese in Benzonitril.

Zugefügter Elektrolyt	Konz. i. Wasser	$10^3 u$ cm/sec	Ladung d. Tropf.
—	—	1,6	+
Aluminiumchlorid	$^1/_{1000}$ mol.	1,2	+
Salzsäure	„	3,1	+
Anilinchlorid	gesättigt	1,7	—
Natriumpikrat	„	2,6	+

Im allgemeinen ist das Wasser positiv, nur in Gegenwart organischer Kationen wird es negativ geladen. Auch in Transformatorenöl sind die Wassertropfen stets positiv geladen und wandern somit zur Kathode.

20. Die Leitfähigkeit fester Isolatoren.

Während die Leitung in flüssigen Isolatoren stets durch Ionen erfolgt, ist dies bei festen Körpern nicht ausnahmslos der Fall. Allerdings dürfte diese Art Leitung auch hier die vorherrschende sein. Aber es gibt viele Kristalle, die dann allerdings zum Typ der Halbleiter gehören, welche eine sog. elektronische Leitung aufweisen, ebenso wie Metalle. Da jedoch diese letztere Gruppe vom Isolierstoff-Standpunkt von wenig Interesse ist, wollen wir uns mit ihr nicht weiter befassen. Die elektrolytische Leitung durch Ionen trifft man dagegen bei allen isolierenden Kristallen, bei Gläsern und bei künstlichen Isolierstoffen an. Woher die allerdings sehr geringfügige Leitung bei organischen Körpern, wie etwa festem Paraffin herrührt, ist noch nicht festgestellt, es werden wohl auch vielleicht organische Ionen sein.

Man konnte in vielen Fällen von Ionenleitung den Nachweis der Gültigkeit des Faradayschen Satzes erbringen. Letzterer besagt, daß beim Durchgang einer Elektrizitätsmenge von 1 F = 96500 Coul ein Grammäquivalent des betreffenden Ions ausgeschieden wird. Wird also z. B. die Leitung durch Natriumionen bewirkt, so scheidet sich während des Durchganges von 1 F 23 g Natrium an der Kathode aus. Dies ist der sicherste Beweis dafür, daß die Leitung durch Natriumionen erfolgt. Das ist der Fall z. B. bei Gläsern. In vielen Fällen ist auch der Nachweis von Einwanderung fremder Ionen gelungen. In Glas wandern z. B. die verschiedensten Metalle: Lithium, Silber usw. ein, sofern man als Anode eine Lösung des betreffenden Elektrolyten verwendet. Man kann dadurch die Zusammensetzung des Glases elektrisch verändern. Auch diese Einwanderung erfolgt nach dem Faradayschen Gesetz.

Das ausgeschiedene Metall an der Kathode nimmt manchmal sichtbare Formen an, so z. B. konnte Lukirsky [96] nachweisen, daß das Natrium in Glas an der Kathode in fein verästelten Formen, sog. Dendriten, ausgeschieden war.

Berechnungen bezüglich der Leitfähigkeit, analog denen in Abschnitt 16, lassen sich in festen Isolatoren nicht anstellen, und zwar deshalb nicht, weil man über die Anzahl der freien Ionen keinen genauen Maßstab hat. Dort war es möglich, diese Anzahl angenähert zu berechnen, hier aber nicht.

Aus demselben Grunde lassen sich Meßwerte des Leitvermögens nicht dazu verwenden, etwa die absolute Wanderungsgeschwindigkeit der Ionen im Isolator zu ermitteln. Das Leitvermögen wird ja immer durch das Produkt der Anzahl der freien Ionen und der Wanderungsgeschwindigkeit ausgedrückt [s. Gl. (75) und (77)]. Hier aber läßt sich das Produkt nicht in seine Faktoren zerlegen. Nimmt man für besondere Fälle an, daß alle Gitterionen wandern, dann läßt sich aus dem gemessenen Leitvermögen die untere Grenze der Wanderungsgeschwindigkeit angeben. Da aber auch in solchen Fällen nicht alle Ionen frei sind, so wird die wirkliche Geschwindigkeit wahrscheinlich größer. So z. B. läßt sich vermuten, daß in der Nähe des Schmelzpunktes der größte Teil aller Ionen frei beweglich ist. Auf diese Weise ließ sich als unterer Grenzwert für die Silberionen in AgJ von 550° C 0,0011 $\frac{\text{cm}}{\text{sec}} : \frac{\text{V}}{\text{cm}}$, in Ag_2S von 150° C 0,11 angeben (Gudden [57]). Die Zahlen liegen sogar höher als die entsprechenden Geschwindigkeiten in Lösungen. Oft aber wird man (z. B. bei Gläsern) mit wesentlich geringeren Geschwindigkeiten rechnen müssen.

Exakte Messungen über die Leitfähigkeit in festen Isolatoren liegen auch nur in geringem Maße vor. Verläßlich sind die Zahlenangaben an Gläsern, auf die wir unten noch näher eingehen werden. Joffé [80] gibt als exakten Leitwert des kristallwasserhaltigen Ammoniumalauns die Zahl $2 \cdot 10^{-15}$ S/cm^{-1} an, also dieselbe Größenordnung wie bei Flüssigkeiten.

Gläser sind ein günstiges Objekt, um die Abhängigkeit des Widerstandes von der Zusammensetzung zu untersuchen, da ihre Bestandteile in sehr weiter Grenze willkürlich veränderlich sind. Fulda [39] wie Gehlhoff und Thomas [42] haben in dieser Richtung Untersuchungen angestellt. Folgende Zahlen geben die Abhängigkeit des Logarithmus des spezifischen Widerstandes in Ω cm vom Gehalt an Na_2O und K_2O an.

Tabelle 13. Spezifischer Widerstand von Gläsern.

%	10	20	30	40
Na_2O	15,2	10,8	8,7	8,2
K_2O	—	14,3	11,0	10,5

Tabelle 14. Spezifischer Widerstand von Gläsern.

%	0	10	20	30	40	50
CaO	10,6	13,6	16,0	16,8		
BaO	10,6	11,8	12,9	13,0	12,7	
Pb O	10,6	11,3	11,8	11,7	11,8	11,5

Zweiwertige Metalle verhalten sich anders, bis zu etwa 30% erhöhen sie den Widerstand, nachher vermindern sie ihn. Die Leitfähigkeit rührt also in erster Linie von den einwertigen Metallen her.

Betrachtet man im übrigen die in der Literatur angegebenen Zahlen, so sieht man, daß die besten Isolierstoffe mit der geringsten Ableitung etwa Paraffin und geschmolzener Quarz sind ($\varrho \sim 10^{19}$ Ω cm). Dann kommen Schwefel und Kolophonium ($\sim 10^{17}$ Ω cm) und danach die Gläser und Porzellan. Irgendeine Gesetzmäßigkeit ergibt sich aus dieser Reihe nicht.

Wenn man auch den Leitwert bei festen Isolatoren in keiner Weise berechnen kann, so läßt sich wenigstens die Temperaturabhängigkeit derselben etwas genauer fassen. Man findet recht genau eine exponentielle Änderung des Widerstandes mit der Temperatur. Ähnliches hatten wir auch bei Flüssigkeiten und sahen, daß dies einerseits aus der Zunahme der Dissoziationskonstante, andererseits aus der Abnahme der Viskosität mit zunehmender Temperatur erklärt werden kann. Über die Anzahl der freien Ionen können wir nun hier nichts aussagen, wohl aber in manchen Fällen über die Viskosität.

Das beste Versuchsobjekt ist wieder Glas. English [28] untersuchte die Viskosität abhängig von der Temperatur und der Zusammensetzung. Von 400 bis etwa 800° C befindet sich das sog. zähe Gebiet des Glases, in welchem es eine bestimmte meßbare Zähigkeit hat. Unter 400° ist es fest, über 800° flüssig. Diese Grenzen sind natürlich nicht scharf. Am geeignetsten für Versuche ist gerade das mittlere Gebiet. Im zähen Gebiet ist nun der Logarithmus der Viskosität eine lineare Funktion der Temperatur. Bei 800° C biegt dann die Gerade um und der Verlauf von da ab ist weniger steil. Die Zahlen von English für log η (in Pois) sind im folgenden auszugsweise angeführt. (Das eine Glas ohne, das andere mit Borsäure.)

Tabelle 15. Viskosität von Glas.

Temp. in °C	500	600	700	800	900	1000
Ohne B_2O_3	12,5	9,8	7,5	6,0	4,8	3,8
40% ,,	—	10,2	6,4	3,0	1,7	1,3

Genau so logarithmisch verändert sich der Widerstand, so daß der Zusammenhang beider Größen nicht zu verkennen ist. Gehlhoff [42] führt z. B. an einem Thüringer Glas folgende Meßreihe an.

Tabelle 16. Spezifischer Widerstand von Glas.

Temp. in °C	25	50	100	200	400	600	800	1000	1200
log ϱ	14,7	13,4	11,4	8,6	5,3	3,2	2,0	1,8	1,7

Die Kurve zeigt bei genauer Betrachtung zwei Knicke. Der eine bei 400° ist der sog. Transformationspunkt, der andere, bei etwa 800°, der sog. Aggregationspunkt des Glases. Die Änderung des Widerstandes mit der Temperatur ist am stärksten im mittleren Gebiet zwischen den beiden Knicken. Führt man an derselben Glasprobe parallele Messungen der Viskosität und des Widerstandes aus, so findet sich bei derselben Temperatur an beiden Kurven ein Knick. Der Zusammenhang beider Größen ist also ohne jeden Zweifel vorhanden.

Joffé [80] hat an Quarz und Kalkspatkristall ganz ähnliche Geraden bekommen.

Mathematisch gilt nach dem Gesagten eine Gleichung von der Form (zuerst von Rasch und Hinrichsen angegeben)

$$\varrho = \varrho_0 e^{\frac{\alpha}{T}}, \tag{80}$$

jedoch läßt sich für kleine Temperaturbereiche angenehmer mit der angenäherten Beziehung

$$\varrho = \varrho_0 e^{-\beta t} \tag{80a}$$

arbeiten. Oder wenn man die beiden Funktionen logarithmiert, so wird:

$$\ln \varrho = \ln \varrho_0 + \frac{\alpha}{T}, \tag{81}$$

$$\ln \varrho = \ln \varrho_0 - \beta t. \tag{81a}$$

Auf diese Gleichungen werden wir noch im siebenten Kapitel bei der Besprechung des Wärmedurchschlages zurückgreifen.

Wir kommen nun zur Veränderlichkeit des spezifischen Widerstandes mit der Feldstärke zu sprechen. Bei Flüssigkeiten haben wir diesen Punkt zusammen mit dem Wieneffekt erörtert, jedoch einen solchen bei Isolatoren mit ziemlicher Sicherheit ausschließen können. Hier bei festen Isolatoren ist die Ursache auch noch nicht sicher festgestellt. Man schwankt zwischen verschiedenen Möglichkeiten, ohne jedoch, daß eine endgültig angenommen würde.

Das experimentelle Material läßt sich am besten an den Versuchsdaten von Schiller [153 und 153a] an Glas und Glimmer darstellen. Folgende Messungen beziehen sich auf Glas bei verschiedenen Schichtdicken, Temperaturen und insbesondere Feldstärken. Die Zahlen geben ϱ in $10^{12}\,\Omega\cdot$cm an.

Tabelle 17. Spezifischer Widerstand des Glases nach Schiller in $10^{12}\,\Omega\cdot$cm.

Glasstärke mm	Temp. °C	Feldstärke 10^5 V/cm					
		0,5	1,0	2,0	3,0	4,0	5,0
0,18	30	45	42	35	27	22	17
	50	9	8	6	5	4	3
0,28	30	40	37	30	25	20	
	50	8	7	6	5	4	
0,58	30	40	37	30			
	50	9	8,5	7,5			

Die Ergebnisse befolgen wiederum eine logarithmische Abhängigkeit gemäß der von Poole [135] gefundenen Beziehung

$$\ln\varrho = \ln\varrho_0 - \gamma\,\mathfrak{E}, \tag{82}$$

wo $\mathfrak{E}$ die Feldstärke ist.

Ähnliche Zahlen wie auf Tabelle 17 findet Schiller bei Glimmer. Es scheint sich also hier um eine Erscheinung zu handeln, die sowohl bei Gasen, wie auch bei flüssigen und festen Isolatoren auftritt. Die Tatsache, daß bei Gasen eine Ionisierung als sicher angesehen werden kann, legt die Vermutung in der Tat nahe, daß es sich auch in flüssigen und festen Körpern um Ionisierung handelt. Insbesondere für feste Körper wurde dieser Gedanke von Güntherschulze [59] und später von Joffé [81] entwickelt (s. auch Abschnitt 41). Eine wichtige Folgerung dieser Theorie ist, daß die Ströme bzw. die Leitfähigkeiten mit zunehmender Schichtdicke bei konstanter Feldstärke zunehmen müßten, da zur weiteren Entwicklung der Ionisierung immer mehr Gelegenheit geboten wird. Daß aber diese Folgerung nicht immer erfüllt ist, beweisen gerade die Versuche von Schiller. Es kommt nach der Theorie darauf an, daß die Konstante γ der Gl. (82) mit der Schichtdicke zunimmt. Dagegen bleibt γ in den angeführten Versuchen, wie aus den Widerstandszahlen ersichtlich, ziemlich konstant.

Jedoch ist zu erwähnen, daß dieser Widerspruch mit der Theorie nicht überall vorhanden ist. So weisen entsprechende Messungen von Mündel [115] eine deutliche Zunahme der Konstante γ mit zunehmender Schichtdicke auf. Man wird also eine Ionisation nicht ohne weiteres ausschließen können. Wie nochmals erwähnt sei, spricht der in Abschnitt 17 besprochene Versuch über den Querwiderstand in jenem speziellen Fall gegen eine Ionisation, man müßte aber solche Versuche auch bei festen Isolierstoffen ausführen. Wie man sich die Ionisierung in festen Isolierstoffen denken kann, wird noch in Abschnitt 41 erörtert.

Vermutlich wird man aber ohne Eingreifen quantenhafter Vorstellungen nicht das Richtige treffen.

Die zweite Möglichkeit, die man für die Leitfähigkeitszunahme heranziehen könnte, wäre eine Beweglichkeitszunahme der Ionen mit steigender Feldstärke. Diese Möglichkeit wird allerdings vielfach verworfen, und zwar deshalb, weil an makroskopischen Kugeln, welche sich im reibenden Medium bewegen, stets beobachtet wird, daß die reibende Kraft bei kleinen Geschwindigkeiten derselben proportional ist, bei größeren dagegen mit einer höheren Potenz der Geschwindigkeit wächst. Daraus ergibt sich aber, daß die Beweglichkeit mit zunehmender Kraft eher ab- als zunimmt. Nun ist es aber nicht gesagt, daß diese makroskopischen Betrachtungen ohne weiteres auf Ionen zu übertragen sind. Schon das ist ja überhaupt verwunderlich, daß die Stokessche Gleichung für Ionen so gut erfüllt ist, obwohl die Umgebung eines Ions alles andere eher als ein kontinuierliches Medium darstellt, was aber bei der Ableitung der Stokesschen Gleichung vorausgesetzt wird. Folglich wird man sich auf Abweichungen von makroskopischen Körpern gefaßt machen müssen.

Auf einen Umstand ist noch besonders hinzuweisen. Die Poolesche Beziehung ist auffallenderweise der von Rasch und Hinrichsen vollständig analog gebaut. Dies kann natürlich insofern bedeutungslos sein, als ja ein exponentielles Ansteigen überhaupt sehr häufig ist. Es ist aber trotzdem möglich, daß man daraus eine Folgerung auf den Zusammenhang beider Größen ziehen könnte. Setzt man nämlich:

$$T = k\mathfrak{E},$$

dann ist die Poolesche Gleichung ohne weiteres aus (81 a) abzuleiten. Unter T ist hier natürlich nicht die Temperatur des ganzen Isolierstoffes zu verstehen, sondern die der allernächsten Umgebung der Einzelionen. Nimmt man an, daß in der nächsten Nähe des Ions ein starkes Temperaturgefälle besteht, daß also die gebildete Wärme sich erst allmählich auf den ganzen Isolierstoff verteilt, dann wäre eine solche lokale Erwärmung und damit die Beweglichkeitszunahme erklärlich. Es müßte aber quantitativ geprüft werden, ob eine solche Annahme zulässig ist. Sie könnte jedenfalls nur dann richtig sein, wenn die Anzahl der freien Träger eine relativ niedrige, ihr gegenseitiger Abstand also genügend groß ist.

Eine dritte Erklärungsmöglichkeit besteht in der Annahme von sog. Gegenspannungen, wie sie von Schiller [153] und insbesondere von Joffé [161] erwogen wurde. Darauf können wir aber erst eingehen, wenn wir die zeitlichen Veränderungen des Widerstandes erörtert haben.

21. Abhängigkeit des Widerstandes von der Zeit.

Was in diesem Abschnitt zur Besprechung gelangt, hat mit dem Inhalt des Abschnittes 18 in betreff Flüssigkeiten nichts zu tun hat. Dort waren es bloß sekundäre Veränderungen der Ionenkonzentration, die sich im Laufe längerer Zeiten ausbildeten und den Widerstand veränderten. Hier dagegen handelt es sich um eine sehr wichtige, allgemeine Erscheinung, die man insbesondere bei festen Isolatoren antrifft, bei Flüssigkeiten jedenfalls nur selten und schwach ausgeprägt. Es sind das die sog. Nachladungs- und Rückstandserscheinungen, die man beim Anlegen von Gleichspannung an Kondensatoren beobachtet. Dieselbe Erscheinung führt dann im Falle von Wechselspannung zu dielektrischen Verlusten. Damit haben wir außer der atomaren Absorption im Lichtgebiet und den Debyeschen Verlusten im Kurzwellengebiet eine dritte Verlustquelle gefunden, welche gerade für technische sowie Hörfrequenzen in Frage kommt. Wir besprechen zuerst die Erscheinungen im Gleichfelde.

Schaltet man Gleichspannung an ein Dielektrikum, so fließt zunächst, wie in Abschnitt 2 erwähnt, ein Ladestrom J_c, der sich zum Leitungsstrom J_r einfach addiert. Wir können nach dem zeitlichen Verlauf des Ladestromes fragen. Er ist vom Widerstand abhängig, der zwischen Spannungsquelle und Kondensator geschaltet ist. In extremen Fällen ist der Widerstand sehr klein, aber immerhin endlich, auch wenn er nur durch den des Generators dargestellt wird. Es gilt für den Ladestrom

$$J_c = \frac{E}{R_w} e^{-\frac{t}{R_w C}}, \tag{83}$$

wo R_w den Widerstand des Stromkreises und C die Kapazität des Kondensators bedeutet. $R_w C$ ist die sog. Zeitkonstante, je größer sie ist, um so langsamer der Vorgang. Den Begriff der Zeitkonstante hatten wir übrigens bei Besprechung der Gl. (45) schon eingeführt. Der Ladestrom nimmt schnell ab und es bleibt dann der Leitungsstrom übrig. Man kann also J_c aus R_w und C im voraus berechnen.

Führt man solche Versuche tatsächlich aus, so findet man folgendes. Es erfolgt zwar tatsächlich ein Ladestrom, der angenähert exponentiell abnimmt, die Zeitkonstante ist aber stets wesentlich größer, als sie sich nach obiger Gleichung berechnen läßt. Entlädt man den Kondensator, dann sollte man ebenfalls einen exponentiellen Entladestrom erhalten, der ebenso verläuft wie der Ladestrom, nur in entgegengesetzter Richtung. Auch der Entladestrom verläuft in Wirklichkeit näherungsweise exponentiell, jedoch mit großer Zeitkonstante.

Es scheint also, daß das Produkt $R_w C$ irgendwie den tatsächlichen Verhältnissen nicht entsprechend berechnet worden ist. Offenbar ist einerseits der Widerstand größer als der bloße Vorschaltwiderstand, andererseits ist die Kapazität ebenfalls größer als der Wert, den man mit den üblichen Wechselstrommethoden gemessen hat. Diese Schwierigkeit wird am ungezwungensten durch die Theorie von K. W. Wagner [177] gelöst, zu deren Besprechung wir jetzt übergehen. Sie liefert eine Erklärung sowohl für die Erscheinungen im Gleichfelde wie im Wechselfeld. Die Theorie beruht auf Grundlagen, die von Maxwell [104] geschaffen worden sind, die aber damals wegen Ermangelung genügenden experimentellen Materials nicht scharf genug gefaßt wurden, so daß sie nur theoretische Bedeutung hatten. Wagner hat sie den tatsächlichen Verhältnissen entsprechend ausgebaut.

Der Grundgedanke ist der, daß alle realen Dielektriken einen schichtweisen, inhomogenen Aufbau haben. Die einzelnen Bestandteile besitzen zwar meistens angenähert dieselbe Dielektrizitätskonstante (wenigstens ist deren Verschiedenheit nicht sehr groß), jedoch sehr verschiedene Leitfähigkeiten. Wir sahen ja im vorigen Abschnitt, daß letztere um mehrere Zehnerpotenzen variieren kann. Während diese Abweichung der Leitwerte für Wechselspannung genügend hoher Frequenz ziemlich nebensächlich ist, ist das bei Gleichspannung nicht der Fall. Da wird sich die Spannung so einstellen, daß sie zum Schluß praktisch nur an den Bestandteilen geringer Leitfähigkeit abfällt, die anderen Bestandteile sind dagegen fast spannungslos und dienen nur dazu, die ersteren aufzuladen. Man sieht, wie durch diese Annahme die beiden genannten Forderungen erfüllt werden. Der Vorschaltwiderstand R_w wird durch den Widerstand der besserleitenden Schichten erhöht; die Kapazität ihrerseits auch vergrößert, da die besserleitenden Schichten zum Schluß herausgefallen sind, der Kondensator also dünner wurde.

Mathematisch läßt sich dies auch leicht zeigen. Am einfachsten ist es, wenn wir die Betrachtungen zunächst am Wagnerschen Zweischichtenkondensator anstellen, obwohl die Beziehungen von dieser speziellen Annahme unabhängig sind, wie noch im nächsten Abschnitt gezeigt wird. Es sei zunächst ein Kondensator von der Fläche 1 und der Stärke a angenommen, welche aus zwei gleichstarken Schichten besteht. Die bezüglichen Dielektrizitätskonstanten seien ε_1, ε_2, die Leitfähigkeiten σ_1, σ_2. Beide Einzelschichten haben die Stärke $\frac{a}{2}$ (Abb. 35). Insbesondere sei $\sigma_1 > \sigma_2$ angenommen. Die Wechselspannungskapazität errechnet sich zu

$$\varepsilon_\infty = \frac{2\,\varepsilon_1\,\varepsilon_2}{\varepsilon_1 + \varepsilon_2},$$

was, falls ε_1 angenähert ε_2 gleich ist, auch wieder denselben Wert ergibt.

Bei Gleichspannung wird sich innerhalb einer Zeitdauer von der Größenordnung $R_w C$ eine Ladung von der Größe $\frac{\varepsilon_\infty}{4\pi a} E$ (falls E die angelegte Spannung) an den Belegungen anreichern. Durch den stattfindenden Leitungsstrom wird aber die positive Ladung an der Grenzfläche f in der Mitte angereichert, da der Strom rechts von der Fläche kleiner ist als links von ihr. Es wird also Ladung in das Dielektrikum hineingebracht. Sind die Feldstärken in den beiden Hälften $\mathfrak{E}_1$ bzw. $\mathfrak{E}_2$, dann sind die Ströme $\sigma_1 \mathfrak{E}_1$ und $\sigma_2 \mathfrak{E}_2$. Deren Flächendivergenz muß der zeitlichen Ladungszunahme an der Grenze gleich sein. Die positive Ladung an der Grenze ist $\frac{1}{4\pi}(\mathfrak{D}_2 - \mathfrak{D}_1)$. Folglich

$$\sigma_1 \mathfrak{E}_1 - \sigma_2 \mathfrak{E}_2 = \frac{\varepsilon_2}{4\pi} \frac{d\mathfrak{E}_2}{dt} - \frac{\varepsilon_1}{4\pi} \frac{d\mathfrak{E}_1}{dt}.$$

Die beiden Feldstärken hängen aber durch die Beziehung

$$\frac{a}{2}(\mathfrak{E}_1 + \mathfrak{E}_2) = E$$

zusammen. $\mathfrak{E}_2$ eliminiert, hat man:

$$\frac{\varepsilon_1 + \varepsilon_2}{4\pi} \frac{d\mathfrak{E}_1}{dt} + (\sigma_1 + \sigma_2)\mathfrak{E}_1 = \frac{2\sigma_2 E}{a}.$$

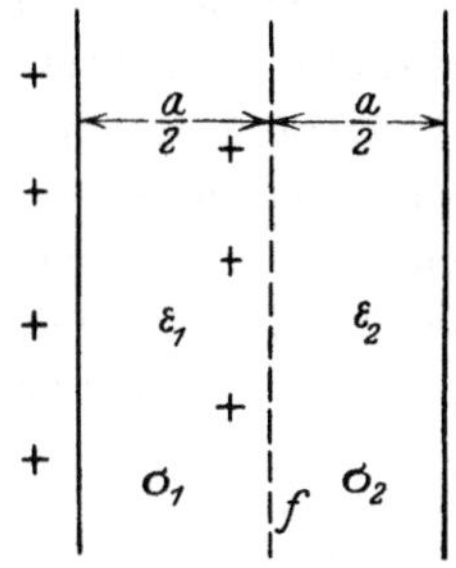

Abb. 35. Zweischichtenkondensator.

Die Lösung dieser Differentialgleichung lautet

$$\mathfrak{E}_1 = \frac{\sigma_2}{\sigma_1 + \sigma_2} \frac{2E}{a} + \left(\frac{\varepsilon_2}{\varepsilon_1 + \varepsilon_2} - \frac{\sigma_2}{\sigma_1 + \sigma_2}\right) \frac{2E}{a} e^{-\frac{4\pi(\sigma_1 + \sigma_2)t}{\varepsilon_1 + \varepsilon_2}}. \quad (84)$$

Mit der Zeitkonstante

$$\tau = \frac{\varepsilon_1 + \varepsilon_2}{4\pi(\sigma_1 + \sigma_2)} \quad (85)$$

wandert ein Teil der positiven Ladung an die innere Grenzfläche. Die Endladung des Kondensators ist durch $\frac{1}{4\pi}\varepsilon_2 \mathfrak{E}_2$ für $t = \infty$ gegeben. Man hat dafür

$$\frac{\varepsilon_2 \sigma_1}{4\pi(\sigma_1 + \sigma_2)} \frac{2E}{a}$$

oder falls $\sigma_1 \gg \sigma_2$, $\frac{2\varepsilon_2}{4\pi} \frac{E}{a}$, so daß die Kapazität gegenüber dem Wechselstromwert tatsächlich verdoppelt ist. Und die Zeitkonstante ist wesentlich höher als $R_w C$, da eben die erste Schicht als Vorschaltwiderstand funktioniert.

Die Bezeichnung Nachladung ist also beinahe wörtlich zu nehmen. Es werden nachträglich Ladungen innerhalb des Dielektrikums angehäuft. Bei der Entladung werden diese rückständigen Ladungen erst allmählich aus dem Inneren entfernt. Diese Ladungen zählen, wie nochmals betont sei, zur dielektrischen Aufladung mit. Deshalb wird auch in der Praxis bei der ballistischen Messung von statischen Dielektrizitätskonstanten stets eine Minute geladen, bevor entladen wird.

Es ist unwesentlich, daß wir hier von zwei gleichstarken Schichten ausgegangen sind. Die Zahl und Reihenfolge derselben ist ganz gleichgültig, nur der Absolutwert der Zeitkonstanten erfährt dadurch eine Veränderung. Auf den ersten Blick könnte man aber meinen, daß solche Schichtungen nicht immer vorhanden sind, daß demnach die Theorie nur begrenzte Gültigkeit hat. Diese Vermutung ist nur insofern richtig, als eine ausgesprochen geschichtete Struktur nur wenige Isolierstoffe aufweisen werden. Der Effekt tritt jedoch auch noch bei Abwesenheit jeglicher Schichtung in zwei weiteren Fällen auf.

1. Sind in einer homogenen Umgebung Einlagerungen in Form einer Suspension enthalten, dann wirkt ein solcher Stoff genau so wie ein mehrschichtiges Dielektrikum. Die Grenzflächen zwischen den beiden Bestandteilen werden auch bei einer solchen Verteilung aufgeladen, sofern nur

$$\frac{\sigma_1}{\sigma_2} \neq \frac{\varepsilon_1}{\varepsilon_2}. \tag{86}$$

Sind nämlich die beiden Verhältnisse gleich, dann ist die Feldverteilung am Ende so wie am Anfang, folglich findet ein Nachladevorgang überhaupt nicht statt. Ausführlicher werden wir den Fall einer Suspension im nächsten Abschnitt behandeln.

2. Ist das Dielektrikum selbst vollständig homogen, sind aber die Grenzflächen nach den Elektroden zu, wenn auch nur in geringer Schichtdicke, vom Innern verschieden, dann genügt dies schon, um Nachladung zu bewirken. Nun ist aber die Grenzschicht in der Tat vielfach vom Innern verschieden. Es genügt, nur darauf hinzuweisen, daß etwa gelöste Wasserspuren in organischen Stoffen durch Adsorption an der Grenzfläche angereichert werden, so daß eine höhere Leitfähigkeit derselben die Folge ist. Glas hat stets eine gequollene Oberflächenhaut, so daß hier auch mit Nachladung zu rechnen ist. Wir werden auf diesen Fall am Schluß dieses Abschnitts noch zurückkommen.

Der Verlauf einer Ladekurve sollte also nach der Theorie rein exponentiell sein. Betrachtet man aber die Messungen genauer, so findet man, daß sie dieser Bedingung nicht immer streng entsprechen. Auf Abb. 36 sind schematisch drei Kurven bei drei verschiedenen Temperaturen ($T_1 > T_2 > T_3$) aufgetragen, wie sie experimentell beobachtet werden. Der Verlauf ist flacher, als er einer Exponentialfunktion entspricht. Der Grund ist nach Wagner der, daß vielfach der Bau des Dielektrikums so kompliziert ist, daß Vorgänge mit verschiedenen Zeitkonstanten nebeneinander herlaufen. Addiert man aber mehrere Exponentialfunktionen, so ergibt sich tatsächlich eine flachere Kurve.

Eine physikalisch plausible Unterlage für das gleichzeitige Auftreten mehrerer Exponentialfunktionen liefert der soeben betrachtete und im nächsten Abschnitt zu erörternde Fall 1. Ganz allgemein, unabhängig von diesem Ansatz nimmt aber Wagner [175] an, daß die Häufigkeit der verschiedenen Zeitkonstanten nach der Art einer Gaußschen Verteilungskurve verläuft (Abb. 37). Mathematisch wird das fol-

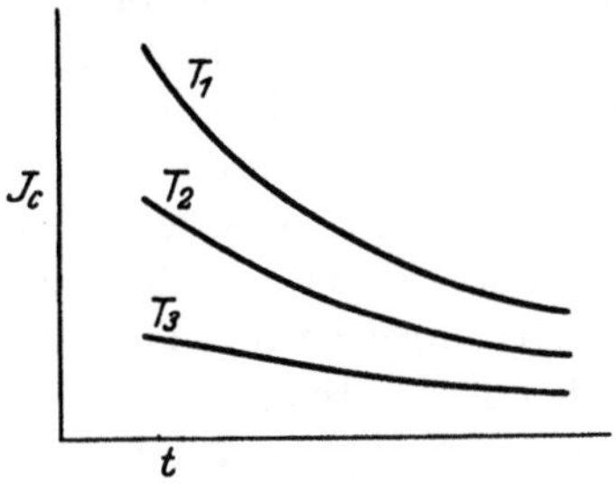

Abb. 36. Ladeströme eines realen Kondensators.

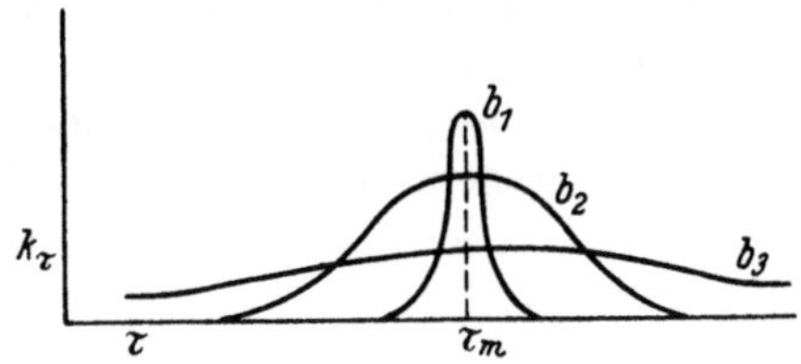

Abb. 37. Verteilung der Zeitkonstanten.

genderweise ausgedrückt. Die Verschiebung im Kondensator habe für $t = \infty$ den Wert $\mathfrak{D}_0$ (der Index bezieht sich darauf, daß es sich um den statischen Wert handelt, also die Frequenz des Feldes Null ist). Dabei sei

$$\mathfrak{D}_0 = (1 + k)\,\varepsilon_\infty \mathfrak{E} = \varepsilon_0 \mathfrak{E}, \tag{87}$$

wo k = sog. Nachwirkungskonstante. ε_∞ ist die Dielektrizitätskonstante für hohe Frequenz, ε_0 die für Gleichspannung. Dann muß

$$\mathfrak{D} = \mathfrak{D}_0 - \varepsilon_\infty \mathfrak{E}\, k\, e^{-\frac{t}{\tau}}.$$

Soll der Vorgang aus mehreren Einzelvorgängen mit verschiedenen Zeitkonstanten bestehen, dann ist letztere Gleichung durch

$$\mathfrak{D} = \mathfrak{D}_0 - \varepsilon_\infty \mathfrak{E} \int_0^\infty k_\tau e^{-\frac{t}{\tau}}\, d\tau$$

zu ersetzen, wobei k_τ eine Funktion von τ ist. k_τ mißt die Häufigkeit der einzelnen Zeitkonstanten. Nach Wagner soll nun gelten

$$k_\tau = \frac{k\,b}{\sqrt{\pi}\,\tau_m}\, e^{-\left(b \ln \frac{\tau}{\tau_m}\right)^2}, \tag{88}$$

wobei

$$k = \int_0^\infty k_\tau\, d\tau,$$

τ_m die maximal vertretene Zeitkonstante (s. Abb. 37) und b ein Parameter der Verteilungskurve ist, welche die Breite der Erhebung mißt. Je größer b, um so enger die Verteilung um τ_m. Auf Abb. 37 ist somit $b_1 > b_2 > b_3$.

Indem nun Wagner für τ_m und b verschiedene Werte annahm, hat er [176] eine Anzahl von theoretischen Entladekurven rekonstruiert, was durch numerische Integration gelungen ist. Eine solche Kurvenschar, wie sie sich für Entladekurven (in logarithmischem Maßstab) für verschiedene Temperaturen berechnen läßt, ist schematisch auf Abb. 38 aufgetragen, wobei $T_1 > T_2 > T_3$ ist. Je nach den Werten von b ist der Verlauf der Kurven ein verschiedener. Die experimentell bestimmten Kurven haben den theoretischen Verlauf stets bestätigen können.

Wesentlich ist noch der Einfluß der Temperatur auf die Kurven, von dem wir bis jetzt nichts erwähnt haben. Auf den Abb. 36 und 38 haben wir schon die Lade- und Entladekurven bei verschiedenen Temperaturen aufgetragen und sehen, daß sie sich mit der Temperatur regelmäßig verschieben. Wir wollen die Entladekurven des näheren betrachten. Sie sind nämlich zur Prüfung der Theorie überhaupt besser geeignet, weil der Reststrom in ihnen nicht enthalten ist. Nun zeigt aber gerade die eigentliche Gleichstromleitfähigkeit bei länger dauernder Belastung sekundäre Veränderungen der Art, wie etwa in Abschnitt 18 besprochen. Die Unregelmäßigkeiten, die dadurch bewirkt werden, fallen bei der Entladekurve weg, deshalb sind sie auch experimentell besser reproduzierbar.

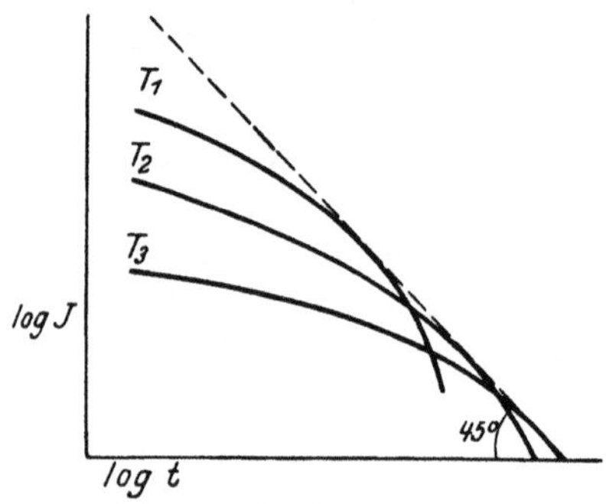

Abb. 38. Entladekurven eines realen Kondensators.

Der Nachladestrom J ist stets einer Summe von Ausdrücken von der Form

$$K\sigma e^{-\frac{t}{\tau}}$$

gleichzusetzen, wo K eine Konstante und σ die Leitfähigkeit eines Bestandteiles des Dielektrikums bedeutet. Für $t = 0$ ist ja der Strom der Leitfähigkeit des Dielektrikums proportional. Ebenso ist $\tau \sim \frac{K'}{\sigma}$, wie z. B. aus Gl. (85) ersichtlich. Es kommen demnach Terme von der Form

$$K\sigma e^{-\frac{t\sigma}{K'}}$$

vor. Derart, daß

$$\frac{J}{\sigma} = f(e^{-t\sigma}) \tag{89}$$

ist. $\frac{J}{\sigma}$ ist eine Funktion des Argumentes $(t\sigma)$. Da die Temperatur nur in σ implizite vorkommt, so ist die Funktion f temperaturunabhängig.

Hat man z. B. die Kurve $J(t)$ für die Temperatur T_1, bzw. die ihr entsprechende Leitfähigkeit σ_1, so läßt sich daraus ohne weiteres eine zweite Kurve für die Temperatur T_2 ($T_1 > T_2$) bzw. die Leitfähigkeit σ_2 ermitteln. Man hat nur die Abszissen t auf die allgemeine Skala zu reduzieren, d. h. mit σ_1 zu multiplizieren und von da aus wieder auf t zurückzukommen, indem man durch σ_2 dividiert. Man dividiert also alle Abszissenwerte durch $\frac{\sigma_2}{\sigma_1}$. Ebenso sind alle Ordinaten mit $\frac{\sigma_2}{\sigma_1}$ zu multiplizieren. Da wir hier logarithmische Skala benutzt haben, so ist von der Abszisse $\log \frac{\sigma_2}{\sigma_1}$ abzuziehen, zur Ordinate zuzuzählen. Das bedeutet aber eine Verschiebung der Gesamtkurve in einer Richtung, welche mit der positiven Abszissenachse einen Winkel von 135° bildet, indem mit zunehmender Temperatur die Kurve immer mehr nach oben und nach links verschoben wird. Diese Folgerung aus der Theorie hat sich im großen und ganzen auch bestätigt.

So findet Saegusa [150], daß die Restladung von kristallinischen Stoffen mit steigender Temperatur durch ein Maximum geht. Dies ergibt sich auch aus der Betrachtung der Abb. 38. Die Maximaltemperatur fand er abhängig von der Kristallorientierung.

Wir wollen ferner aus dem reichen Versuchsmaterial von Wagner [178] zwei Zahlenbeispiele in Tabellenform wiedergeben. Das erste ist der Ladestrom in Amp eines Guttaperchakabels pro km Länge, dividiert durch die Spannung in Volt, also die Ableitung in S/km. Die Meßspannung war 500 V. Die Kurve ist für 40, 30 und 20° C wiedergegeben.

Tabelle 18. Ladeströme eines Guttaperchakabels.

Temp. in ° C	Zeit in min				
	0,5	1	2	10	100
20	$1{,}5 \cdot 10^{-10}$	1,0	0,6	0,2	0,1
30	3,8	2,6	1,9	1,0	0,5
40	11,8	9,3	7,5	4,8	3,1

Die zweite Meßreihe gibt eine Entladekurvenschar wieder, und zwar an einem Balatakabel.

Tabelle 19. Entladeströme eines Balatakabels.

Temp. in ° C	Zeit in min					
	0,5	1	2	10	20	50
20	$1{,}1 \cdot 10^{-10}$	0,8	0,6	0,19	0,09	0,030
30	2,0	1,4	0,9	0,19	0,06	0,011
40	3,3	1,9	1,0	0,07	0,023	0,009

Man sieht, wie unterhalb von 10 Minuten die Kurven mit zunehmender Temperatur höher rücken, sich dann kreuzen und oberhalb von 10 Minuten mit zunehmender Temperatur nach unten wandern. Genau so, wie auf Abb. 38 dargestellt. Auch konnte der Verlauf der Kurven durch passende Wahl der Konstanten b und τ_m recht genau wiedergegeben werden.

Man sieht also, wie es der Wagnerschen Theorie mit verhältnismäßig einfachen Mitteln gelingt, das Gebiet der Nachladungserscheinungen zwanglos aufzuklären, während frühere Darstellungen durch die Vielfachheit der verschiedensten ad hoc-Annahmen unübersichtlich und geradezu unbrauchbar waren.

An dieser Stelle sind die Untersuchungen von Joffé und seiner Schule [161a] über die Polarisation von Dielektriken zu erwähnen. Vielfach wird diese Annahme quasi im Gegensatz zur Wagnerschen Theorie besprochen, was unseres Erachtens gänzlich verfehlt ist, da sie glatt als ein Spezialfall der Wagnerschen Annahmen betrachtet werden kann. Daher können wir auch diese Befunde hier behandeln. Man kann die Jofféssche Theorie einfach so formulieren, daß an der Grenze von Metall und Dielektrikum sich vielfach eine Schicht von extrem hohem Widerstand befindet. Wie ersichtlich, ist diese Aussage eine scharf gefaßte Spezialisierung der Mehrschichtentheorie. Man kann mit ihr genan so, wie oben geschildert, die zeitliche Veränderlichkeit des Stromes und die daraus folgenden Nachladungs- und Rückstandserscheinungen erklären.

Dieselben Ansätze finden sich auch bei Hartshorn [61]. Er nimmt auch eine Schicht von hohem Widerstand an der Grenze Metall—Dielektrikum an.

Es fragt sich zunächst, was denn überhaupt die physikalische Ursache einer solchen Schicht von hohem Widerstand sein kann. Darauf findet man die Antwort auf dem Gebiet guter elektrolytischer Leiter. Durch die Elektrolyse werden Ionen — wie in Abschnitt 18 geschildert — an den Elektroden abgeschieden, diese Abscheidung erfordert jedoch stets eine gewisse Arbeit. Diese Arbeit ist vielfach eine rein osmotische, falls nämlich die Konzentration der Ionen an der Grenzfläche der Lösung durch die Elektrolyse geändert wird. Dieser Fall tritt z. B. auf bei der Elektrolyse einer Kupfersulfatlösung an Kupferelektroden. An der Kathode z. B. nimmt die Kupferionenkonzentration ab, weshalb es eine besondere osmotische Zusatzarbeit erfordert, wenn die Ionen auch weiterhin aus der verarmten Lösung abgeschieden werden sollen. Um diese Arbeit leisten zu können, bildet sich an der Kathode (Abb. 39) eine elektrische Doppelschicht aus, welche einen Teil der angelegten Spannung verbraucht, wie das am Verlauf des Potentials φ zu ersehen ist. Die Spannung der Doppelschicht P nennt man Polarisationsspannung. Sie liefert die zur Abscheidung der Ionen erforderliche Arbeit. Die Polarisationsschicht ist formal mit einer

Schicht von hohem Widerstand identisch. Somit wären die Polarisationsschichten an Dielektriken ein Analogon zu den entsprechenden Schichten in gutleitenden Lösungen.

Übrigens ist die Arbeit nicht immer osmotisch. Vielfach wird durch die Abscheidung eines Ions die Elektrode verändert, wobei sie sich dieser Veränderung sozusagen widersetzt, und die Abscheidung wird

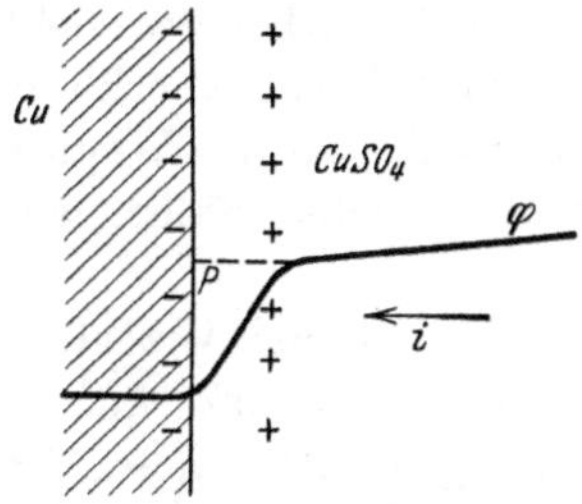

Abb. 39. Konzentrationspolarisation an einer Kupferkathode.

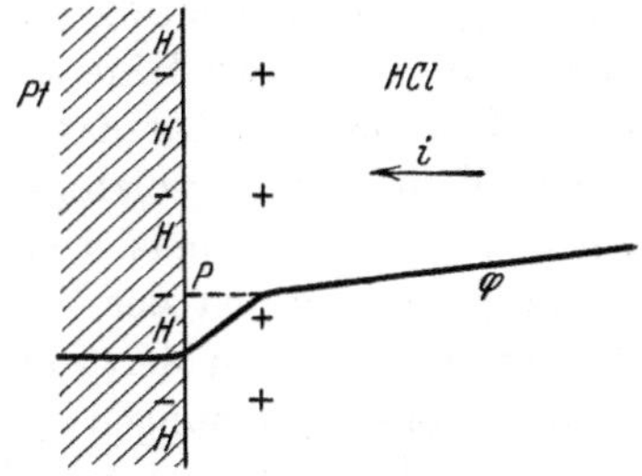

Abb. 40. Chemische Polarisation einer Platinkathode.

wieder mit einer zusätzlichen Arbeit verbunden. So wird bei der Elektrolyse von Salzsäure an einer Platinelektrode (Abb. 40) der abgeschiedene Wasserstoff im Platin absorbiert. Das Eindringen des Wasserstoffes in das Platin erzeugt eine hohe sog. Lösungstension des Wasserstoffes, wodurch wiederum die Doppelschicht entsteht, welche die zum Eindringen notwendige Arbeit der Ionen liefert. Hier ist die Grenzschicht formal auch durch einen hohen Widerstand ersetzt zu denken. Solche Fälle dürften bei Dielektriken ebenfalls vorliegen.

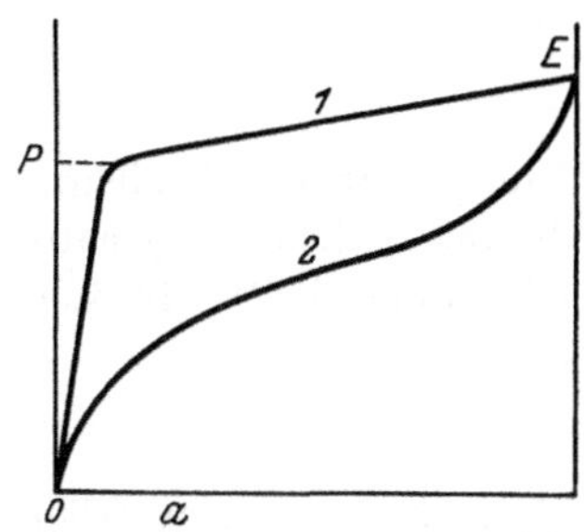

Abb. 41. Spannungsverlauf in Dielektriken nach Joffé.

Die zweite wichtige Frage ist die nach der experimentellen Prüfung der Annahme solcher Polarisationsschichten in Dielektriken. Dies ist auch von Joffé geliefert worden, und zwar im experimentellen Nachweis des Potentialverlaufes durch Sondenmessungen. Schematisch geben wir solche Potentialmessungen auf Abb. 41 wieder. Die Gesamtspannung längs der Strecke a beträgt E. Der Potentialverlauf wird entweder durch eine Gerade (*1*) dargestellt, in welchem Fall an der einen Elektrode (z. B. der Kathode) sich eine Polarisationsschicht von sehr geringer Dicke befindet, oder aber der Verlauf ist S-artig geschlängelt. (*2*), was zwei räumlich stark ausgedehnten Polarisationsschichten entspricht.

Der Verlauf *1* wurde an Kalkspat gemessen, dabei nahm die Polarisationsspannung mit der Zeit zu, die Neigung der Geraden *1* stets ab.

Die Stärke der Grenzschicht wird auf 0,001 mm geschätzt. Kurven der zweiten Art sind z. B. von Sinjelnikoff und Walther [161a] an Glas gemessen worden.

Wenn auch natürlich das Vorhandensein solcher Gegenspannungen bzw. von Polarisationsschichten in manchen Fällen durch Sondermessungen sichergestellt sind, so können wir denselben in keiner Weise jene allgemeine Bedeutung zuschreiben, wie dise gelegentlich geschieht. Daß man mit ihrer Hilfe auch die dielektrischen Verluste erklären kann, folgt unmittelbar daraus, daß sie einen Spezialfall des Wagnerschen Mehrschichtenisolators darstellen. In vereinzelten Fällen wird ein solcher Mechanismus sicher vorliegen.

Beachtenswert ist der Versuch von Sinjelnikoff und Walther, die Abnahme des Widerstandes mit zunehmender Feldstärke auf die Polarisationserscheinungen zurückzuführen. Wir gedachten dieser Erklärung schon im vorigen Abschnitt. Demnach soll diese Abnahme nur vorgetäuscht sein, und zwar dadurch, daß die Polarisationsspannung P weniger als linear mit der angelegten Spannung E zunimmt. Diese Behauptung ist an Glimmer und Glas experimentell folgenderweise bewiesen worden. Der Widerstand des Dielektrikums sei R. Im allgemeinen werden die Messungen so ausgeführt, daß nicht der Lade-, sondern der Reststrom J_r gemessen wird, woraus man R berechnet:

$$R = \frac{E}{J_r}. \tag{90}$$

Nun soll aber die Teilspannung P an der Grenze liegen, die Spannung, die tatsächlich am Isolator abfällt, ist $(E - P)$. Folglich gilt statt obiger Gleichung richtig die folgende:

$$R_* = \frac{E - P}{J_r}. \tag{90a}$$

R_* soll also der wirkliche Widerstand sein. Während nun R nach Gl. (90) mit zunehmendem E abnimmt, bleibt R_* konstant. So lautet die Versuchsreihe an Glimmer folgenderweise. (P wurde aus der Ladung der Doppelschicht bestimmt.)

Tabelle 20.
Widerstand (in Ω) bei Glas mit Berücksichtigung der Polarisation.

$\mathfrak{E}$	$1 \cdot 10^6$ V/cm	2	3	4	5	6
R R^*	 $0{,}3 \cdot 10^{12}$	 0,3	$25 \cdot 10^{12}$ 0,35	4,5 0,35	1,0 0,3	0,4 0,25

Ebenso lauten die Versuchszahlen für Glas. Die Konstanz von R_* ergibt sich eben dadurch, daß P nur anfangs der Spannung proportional ist, später dagegen zurückbleibt.

Auf diese Erklärungsweise kann man folgendes bemerken. Sofern sie wirklich das Richtige trifft, ist sie sicherlich interessant. Das Problem wird zwar damit nicht vollständig gelöst, nur auf eine andere Erscheinung, nämlich die Vorgänge an den Grenzschichten während der Elektrolyse, zurückgeführt. Aber immerhin würde das einen Schritt weiter bedeuten. Nur wird unseres Erachtens dieser Mechanismus lange nicht in allen Fällen zutreffen. Während die Widerstandsabnahme mit zunehmender Feldstärke bis jetzt bei allen untersuchten Objekten festgestellt wurde, ist der Nachweis von Polarisationsschichten nur in ganz vereinzelten Fällen einwandfrei gelungen.

22. Dielektrische Verluste nach der Wagnerschen Theorie.

Die Annahme eines mehrschichtigen Baues der Dielektriken führt nicht nur zur Erklärung der Nachladungserscheinungen bei Gleichstrom, sondern auch zu der der Verluste bei Wechselstrom. Wir erwähnten schon bei Behandlung der Debyeschen Theorie, daß sich jene hauptsächlich auf kurze Wellen bezieht. Das liegt an der sehr kleinen Zeitkonstante der Dipolrotation. Deshalb ist sie auf Gleichspannungsvorgänge ohne Einfluß. Die Zeitkonstanten der Grenzflächenaufladung sind dagegen von der Größenordnung 1 Sekunde oder 1 Minute. Sie wirkt sich daher sowohl auf Gleichspannung wie auf technische Frequenzen aus.

Es sei zunächst wieder der Zweischichtenkondensator betrachtet, den Wagner [181] als einfaches Modell angenommen hat. Jede der beiden Schichten hat eine Ohmsche Ableitung σ_1 bzw. σ_2. Man hat nichts anderes zu tun, als den Widerstand der gesamten Anordnung zu berechnen. Hierbei bedient man sich zweckmäßig der komplexen Darstellungsweise, wie sie in Abschnitt 3 erörtert worden ist. Wir führten dort

$$\varepsilon = \varepsilon' - i\,\varepsilon''$$

als komplexe Dielektrizitätskonstante ein. Ist der Verlust durch eine Ableitung σ gegeben, so hat man

$$\varepsilon = \varepsilon' - i\,\frac{4\pi\sigma}{\omega} \tag{91}$$

zu setzen. Dies soll für beide Schichten gelten, so daß

$$\varepsilon_1 = \varepsilon_1' - i\,\frac{4\pi\sigma_1}{\omega},$$

$$\varepsilon_2 = \varepsilon_2' - i\,\frac{4\pi\sigma_2}{\omega}.$$

Die komplexe Dielektrizitätskonstante der Gesamtschicht ist

$$\varepsilon = \frac{2\,\varepsilon_1\,\varepsilon_2}{\varepsilon_1 + \varepsilon_2}$$

oder

$$\varepsilon = \frac{2\left(\varepsilon_1' - i\frac{4\pi\sigma_1}{\omega}\right)\left(\varepsilon_2' - i\frac{4\pi\sigma_2}{\omega}\right)}{\varepsilon_1' + \varepsilon_2' - i\frac{4\pi}{\omega}(\sigma_1 + \sigma_2)}. \tag{92}$$

Für Gleichspannung hatten wir

$$\sigma_0 = \frac{2\sigma_1\sigma_2}{\sigma_1 + \sigma_2}. \tag{93}$$

Für Hochfrequenz ebenso

$$\varepsilon_\infty = \frac{2\,\varepsilon_1'\,\varepsilon_2'}{\varepsilon_1' + \varepsilon_2'}. \tag{94}$$

Für beliebige Frequenzen muß dagegen eine Gleichung von der Form (91) gültig sein. Durch entsprechende Umformung kann man Gl. (92) in diese Form bringen. Daraus wird dann

$$\varepsilon' = \varepsilon_\infty\left(1 + \frac{k}{1 + \omega^2\tau^2}\right) \tag{95}$$

und, sofern man σ_0 neben den dielektrischen Verlusten vernachlässigt,

$$\frac{\varepsilon''}{\varepsilon'} = \operatorname{tg}\delta = \frac{k\,\omega\,\tau}{1 + k + \omega^2\tau^2}, \tag{96}$$

falls

$$\tau = \frac{\varepsilon_1' + \varepsilon_2'}{4\pi(\sigma_1 + \sigma_2)}, \tag{97}$$

wie Gl. (85) und

$$k = \frac{(\varepsilon_1'\sigma_2 - \varepsilon_2'\sigma_1)^2}{\varepsilon_1'\,\varepsilon_2'\,(\sigma_1 + \sigma_2)^2}. \tag{98}$$

Aus der allgemeinen Gleichung sehen wir, daß ε' für Gleichspannung ($\omega = 0$) in $\varepsilon_\infty\,(1 + k)$ übergeht, wie wir das schon im vorigen Abschnitt [Gl. (87)] hingeschrieben haben. Für sehr hohe Frequenz ($\omega = \infty$) geht ε' in ε_∞ über. Der hauptsächliche Übergang findet statt in dem Gebiet

$$\omega \sim \frac{1}{\tau}.$$

Setzt man für σ der besserleitenden Schicht $\sim 10^{-12}$ S/cm ~ 1 abs, so wird $\tau \sim 0{,}1$ sec, der Übergang würde also bei ganz geringer Schwingungszahl stattfinden. Was den Verlustwinkel betrifft, so ist er sowohl bei geringen wie hohen Frequenzen Null und ist für $\omega \sim \frac{1}{\tau}$ endlich, geht also durch ein Maximum. Das Verhalten ist ganz analog dem der Debyeschen Absorption. Aus Gl. (98) ist zudem ersichtlich, daß im Falle

$$\frac{\sigma_1}{\sigma_2} = \frac{\varepsilon_1}{\varepsilon_2}$$

die Verluste verschwinden, wie dies auch für die Nachladung [s. Gl. (86)] gegolten hat.

Wir sind jetzt in der Lage, unsere frühere Abb. 25 zu vervollständigen (Abb. 42). Auf der Abszisse ist die Schwingungszahl in Hertz aufgetragen. Auf dem Gebiet der technischen und Hörfrequenzen befindet sich das Wagnergebiet, bei den ultrakurzen elektrischen Wellen das Debyegebiet und von den ultraroten Wellen aufwärts die inneratomare quantenhafte Absorption. Die Abbildung ist als Beispiel eines gegebenen Isolierstoffes aufzufassen, im allgemeinen kann das Wagnergebiet nach höheren (bis 10^5 Hz) und das Debyegebiet nach niedrigeren Frequenzen (bis 10^6 Hz) verschoben sein.

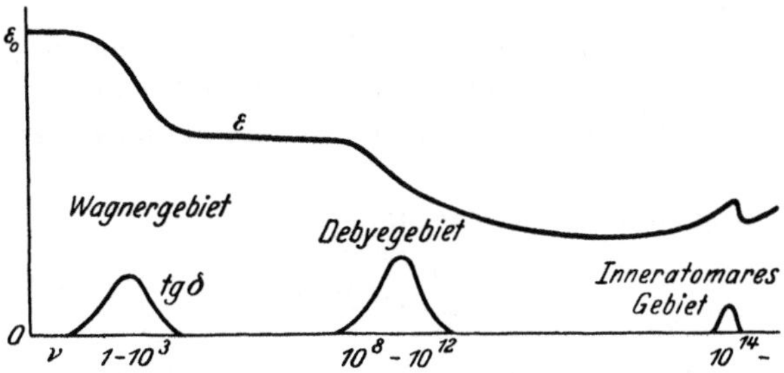

Abb. 42. Verlauf von ε und tg δ mit der Frequenz. (Abszissenmaßstab verzerrt.)

Der Zweischichtenkondensator ist aber nur ein einfaches Modell zur Erläuterung der Verhältnisse. Dem tatsächlichen Bau des Isolierstoffes kommt der im vorigen Abschnitt erörterte Fall 1 viel näher. Wir wollen daher denselben hier ausführlicher behandeln und die Zeitkonstante sowie die Nachwirkungskonstante k ermitteln. Die folgende Berechnung rührt ursprünglich von Maxwell her.

Es sei angenommen, daß ein homogener Grundstoff mit der komplexen Dielektrizitätskonstante

$$\varepsilon_1 = \varepsilon_1' - i\,\varepsilon_1''$$

vorhanden sei, in welchem kleine Kugeln von der Konstante

$$\varepsilon_2 = \varepsilon_2' - i\,\varepsilon_2''$$

verstreut sind. Das Verhältnis des Volumens der Kugeln zum Gesamtvolum sei p. Der Radius jeder Kugel sei R.

Da das Feld sowohl außerhalb wie innerhalb einer Kugel, $\mathfrak{E}_1$ und $\mathfrak{E}_2$, quellenfrei ist, so gilt für beides die Laplacesche Differentialgleichung. Man hat außerhalb der Kugel

$$\Delta\,\varphi_1 = 0$$

und innerhalb

$$\Delta\,\varphi_2 = 0\,.$$

Führt man Kugelkoordinaten ein (Abb. 43), deren Nullpunkt mit dem Mittelpunkt einer Kugel zusammenfällt, also r und ϑ, so gilt außerhalb der Kugel

$$r\frac{\partial^2(r\varphi_1)}{\partial r^2}+\frac{\partial}{\partial y}\left[(1-y^2)\frac{\partial\varphi_1}{\partial y}\right]=0,$$

wo

$$y=\cos\vartheta.$$

Die Lösung der Differentialgleichung ist für unseren Fall:

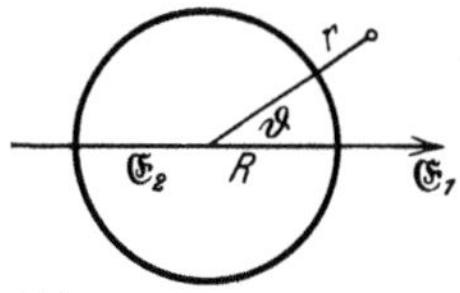

Abb. 43. Kugelförmige Inhomogenität im elektrischen Feld.

$$\varphi_1=\mathfrak{E}_0 r y+\sum_0^\infty\frac{C_n}{r^{n+1}}P_n(y).$$

Hier bedeutet $\mathfrak{E}_0$ die Feldstärke in genügender Entfernung von der Kugel ($r=\infty$) und $P_n(y)$ die Legendresche Kugelfunktion erster Art n-ter Ordnung.

Für das Kugelinnere hat man andererseits

$$\varphi_2=\sum_0^\infty c_n r^n P_n(y).$$

Da die Feldstärke sowohl für $r=\infty$ wie für $r=0$ endlich bleiben soll, mußten im Äußeren die positiven Potenzen (außer $n=1$), im Inneren die negativen Potenzen von r in der unendlichen Summe verschwinden.

Nun muß an der Kugeloberfläche die tangentiale Komponente der Feldstärke wirbelfrei sein. D. h. für $r=R$ ist

$$\frac{\partial\varphi_1}{r\partial\vartheta}=\frac{\partial\varphi_2}{r\partial\vartheta}$$

oder:

$$\frac{\partial\varphi_1}{\partial y}=\frac{\partial\varphi_2}{\partial y}.$$

D. h. für $n=1$:

$$\mathfrak{E}_0 R+\frac{C_1}{R^2}=c_1 R \tag{99}$$

und für $n>1$:

$$\frac{C_n}{R^{n+1}}=c_n R^n. \tag{99a}$$

Andererseits muß für die Grenzfläche die Normalkomponente der komplexen Verschiebung sprungfrei sein. D. h.

$$\frac{1}{4\pi}\varepsilon_1\mathfrak{E}_1=\frac{1}{4\pi}\varepsilon_2\mathfrak{E}_2$$

oder

$$\varepsilon_1\frac{\partial\varphi_1}{\partial r}=\varepsilon_2\frac{\partial\varphi_2}{\partial r}.$$

Das bedeutet für $n = 1$:

$$\varepsilon_1 \left(\mathfrak{E}_0 - \frac{2\,C_1}{R^3} \right) = \varepsilon_2 c_1 \tag{100}$$

und für $n > 1$:

$$-\varepsilon_1 (n+1) \frac{C_n}{R^{n+2}} = \varepsilon_2 n\, c_n R^{n-1}. \tag{100a}$$

Die Gln. (99a) und (100a) können gleichzeitig nur bestehen, wenn für $n > 1$:

$$C_n = c_n = 0\,.$$

Somit bleiben nur C_1 und c_1 übrig. Aus den übriggebliebenen Gln. (99) und (100) errechnet sich die Unbekannte C_1 zu

$$C_1 = R^3 \mathfrak{E}_0 \frac{\varepsilon_1 - \varepsilon_2}{2\,\varepsilon_1 + \varepsilon_2},$$

so daß

$$\varphi_1 = \mathfrak{E}_0 \left(r + \frac{R^3}{r^2} \frac{\varepsilon_1 - \varepsilon_2}{2\,\varepsilon_1 + \varepsilon_2} \right) \cos\vartheta\,. \tag{101}$$

Betrachten wir jetzt statt einer Kugel vom Radius R eine größere Kugel der Suspension vom Radius R', welche schon eine größere Anzahl kleiner Kugeln enthält, dann kann man das Potential an einem außerhalb liegenden Punkt gemäß Gl. (101) schreiben

$$\varphi_1 = \mathfrak{E}_0 \left(r + \frac{R'^3}{r^2} \frac{\varepsilon_1 - \varepsilon}{2\,\varepsilon_1 + \varepsilon} \right) \cos\vartheta\,. \tag{102}$$

sofern unter ε die komplexe Dielektrizitätskonstante der Suspension verstanden wird. Ausgehend andererseits von der Überlegung, daß das zweite sog. Störungsglied in (101) bei Vorhandensein einer großen Zahl von kleinen Kugeln einfach mit dieser Zahl zu multiplizieren ist, erhält man für das Potential im außerhalb liegenden Punkt

$$\varphi_1 = \mathfrak{E}_0 \left(r + \frac{p\,R'^3}{R^3} \frac{R^3}{r^2} \frac{\varepsilon_1 - \varepsilon_2}{2\,\varepsilon_1 + \varepsilon_2} \right) \cos\vartheta, \tag{102a}$$

da die Anzahl der kleinen Kugeln in der großen $\frac{p\,R'^3}{R^3}$ beträgt. Gl. (102) und (102 a) können zusammen nur dann bestehen, wenn

$$\varepsilon = \varepsilon_1 \frac{2\,\varepsilon_1 + \varepsilon_2 - 2\,p\,(\varepsilon_1 - \varepsilon_2)}{2\,\varepsilon_1 + \varepsilon_2 + p\,(\varepsilon_1 - \varepsilon_2)}$$

oder für $p \ll 1$:

$$\varepsilon = \varepsilon_1 \left(1 - 3\,p \frac{\varepsilon_1 - \varepsilon_2}{2\,\varepsilon_1 + \varepsilon_2} \right).$$

Bringt man diesen komplexen Ausdruck auf die Normalform (10), dann wird

$$\varepsilon = \varepsilon_\infty \left(1 + \frac{k}{1 + \omega^2 \tau^2} - i \frac{k\,\omega\,\tau}{1 + \omega^2 \tau^2} \right). \tag{103}$$

In dieser Gleichung bedeuten

$$\varepsilon_\infty = \varepsilon_1'\left(1 - 3\,p\,\frac{\varepsilon_1' - \varepsilon_2'}{2\,\varepsilon_1' + \varepsilon_2'}\right),$$

ferner:

$$k = \frac{9\,p\,(\sigma_1\,\varepsilon_2' - \sigma_2\,\varepsilon_1')^2}{\varepsilon_1'\,(2\,\varepsilon_1' + \varepsilon_2')\,(2\,\sigma_1 + \sigma_2)^2}, \tag{104}$$

endlich:

$$\tau = \frac{2\,\varepsilon_1' + \varepsilon_2'}{4\,\pi\,(2\,\sigma_1 + \sigma_2)} \tag{105}$$

sofern

$$\varepsilon_1'' = \frac{4\,\pi\,\sigma_1}{\omega} \quad \text{und} \quad \varepsilon_2'' = \frac{4\,\pi\,\sigma_2}{\omega}$$

wie vorhin. Für ε' und $\operatorname{tg}\delta$ der gesamten Suspension erhält man wieder genau die Gln. (95) und (96), nur daß jetzt τ und k andere Bedeutung haben.

Der hier angenommene Mechanismus läßt ohne weiteres die im vorigen Abschnitt erörterte Verteilung auf die verschiedenen Zeitkonstanten zu. Man hat nur anzunehmen, daß verschiedene Teilchen mit abweichendem ε_2 (insbesondere σ_2) vorhanden sind. Für die Verteilung der Dichten p der verschiedenen Teilchen bzw. der damit proportionalen Nachwirkungskonstanten k gilt dann die obige Gl. (88).

Was aber noch besonders auffällt, ist die vollständige Identität der Gleichungen für ε' und $\operatorname{tg}\delta$ nach der Zweischichten- und der Suspensionstheorie. Ja noch mehr. Schauen wir uns daraufhin die entsprechenden Gleichungen von Debye an, so finden wir auch diese mit obigen identisch, sofern man vom Bruch in (54), der angenähert 1 ist, absieht und entsprechend Gl. (87)

$$\varepsilon_0 = \varepsilon_\infty\,(1 + k)$$

setzt. Nur die Bedeutung der Konstanten k und τ war bei Debye eine gänzlich verschiedene. Diese vollständige Analogie gibt zu denken. Und in der Tat, es ist sehr leicht nachzuweisen, daß die Gln. (95) und (96) vollständig unabhängig von jeder speziellen Annahme gelten, sofern man nur annimmt, daß die Einstellung des Gleichgewichts nach dem Schema eines üblichen Einschaltvorganges die exponentielle Abhängigkeit befolgt. Das läßt sich allgemein zeigen. Man setzt für die Verschiebung zur Zeit t_0

$$\mathfrak{D} = \varepsilon_\infty\,(1 + k)\,\mathfrak{E} - \varepsilon_\infty\,k\,e^{-\frac{(t_0 - t)}{\tau}}\,\mathfrak{E},$$

falls $\mathfrak{E}$ zur Zeit t eingeschaltet wurde. Dies bedeutet folgendes: Für den Einschaltmoment zur Zeit $t_0 = t$ wird

$$\mathfrak{D} = \varepsilon_\infty\,\mathfrak{E}$$

und für unendlich lange Zeit ($t_0 = \infty$) wird

$$\mathfrak{D} = \varepsilon_0 \mathfrak{E}.$$

Ist nun $\mathfrak{E}$ eine Funktion der Zeit, so gilt nach dem Hopkinsonschen Superpositionsprinzip [72a] dieselbe Gleichung, nur daß die einzelnen differentiellen Feldstärkenänderungen sich einfach in ihrer Wirkung addieren. Man hat statt $\mathfrak{E}$, $\frac{d\mathfrak{E}}{dt}dt$ zu setzen und über t von $-\infty$ bis t_0 zu integrieren. Also

$$\mathfrak{D} = \varepsilon_\infty (1 + k)\mathfrak{E} - \varepsilon_\infty k \int_{-\infty}^{t_0} e^{-\frac{t_0 - t}{\tau}} \frac{d\mathfrak{E}}{dt} dt. \tag{106}$$

Setzt man jetzt eine sinusförmige Feldstärke, also

$$\mathfrak{E} = \mathfrak{E}_0 \sin \omega t$$

und integriert obige Gleichung mittels partieller Integration, dann wird, wenn man zum Schluß den Index von t_0 wegläßt:

$$\mathfrak{D} = \varepsilon_\infty \mathfrak{E}_0 \left[\left(1 + \frac{k}{1 + \omega^2 \tau^2}\right) \sin \omega t - \frac{k \omega \tau}{1 + \omega^2 \tau^2} \cos \omega t\right]$$

oder, symbolisch geschrieben:

$$\mathfrak{D} = \varepsilon_\infty \mathfrak{E} \left(1 + \frac{k}{1 + \omega^2 \tau^2} - i \frac{k \omega \tau}{1 + \omega^2 \tau^2}\right), \tag{107}$$

woraus sofort Gl. (95) und (96) folgen.

Diese Allgemeingültigkeit der Beziehungen (95) und (96) ist für die Beurteilung der verschiedenen in Frage kommenden Theorien von Bedeutung. Man wird vielfach dazu verleitet, eine Theorie als richtig anzunehmen, weil sie die Abhängigkeit des Verlustes und der Kapazität von Frequenz und Temperatur richtig wiedergibt. Das ist vollständig verkehrt. Jede Theorie, sofern sie nur eine exponentiell abklingende Einstellung des Gleichgewichts annimmt, muß zu den richtigen Formeln führen. Ob sie selbst richtig ist, läßt sich nur dadurch prüfen, daß man den Konstanten k und τ genau nachgeht, ob die experimentellen Werte mit den theoretischen auch wirklich übereinstimmen. Das ist natürlich vielfach schwierig, weil manche theoretische Größen nur größenordnungsmäßig geschätzt werden können. Die Debyesche Theorie konnte in manchen Fällen sehr befriedigend geprüft werden. Bei der Wagnerschen Theorie sind die diesbezüglichen Schwierigkeiten schon größer. Man müßte vielleicht mit künstlichen Isolierstoffmodellen darauf hinzielende Messungen anstellen. Eine weitere Prüfungsmöglichkeit der Theorien ist dann, ob ihre Aussagen, die sich auf Nachbargebiete beziehen, fruchtbar verwerten lassen. So konnte die Debyesche Theorie in bezug auf den Kerreffekt, den Starkeffekt, die ultraroten Rotationsbanden usw. wichtige Aussagen machen. Jedenfalls ist aus dem Gesagten ersichtlich, daß man jede neu auftauchende Theorie mit größter Vorsicht zu behandeln hat.

So ist z. B. von Murphy und Lowry [115a] die Tneorie aufgestellt worden, wonach gutleitende Adsorptionsschichten, die sich an isoliert stehenden inneren Grenzflächen ausbilden, zu den Verlusten beitragen. Die in ihnen enthaltenen Ionen stellen nämlich in ihrer Gesamtheit ein schwingungsfähiges System dar. Ob dieser Annahme reelle Bedeutung zukommt, können nur darauf zielende experimentelle Arbeiten entscheiden.

Aus den umfangreichen Arbeiten von Wagner sei eine Versuchsreihe an einer Drahtisolation, bestehend aus Emaillelack, Seide und Baumwolle mitgeteilt.

Tabelle 21. Kapazität und Verlustwinkel einer Drahtisolierung.

	ω					
	2000	3000	5000	10000	20000	50000
Kapazität in $\mu\mu$ F	0,013	0,0125	0,011	0,0085	0,0065	0,0050
tg δ	0,45	0,50	0,53	0,55	0,52	0,43

Das Maximum des Verlustwinkels liegt bei $\omega = 10\,000$. τ ist von der Größenordnung 10^{-4} sec.

Für den Einfluß der Temperatur gilt dasselbe, was bei der Debyeschen Theorie gesagt wurde (s. Abb. 23). Die Funktionen haben als Argument $\omega\tau$. Nimmt die Temperatur zu und damit [gemäß (97)] die Zeitkonstante ab, so muß die Frequenz, bei welcher die Verluste auftreten, nach höheren Werten verschoben werden. Dieses Verhalten ist ganz allgemein. Wir geben zur Bestätigung auf Tab. 22 Messungen von Wagner an Wachs wieder (tg δ).

Tabelle 22. Verlustwinkel von Wachs.

Temp. °C	ω			
	3000	5000	10000	30000
0	0,024	0,023	0,021	0,015
5	0,022	0,023	0,024	0,018
10	0,016	0,019	0,022	0,023
15	0,009	0,012	0,018	0,024
20	0,005	0,007	0,012	0,021
25	0,003	0,005	0,008	0,016
30	0,002	0,003	0,005	0,010

Ähnliche Messungen liegen in großer Zahl auch an anderen Isolierstoffen (Guttapercha, Kautschuk usw.) vor.

Der Einfluß der Ableitung des Isolierstoffes äußert sich also nach obigem in der Größe der Zeitkonstante. Bei sehr guten Isolierstoffen ist σ klein, τ groß. So nahm Mouline [113] Messungen von Verlusten bei sehr großen Perioden (1 bis 60 Minuten) vor. Für Kolophonium erhielt er ein Maximum der Verluste bei 8 Minuten Schwingungsdauer. Bei feuchten Isolierstoffen dagegen ist σ groß, τ klein. Bei Papieren liegt ω_{max} manchmal so hoch, daß tg δ mit zunehmender Frequenz stets, oft nur sehr flach, steigt (vgl. Abschn. 45).

Viele Messungen liegen wegen ihrer Wichtigkeit an ölgetränkten Papieren vor. So rührt von Hentschel [65] eine diesbezügliche systematische Untersuchung her. Aber auch Öle allein bzw. Öl-Harz-Gemische werden vielfach untersucht. Kitchin hält die daselbst auftretenden Verluste für einen Debyemechanismus (S. 51). Unseres Erachtens dürfte es sich hier um eine Wirkung der Inhomogenitäten handeln.

Verf. hat zusammen mit E. Bormann [51a] diese Behauptung durch folgende Versuche gestützt:

1. Mit zunehmendem Harzgehalt verschiebt sich das Maximum der Verluste nach höheren Temperaturen. Dies würde zwar in gutem Einklang mit der Debyeschen Theorie stehen, da die Viskosität mit zunehmendem Harzgehalt steigt. Jedoch fügt sich die Kurve des Öles ohne jeden Harzzusatz der ganzen Kurvenschar glatt an, indem sie das Maximum bei etwa -20^0 C hat, mit dem nicht unbeträchtlichen Verlustwinkel von tg $\delta = 0{,}007$. Das spricht ausdrücklich in dem Sinne, daß den Harzdipolen keine (oder zumindest keine ausschließliche) Bedeutung bei den Verlusten zukommt. Die Ursache liegt vielmehr darin, daß solche Massen, ob harzhaltig oder nicht, Inhomogenitäten in Form mikroskopischer Einlagerungen enthalten, wie durch Mikrophotographien nachgewiesen werden konnte. Da die Leitfähigkeit des Systems mit zunehmendem Harzgehalt abnimmt, so ist die Verschiebung nach höheren Temperaturen ebenfalls erklärlich. Das Verlustmaximum eines wesentlich dünnflüssigeren Öles liegt trotz bedeutend geringerer Viskosität ebenfalls bei -20^0 C, nur ist sein Absolutwert viel kleiner, entsprechend dem viel geringeren Inhomogenitätsgrad.

2. Fügt man den Ölen wohldefinierte und mit ihnen mischbare Körper, wie Benzol, Hexan, Chlorbenzol, Chlornaphthalin bis zu 10% zu, so liegen die Verlustkurven alle durchaus gleich, unabhängig davon, ob der zugefügte Körper ein Dipolstoff ist, wie die chlorierten Kohlenwasserstoffe, oder nicht.

3. Fügt man dagegen Bestandteile zu, wie etwa 1% Alkohol, welche mit dem Öl nur beschränkt mischbar sind und daher zu hochgradiger, sichtbarer Entmischung führen, so nehmen die Verluste in geradezu enormer Weise zu. Das Verlustmaximum liegt wiederum in der Gegend von -20^0 C, als Beweis dafür, daß es sich dem Wesen nach um dieselben Verluste handelt, wie bei den reinen Ölen.

Das Debyegebiet solcher Öle liegt eben bei wesentlich höherer Frequenz [81a].

Endlich sei in diesem Zusammenhang eine Arbeit von Karapetoff [85] erwähnt, in welcher dieselbe Theorie entwickelt wird, wie vor Jahren von Wagner, nämlich über die Verteilungsfunktion der Zeitkonstanten.

23. Abhängigkeit des Verlustwinkels von der Feldstärke.

Zum Schluß ist hier noch die Zunahme der dielektrischen Verluste mit der Spannung zu erwähnen. Daß der Verlustwinkel mit der Spannung steigt, wird oft beobachtet, insbesondere ist diese Zunahme in der Nähe des Durchschlages deutlich. Aber in schwächerem Maße findet man sie auch schon bei niedrigeren Spannungen ausgeprägt. An Kabeln z. B. erfolgt diese Zunahme dann, wenn sie durch winzige Lufteinschlüsse Ionisationserscheinungen aufweisen. Eine Meßreihe des Verf. [51] zeigt z. B. Abb. **44** an einem solchen Kabelstück. Die Isolationsstärke betrug 4 mm.

Aber nicht nur dann erfolgt die Zunahme der Verluste mit der Spannung, wenn Luft eingeschlossen ist. Einwandfreie Dielektriken ohne Lufteinschlüsse, wie z. B. Glas, weisen auch diese Abhängigkeit auf.

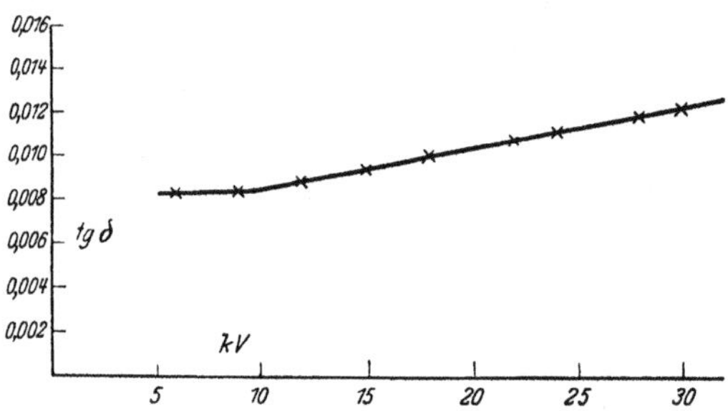

Abb. 44. Verlustkurve eines Kabels (Gemant: Arch. Elektrot. Bd. 23, H. 6, S. 683. 1930).

Da es sich hier meist um technische Frequenzen handelt, so liegt diesen Verlusten die zusammengesetzte Struktur der Isolierstoffe zugrunde. Die Gl. (96) läßt nun ohne weiteres eine Spannungsabhängigkeit von tg δ zu, da sowohl k wie τ von den Leitfähigkeiten abhängen und diese mit der Feldstärke, wie in Abschnitt 20 gezeigt, zunehmen. Eine ausführliche Theorie dieser Erscheinung steht bis jetzt aus.

Noch eine weitere Folgerung ergibt sich aus dieser Abhängigkeit. Die Feldstärke ist ja auch bei einer bestimmten effektiven Feldstärke nicht konstant, folglich gelten streng genommen obige Ableitungen nicht genau. Denn sie setzen konstante Ableitung voraus, während sich dieselben während einer Periode in bestimmter Weise mit der Phase ändern. Die Folge davon wird jedenfalls eine Verzerrung der Stromkurve sein. Während ohne diese Komplikation der Strom nur aus der Grundwelle besteht und in eine Kapazitäts- und eine Verlustkomponente zerlegt werden kann, so tritt jetzt noch eine Oberwellenkomponente des Stromes auf.

Diese Folgerung ist schon seit längerer Zeit bekannt. Verf. hat [51] eine Anordnung angegeben, um diese Oberwellen genau untersuchen zu können (Abb. 45). *I* ist eine Scheringbrücke mit einem Schlüssel im Abstimmkreise (s. Abschnitt 5). Die beiden Brückenpunkte führen zum Gitter und zur Kathode der Verstärkerröhre *II*. c_1 ist ein Blockkondensator. Die verstärkten Ströme führen vom Widerstand r_1 über die Kondensatoren

c_2 und c_3 zur Röhre *III*. Die hier abermals verstärkten Ströme führen vom Widerstand r_2 über c_4 zum Potentiometer r_3 und von hier über den Vorschaltwiderstand r_4 zu einem Oszillographen *o*. Bei geschlossenem Schlüssel in der Scheringbrücke wird zunächst letztere genau auf

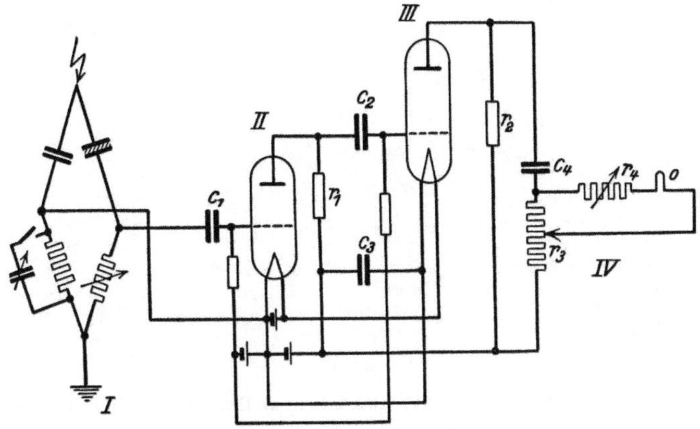

Abb. 45. Oszillographie dielektrischer Ströme (Gemant: Arch. Elektrot. Bd. 23, H. 6, S. 683. 1930).

die Grundwelle abgeglichen. Das geschieht am besten durch ein Vibrationsgalvanometer, das der Verstärkeranordnung parallel geschaltet, jedoch auf der Abbildung nicht sichtlich ist. Schaltet man jetzt den

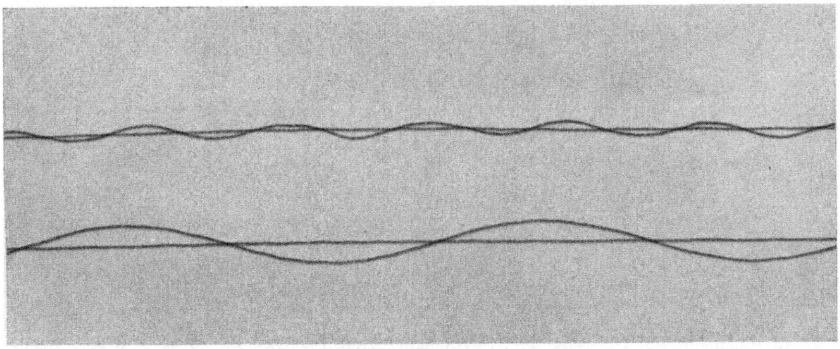

Abb. 46. Oszillogramm von Glas. Unten: Spannung, oben: Strom. 6 kV. (Gemant: Arch. Elektrot. Bd. 23, H. 6, S. 683. 1930.)

Oszillographen zu, so registriert er nur die Oberwellen des Verluststromes. Öffnet man jetzt den Schlüssel in der Scheringbrücke, so ist letztere nur auf die Kapazität des Meßobjektes abgeglichen und man erhält einen Strom, der sich aus dem Verluststrom und den Oberwellen zusammensetzt. Da physikalisch beide zusammengehören, so sind solche Aufnahmen oft sehr lehrreich.

Als Beispiel geben wir drei Aufnahmen an Glas. Das Glas war kugelförmig aufgeblasen (Abschnitt 5) und somit als homogener Kondensator ausgebildet. Die drei Aufnahmen (Abb. **46**, **47**, **48**) entsprechen 6, 7,5 und 9,5 kV. Die Stärke der Glaswand betrug etwa 0,3 mm.

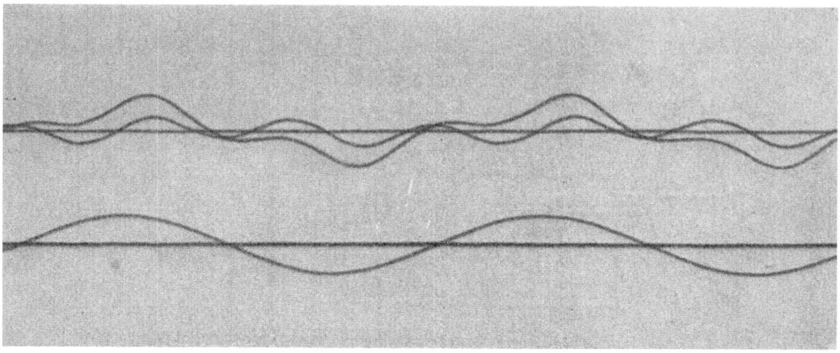

Abb. 47. Oszillogramm von Glas. 7,5 kV. (Gemant: Arch. Elektrot. Bd. 23, H. 6, S. 683. 1930.)

An den Aufnahmen ist unten jeweils die Spannungswelle zu sehen, oben die Ströme, und zwar sowohl die Oberwellen, wie auf Abb. **47** und **48** auch die Gesamtströme. Letztere in schwächerem Maßstab als die Oberwellen allein. Die Wellen schreiten von rechts nach links vor. Man

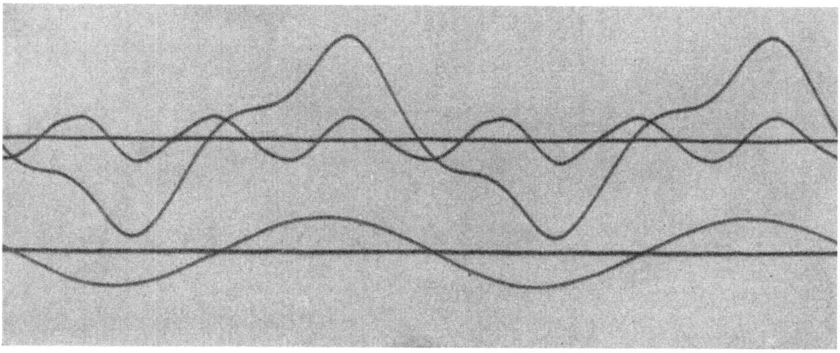

Abb. 48. Oszillogramm von Glas. 9,5 kV. (Gemant: Arch. Elektrot. Bd. 23, H. 6, S. 683. 1930.)

sieht, wie besonders die dritte Harmonische ausgebildet ist. Demzufolge steigt der Strom steil mit der Spannung an und nimmt flach ab. Es sind genau solche Bilder, wie man sie von Koronamessungen (Abschnitt 29) gewohnt ist, nur daß es sich in Wirklichkeit gar nicht um Luftreste handelt.

Aus den bisher vorliegenden Aufnahmen läßt sich die Folgerung ziehen, daß jeder Isolierstoff eine bestimmte, ihm eigentümliche Oberwellenform aufweist.

B. Der elektrische Durchschlag der Isolierstoffe.

Viertes Kapitel.

Allgemeine Gesetzmäßigkeiten.

24. Begriff der Durchschlagsfestigkeit.

Unter elektrischem Durchschlag versteht man das Leitendwerden des Dielektrikums unter dem Einfluß des hohen Feldes. Diese Definition mag nach dem Vorangegangenen durchaus ungenügend erscheinen. Wir sahen ja, daß nicht nur Gleichstromableitung, sondern zusätzliche Wechselstromverluste geradezu als normal zu bezeichnen sind, so daß man zumindest angeben müßte, wie groß die Leitfähigkeit ist, die man als für den Durchschlag charakteristisch angeben kann.

So verhält sich jedoch die Sache nicht. Eine bestimmte Größe des Widerstandes, bei dem man einen Isolierstoff als durchgeschlagen betrachten kann, gibt es nicht. Dem Verständnis wird man dagegen näher geführt, wenn man die allgemeine Stromspannungscharakteristik betrachtet (Abb. 49), welche bei jedem Isolierstoff qualitativ in ähnlicher Form auftritt. Für kleine Spannungen ist der Widerstand spannungsunabhängig (Gebiet *a*). Für höhere Spannungen nimmt der Widerstand allmählich mit zunehmender Spannung ab (Gebiet *b*). Von diesen beiden Gebieten war im vorangehenden Teil ausführlich die Rede.

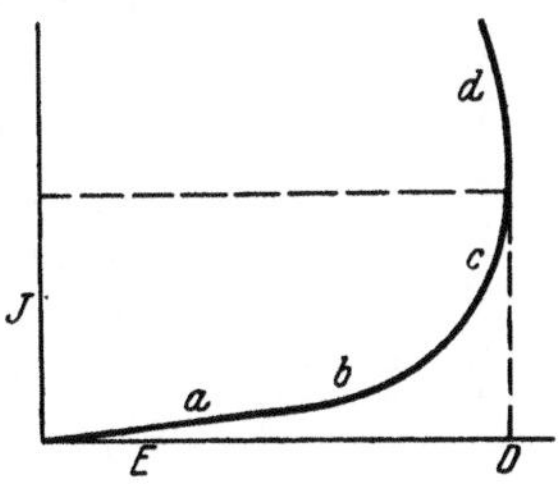

Abb. 49. Charakteristik nach Wagner.

Von einer bestimmten Spannung an biegt die *I*—*E*-Kurve ziemlich scharf um, steigt von da an sehr rasch an und bei *D* wird der Differentialquotient unendlich (Gebiet *c*). Bei allen realen Anordnungen wird die Kurve hinter *D* wieder nach links umbiegen (Gebiet *d*), da der Widerstand so klein geworden ist, daß die Spannung am Dielektrikum mit zunehmender Stromstärke abnimmt. Wir haben dann ein labiles Gebiet vor uns, welches im allgemeinen eben wegen der Labilität nur schwer untersucht werden kann, da die Stromstärke nicht ohne weiteres konstant zu halten ist. Wagner [180] hat darauf hingewiesen, daß als Durchschlag derjenige Punkt zu definieren ist, bei dem der Differentialquotient der Charakteristik unendlich wird. Diese Definition ist entschieden viel befriedigender als die zuerst genannte, obwohl beide dem Sinn nach dasselbe aussagen.

Wagner [179] hat Charakteristiken nach Art der Abb. 49 experimentell aufgenommen und drang sogar bis zum labilen Gebiet vor, indem er Elektroden nahm, welche den Strom begrenzten. Dies gelang durch paraffinierte Holzelektroden (Abb. 50) mit der Faserrichtung parallel zur Feldrichtung. Der Widerstand eines solchen Holzes ist senkrecht zur Feldrichtung um ein Vielfaches höher als parallel zu ihr. Entsteht nun im Dielektrikum längs einer irgendwie bevorzugten Kraftlinie b (s. Abschnitt 42) ein größerer Strom, so kann nicht die ganze Elektrode durch seitlichen Zufluß den Strom liefern, nur die eine Holzfaser, welche in der Verlängerung der betreffenden Kraftlinie liegt. Damit ist der Strom begrenzt und man kann im labilen Gebiet arbeiten.

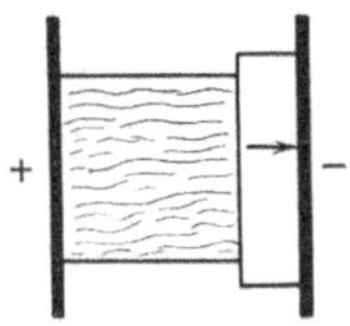

Abb. 50. Holzelektrode zur Aufnahme einer Charakteristik.

Damit ist aber die Frage noch nicht erledigt. Wenn wir uns vornehmen, die Charakteristik für ein und denselben Isolierstoff, jedoch unter verschiedenen Versuchsbedingungen aufzunehmen, so werden wir zum Ergebnis geführt, daß die Durchschlagsspannung immer verschieden ausfällt. Wollen wir aber das Problem physikalisch anfassen, dann ist es unerläßlich, irgendeinen Meßwert festzulegen, der für einen bestimmten Stoff charakteristisch ist, ähnlich wie im ersten Teil die Dielektrizitätskonstante, Leitfähigkeit usw. waren.

Die Erfahrung zeigt uns hierbei folgendes. Arbeitet man unter möglichst ideal gewählten Bedingungen, unter Bedingungen, die in jeder Beziehung eine gleichmäßige, störungsfreie Beanspruchung des Dielektrikums gestatten, so wird man eine Durchschlagsspannung erhalten, die man mit Recht als die Durchschlagsspannung des Isolierstoffes bezeichnen kann. Wir können die Charakteristikkurve, die wir in einem solchen Idealfall erhalten, als die ideale Charakteristik des Isolierstoffes bezeichnen.

Es soll nun des näheren ausgeführt werden, was wir in diesem Zusammenhang unter Idealbedingungen verstehen.

Erstens muß das elektrische Feld vollständig homogen sein. Wir wollen dementsprechend unsere Kurve Abb. 49 auf den Fall eines Plattenkondensators anwenden, also von einer ähnlichen Betrachtung ausgehen wie am Anfang des ersten Teiles. Wir bedienen uns zwecks Beanspruchung am besten einer Gleich- oder niederperiodigen Wechselspannung. Letztere hat sogar den Vorteil, daß sich keine Raumladungen und damit keine Feldverzerrungen ausbilden können. Solche könnten nämlich gelegentlich die Durchschlagswerte bei Gleichspannung fälschen.

Erinnern wir uns z. B. an die von Joffé untersuchten Polarisationsschichten, so wird uns das Gesagte verständlich. Wichtiger ist noch, daß die Periodenzahl nicht zu hoch sein darf. Dann erst haben wir jedem momentanen Spannungswert den entsprechenden, der idealen Charakteristikkurve entsprechenden Stromwert zuzuordnen. Wäre die Frequenz zu hoch, so hätten wir mit Trägheitserscheinungen zu rechnen, und die ideale Charakteristik, die wir daher auch eine statische nennen können, würde ihre Gültigkeit verlieren. Durch diese Bedingungen haben wir uns jedenfalls dem idealen Hochspannungsfeld am besten genähert: das Feld ist homogen und raumladungsfrei. Wir haben dann jeweils mit dem Maximalwert und nicht mit dem Effektivwert der Spannung zu rechnen.

Noch eine weitere Bedingung muß für diesen Idealfall erfüllt sein. Die räumlichen Dimensionen des gedachten Plattenkondensators dürfen nicht zu gering sein. Daß die Fläche nicht zu klein sein soll, das ergibt sich schon aus den geometrischen Bedingungen eines Plattenkondensators. Aber auch der Elektrodenabstand darf nicht zu gering sein, also unter 1 mm sinken. Das Feld ist zwar um so homogener, je dünner das Dielektrikum, aber die Durchschlagsströme erfahren bei zu kleiner Schichtdicke eine Begrenzung dadurch, daß die Anzahl der zur Verfügung stehenden Ladungsträger zu klein wird. Im speziellen Teil werden wir auf diese Verhältnisse sowohl bei Gasen wie bei festen Isolatoren ausführlich zurückkommen. Also nicht bloß der zeitliche Spannungsverlauf, sondern auch die räumlichen Verhältnisse müssen möglichst weitgehend störungsfrei gestaltet werden. Nach der Erfahrung genügt eine Mindeststärke von etwa 1 mm.

Endlich eine letzte und sehr wichtige Bedingung. Der Versuch muß so ausgeführt werden, daß keine nennenswerte Temperaturerhöhung während des Durchschlages stattfindet. Denn sonst könnte ja die erhöhte Temperatur den Isolierstoff verändern. Bleibt die Erhöhung in mäßigen Grenzen, dann wissen wir, daß allein das elektrische Feld als solches zum Durchschlag geführt hat.

Also zusammenfassend: Paralleles Feld, Gleich- oder niederperiodige Wechselspannung, große Elektrodenfläche, genügend großer Abstand, mäßige Temperaturerhöhung sind die Kennzeichen des idealen Kondensators zur Messung der elektrischen Durchschlagsspannung.

Führt man nun Messungen mit einem solchen Kondensator aus, so wird sich zunächst ergeben, daß unter sonst gleichen Verhältnissen die Spannung proportional zum Abstand zunimmt. Dies ist auch durchaus zu erwarten. Die ideale Charakteristik gilt somit streng genommen nicht nur für die angelegte Spannung, sondern unabhängig davon für die angelegte Feldstärke. Es ergibt sich auf diese Weise zunächst einmal die Existenz einer Durchschlagsfeldstärke, welche einzig und *allein vom Dielektrikum abhängt*, und zwar sowohl von seiner chemischen Natur, wie von den physikalischen Zustandsgrößen, wie *Druck und Temperatur*. Auf diesen letzten Punkt kommen wir sofort noch weiter zu sprechen. Wir haben es mit einer richtiggehenden *Materialkonstante* zu tun, ebenso wie die Dielektrizitätskonstante, Verlustwinkel usw. im ersten Teil unserer Darstellung. Diese Durchschlagsfeldstärke, welche also in der angegebenen Weise mittels eines möglichst idealen Hochspannungskondensators auch experimentell zu bestimmen ist, nennen wir die *Durchschlagsfestigkeit* des Isolierstoffes.

Es ist als sehr wesentlich hinzuzufügen, daß die so definierte Durchschlagsfestigkeit nunmehr in großer Annäherung tatsächlich unabhängig ist von den Versuchsbedingungen. Unter der Voraussetzung, daß wir uns von den Idealbedingungen nicht allzu weit entfernen, kann man den Abstand, die Fläche, das Elektrodenmaterial, die Frequenz, die Einwirkungsdauer usw. beliebig variieren, die Durchschlagsfeldstärke bleibt konstant. (Bezüglich des letzten Punktes ist die Einschränkung zu machen, daß die Dauer nicht so weit ausgedehnt werden darf, daß sekundäre Zerstörungen des Isolierstoffes eintreten, wozu besonders bei fehlerhaftem, nicht einwandfreiem Bau desselben die Möglichkeit geboten ist. Beanspruchungen von mehreren Tagen gehören in diese Gruppe, sie verändern den Bau des Isolierstoffes und setzen seine Festigkeit herab.)

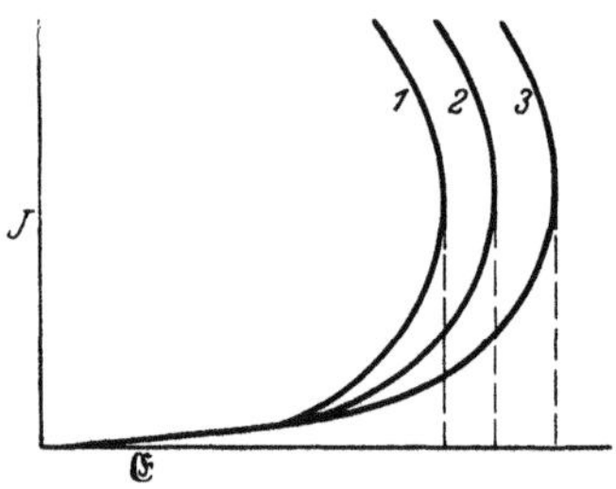

Abb. 51. Charakteristiken bei verschiedenen Versuchsbedingungen.

Mit dieser Feststellung, die durch vielfaches Experimentalmaterial bestätigt wird, haben wir nun viel gewonnen. Um von da aus weiter zu kommen, haben wir nichts anderes zu tun, als die gestellten Bedingungen für den Idealkondensator einzeln fallen zu lassen. Halten wir dann nur an der Bedingung *nicht zu hoher Temperatur* fest, dann werden wir beobachten, daß bei diesem Vorgehen der Durchschlag jeweils bei *höherer Feldstärke* erfolgen wird, als es der vorhin definierten Durchschlagsfestigkeit entspricht. Die so berechneten *Durchschlagsfeldstärken* werden also alle höher liegen als die *Durchschlagsfestigkeit*.

Wir können die Abb. **49** auch auf diese Anordnungen anwenden, die wir im Gegensatz zu den vorigen als reale Anordnungen bezeichnen können. Tragen wir die erhaltenen Charakteristiken alle auf, so erhalten wir eine Kurvenschar (Abb. 51). Auf der Abszisse ist hierbei nicht die Spannung, sondern die Feldstärke aufgetragen. Der eben genannte Erfahrungssatz wird sich darin äußern, daß die am meisten links stehende Kurve eben für den Idealfall erhalten wird, alle anderen realen Kurven liegen mehr oder weniger weiter rechts und liefern somit höhere Durchschlagsfeldstärken.

Geht man z. B. zu Stoßspannungen über, so ist die Zeit nicht hinreichend, um den Strom längs der Kurve *1* hochzutreiben, die zu den einzelnen Spannungen gehörigen Ströme liegen alle niedriger, es ergibt sich die Kurve *2*.

Geht man von Plattenelektroden zu gekrümmten über, so hat man zunächst folgendes zu beachten. Die einzelnen Punkte werden alle verschieden stark beansprucht. Steigt die Spannung immer höher an, so wird man zu einer Beanspruchung gelangen, bei der die am stärksten beanspruchte Stelle als erste durchgeschlagen wird. Die ganze Anordnung wird jedoch nicht durchgeschlagen, da die schwächer beanspruchten Stellen den Strom begrenzen und somit den Zustand stabilisieren.

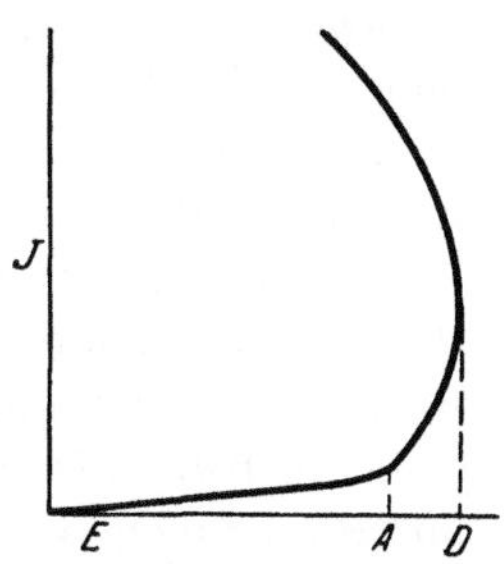

Abb. 52. Anfangs- und Durchschlagsspannung im inhomogenen Feld.

Erst wenn die Beanspruchung wesentlich weiter fortgeschritten ist, erfolgt der eigentliche Durchschlag, das Versagen sämtlicher Schichten. Die Charakteristik einer stark inhomogenen Anordnung wird demnach so aussehen, wie Abb. 52 darstellt. Bei einer bestimmten Spannung A nimmt der Strom sprungweise zu, es tritt ein Knick in der Stromspannungskurve auf. Diese Stelle entspricht dem Durchschlagen der am stärksten beanspruchten Schicht. Die zugehörige Spannung wird als Anfangsspannung bezeichnet. Erst bei einer höheren Spannung D erfolgt das Unendlichwerden der Kurvenneigung.

Bei der Messung geht man nun am besten so vor, daß man in einem solchen Fall nicht die Durchschlags-, sondern die Anfangsspannung mißt. Dann weiß man genau, daß die höchste Feldstärke, wie sie sich geometrisch berechnen läßt, die Durchschlagsfeldstärke ist. Nach Einsetzen der Entladungserscheinungen ist das Feld nicht mehr raumladungsfrei, folglich ließe sich das Feld in dem Gebiet zwischen A und D nicht mehr genau berechnen. Außerdem weiß man nicht genau, wenigstens nicht immer, die Feldbedingung dafür, daß das gesamte Dielektrikum zusammenbricht, man würde auch dann noch keine Durchschlagsfeldstärke aus der Durchschlagsspannung berechnen können, wenn die Feldverteilung genau bekannt wäre.

Was nun die praktische Feststellbarkeit der Anfangsspannung betrifft, so ist das bei Gasen besonders leicht dadurch, daß der Strom unterhalb der Spannung A praktisch Null ist. Man wird also mit einem empfindlichen Strommesser an dieser Stelle das plötzliche Einsetzen eines endlichen Stromes feststellen. Außerdem macht sich die beginnende Entladung durch Lichterscheinungen und Geräusche bemerkbar, die man zusammen als Sprühen bezeichnet und die bei Gasen ohne weiteres wahrgenommen werden können. Die so festgestellte Anfangsspannung dient zur Berechnung der Durchschlagsfeldstärke.

Bei Flüssigkeiten und noch mehr bei festen Körpern ist die Feststellung der Anfangsspannung aus zwei Gründen erschwert. Erstens fließt hier auch schon bei Spannungen unterhalb des Grenzwertes A ein endlicher Strom, so daß ein sprungweises Einsetzen desselben nicht zur Beobachtung gelangt. Außerdem ist aus mechanischen Gründen das Sprühen bei flüssigen Stoffen schwierig, bei festen überhaupt nicht genau festzustellen. Zum Glück liegen die elektrischen Festigkeiten hier meist so hoch, daß man, um nicht allzu hohe Spannungen zu bekommen, die Elektroden meistens nahe zusammenrückt, wodurch das Feld vom homogenen nicht allzu sehr verschieden sein wird. In solchen Anordnungen fällt die Anfangsspannung beinahe mit der Durchschlagsspannung zusammen, so daß man keinen allzu großen Fehler begeht, wenn man die letztere als Maßstab nimmt.

Die auf Grund der Anfangsspannung ermittelten Durchschlagsfeldstärken weisen nun stets, auch bei Gasen, eine Abhängigkeit von der Elektrodenkrümmung auf, wenn man sich von der idealen Anordnung einigermaßen entfernt. Und zwar liegt diese Beeinflussung entsprechend unseres „Satzes von der kleinsten Durchschlagsfeldstärke" stets im Sinne einer Erhöhung derselben.

Geht man wiederum zu sehr dünnen Schichten, unter 1 mm, über, so wird der Durchschlagsweg so kurz, daß der Vorgang sich nicht ungehindert ausbilden kann. In diesem Fall gewinnt vielfach die Spannung statt der Feldstärke die Bedeutung eines Durchschlagskriteriums. Ebenso hindernd wirkt es, wenn man zu geringe Flächen, also z. B. Kanäle als Durchgangswege zur Verfügung hat.

Überhaupt ist der Mechanismus und der quantitative Verlauf der jeweiligen Spannungserhöhung über den Festigkeitswert stets durch dahingehende besondere Untersuchungen festzustellen. Was in dieser allgemeinen Einleitung festgestellt werden sollte, ist eben die Tatsache, daß die Durchschlagsfeldstärke selbst von den verschiedensten Eigenschaften der gesamten Anordnung abhängt. Was konstant ist und für den besonderen Isolierstoff charakteristisch ist, ist die Durchschlagsfestigkeit oder diejenige Durchschlagsfeldstärke, welche in einem idealen Hochspannungskondensator gemessen wird. Die Durchschlagsfestigkeit ist die kleinste unter allen gemessenen Durchschlagsfeldstärken.

Unter diesem Gesichtspunkt lassen sich alle hierher gehörigen Fragen am übersichtlichsten behandeln.

In der Praxis gibt es einen idealen Hochspannungskondensator nicht. Die Messung der Durchschlagsfestigkeit muß dementsprechend anders ausgeführt werden. Und zwar geschieht sie auf Grund der zuletzt ausgesprochenen Formulierung unseres Satzes. Man verfährt tatsächlich so, daß man die verschiedensten Anordnungen durchschlagen läßt. Man variiert den Abstand, die Fläche, das Elektrodenmaterial, die Krümmung, die Zeitdauer, die Frequenz usw. Für jede dieser Anordnungen berechnet man dann die maximale Feldstärke beim Durchschlag. Auf diese Weise bekommt man eine ganze Anzahl Werte für die Durchschlagsfeldstärke. Die kleinste von allen diesen Feldstärken ist dann die Durchschlagsfestigkeit des untersuchten Isolierstoffes bei der gegebenen Temperatur und dem gegebenen äußeren Druck.

Das bisher Gesagte bedarf des weitern einer wichtigen Ergänzung, sofern man nämlich auch die letzte Bedingung des Idealfalles, die nicht zu hohe Temperatur, fallen läßt. Die Durchschlagsfestigkeit ist nach dem vorigen eine Funktion der Temperatur. Nun erfährt aber letztere bei der elektrischen Beanspruchung vielfach eine Erhöhung, so daß beim Eintreten des Durchschlages nicht die ursprüngliche Temperatur, sondern eine höhere geherrscht hat. Dann ist natürlich stets die dieser Endtemperatur entsprechende Festigkeit zu berücksichtigen. Diese Folgerung hat auch für praktische Betriebe vielfach eine gewisse Bedeutung. Wesentlich ist aber, daß eine Erhöhung der Temperatur überhaupt nur bis zu einem bestimmten Punkt möglich ist. Überschreitet nämlich die Temperatur diese Grenze, so tritt eine plötzliche Veränderung ein, welche die weitere Spannungsbeanspruchung bei derselben Feldstärke unmöglich macht. Es tritt ein Durchschlag ein, aber nicht nur infolge der Feldstärke, denn diese hat die Festigkeit für sich noch nicht überschritten, sondern infolge der zu hohen Temperatur.

Es ergibt sich daraus, daß außer der elektrischen Durchschlagsfestigkeit sozusagen auch noch eine Durchschlagstemperatur vorhanden ist, welche ebenfalls zum Zerstören des Isolierstoffes führt. Keine der beiden darf überschritten werden. Überschreitet die Feldstärke die Festigkeit, so erfolgt, wie man sagt, der elektrische Durchschlag. Auf diesen letzteren bezogen sich die vorangegangenen Mitteilungen. Überschreitet andererseits die Temperatur die Durchschlagstemperatur, so tritt der sog. Wärmedurchschlag ein. Natürlich ist letzterer auch eine Folge der elektrischen Beanspruchung, denn bloße Erwärmung auf die Durchschlagstemperatur würde den Isolierstoff nicht zerstören. Auf das Vorhandensein eines Wärmedurchschlages hingewiesen und dessen Gesetzmäßigkeiten aufgestellt zu haben, ist das Verdienst von K. W. Wagner [180].

Einen Fall des Wärmedurchschlages werden wir bei flüssigen Isolierstoffen kennenlernen. Erreicht die Temperatur den Siedepunkt der Flüssigkeit (es braucht nicht das ganze Volumen die hohe Temperatur zu haben, es genügt, wenn eine beschränkte Stelle erwärmt wird), dann tritt offenbar Verdampfung ein und die angelegte Feldstärke erzeugt in der Dampfphase den Durchschlag. Man sieht, daß hier hauptsächlich die hohe Temperatur den Durchschlag verursacht, die betreffende Feldstärke allein hätte der Isolierstoff ausgehalten. Es ist jedoch die Bedeutung dieses Mechanismus bei flüssigen Isolierstoffen noch nicht ganz sichergestellt.

Viel größere Rolle spielt der Wärmedurchschlag bei festen Isolierstoffen mit ihrer wesentlich schlechteren Wärmeleitung. Die Grenztemperatur ist dort, wie noch ausführlich gezeigt wird, von der Außentemperatur abhängig. Bei einer bestimmten Spannungsgrenze, welche von bestimmten Materialeigenschaften und den geometrischen Verhältnissen abhängt, erfolgt ein Labilwerden des thermischen Gleichgewichts. Die vom Strom erzeugte Wärme bewirkt nämlich einen plötzlichen steilen Anstieg der Temperatur, wodurch der Isolierstoff zerstört wird.

Eine Durchschlagsfestigkeit im obigen Sinne gibt es beim Wärmedurchschlag nicht. Für den elektrischen Durchschlag war ja die Feldstärke auch variabel, wir konnten aber wenigstens eine Anordnung beschreiben, bei welcher die Feldstärke einem Grenzwert zustrebt, so daß sie hier angenähert konstant zu betrachten war. Die so definierte Feldstärke war eben die Festigkeit. Dieses Verfahren verliert beim Wärmedurchschlag jegliche Bedeutung. Die Feldstärke ist hier im allgemeinen auch nicht konstant, es läßt sich aber auch kein Grenzwert angeben, dem sie irgendwie zustrebt, deshalb nicht, weil der Vorgang nicht rein elektrisch, sondern erst durch Erreichen einer Grenztemperatur ausgelöst wird.

Es fragt sich noch, wann man es im praktischen Einzelfall mit dem elektrischen und wann mit dem Wärmedurchschlag zu tun hat. Wie entscheidet man, ob der eine oder der andere aufgetreten ist? Da kommt es zunächst auf die Beanspruchungsdauer an. Erfolgt der Durchschlag bei einer Dauer von der Größenordnung 1 Sekunde (oder darunter), so hat man es mit elektrischem Durchschlag zu tun, da die Zeit nicht hinreicht, um eine nennenswerte Wärmemenge erzeugen zu lassen. Beansprucht man dagegen noch länger (1 Minute und darüber) und tritt der Durchschlag bei konstant bleibender Spannung erst nach Ablauf dieser Zeit ein, so sind zwei Möglichkeiten offen. Erstens konnten sekundäre Veränderungen eingetreten sein, welche die Festigkeit herabsetzen. So können bei Flüssigkeiten schädliche Beimengungen aus der Umgebung in das Feld hineinwandern. Oder es kann eine zu starke Ionisation einen porösen Isolierstoff in seinem Gefüge direkt auflockern. Ist aber diese Möglichkeit auszuschließen, wie hauptsächlich bei soliden festen Isolierstoffen, dann hat man es mit einem Wärmedurchschlag zu tun. Es wird natürlich auch Grenzfälle geben, wo man nur schwer eine Unterscheidung machen kann. Sodann wird eine hohe Versuchstemperatur für sich, wie leicht einzusehen, den Wärmedurchschlag begünstigen. Drittens wirken Bedingungen, welche die Wärmeableitung ungünstig beeinflussen, fördernd auf den Wärmedurchschlag.

Auf nähere Einzelheiten des Wärmedurchschlages kommen wir in Kapitel VII zu sprechen.

25. Die Messung der Durchschlagsfestigkeit.

Die Messung der Durchschlagsfestigkeit erfolgt mit Platten-, Zylinder- oder Kugelelektroden. Während die Messung der im ersten Teil besprochenen Größen hauptsächlich mit Plattenelektroden erfolgt, ist das hier nicht mehr der Fall. Während dort der Rand von Plattenelektroden durch Ausbildung eines Schutzringes leicht unschädlich gemacht wurde, ist bei weiterer Spannungssteigerung ein vorzeitiger Randdurchschlag nicht immer zu vermeiden. Deshalb verzichtet man vielfach auf ein homogenes Feld und verwendet Kugeln, bei welchen der Durchschlag stets in der Verbindungslinie der Mittelpunkte stattfinden wird Gelegentlich werden auch Zylinderelektroden verwendet.

Außerdem werden Kugelelektroden auch überall dort angewendet, wo man direkt die Veränderlichkeit der Durchschlagsfeldstärke mit der Elektrodenkrümmung bestimmen will.

Bei der Ermittlung der Durchschlagsfeldstärke gekrümmter Elektrodenanordnungen ist laut dem vorigen Abschnitt stets die Kenntnis der maximalen Feldstärke als Funktion der angelegten Spannung erforderlich. Wir wollen die diesbezüglichen Rechnungen an der Kugel- und Zylinderfunkenstrecke kurz erläutern.

Um die Feldstärke in der Verbindungslinie zweier Kugeln zu ermitteln, wäre die Ladungsverteilung an der Oberfläche der Kugeln zu berechnen. Denn das Potential in einem beliebigen Aufpunkt ist durch $\sum \frac{q}{r}$ gegeben, wo r die Entfernung der Ladungen vom Aufpunkt bedeutet. Die direkte Ermittlung der wirklichen Ladungsverteilung ist aber recht schwierig, weshalb man vorzieht, Ersatzladungen anzunehmen, welche dieselbe Potentialverteilung haben wie die wirkliche Verteilung [147]. Ein geladenes gestrecktes Rotationsellipsoid erzeugt z. B. in der Umgebung ein Feld, als ob die Verbindungslinie der Brennpunkte eine gleichmäßig besetzte Quelle wäre. Ebenso kann man das Feld zweier Kugeln (Abb. 53) durch diskrete Ersatzladungen hervorgebracht denken, welche an den Radien O_1A und O_2B sitzen. Um diese Ladungen zu ermitteln, verfährt man stufenweise. Man denkt zuerst die Kugel *2*, welche die geerdete sein soll, nicht anwesend und verbindet die Kugel *1* mit einer Elektrizitätsquelle, welche die Spannung E gegen Erde besitzt. Dann entsteht auf Kugel *1* eine Ladung, welche bekanntlich durch eine Ladung q_1 im Mittelpunkt ersetzt werden kann, wobei

$$q_1 = r E,$$

falls r den Radius der Kugeln bedeutet. Bringt man jetzt die Kugel *2* in eine Entfernung $AB = a$ von *1*, so erzeugt q_1 durch Influenz eine negative Ladung q_2 an der Kugel *2*. Wir müssen Größe und Sitz von q_2 so wählen, daß das Potential an der Kugelfläche 2 überall Null sein soll. Im Aufpunkt X beträgt das Potential

$$\frac{q_1}{O_1 X} + \frac{q_2}{C X}.$$

Wählen wir $f_2 = O_2 C$ so, daß

$$f_2 = \frac{r^2}{b}$$

wobei $b = O_1 O_2$, dann gilt

$$f_2 : r = r : b,$$

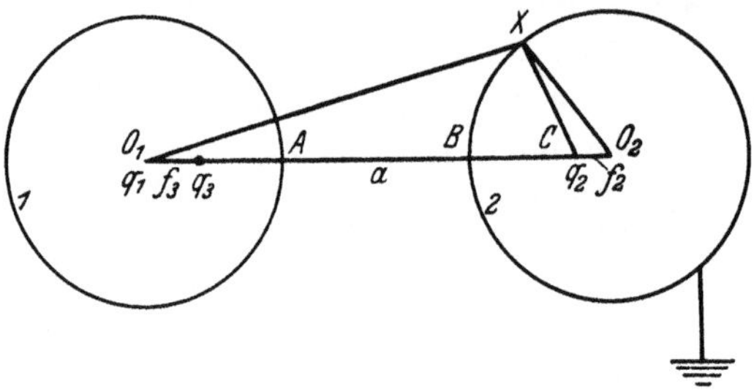

Abb. 53. Ladungsverteilung zweier Kugeln.

folglich sind die Dreiecke $X O_2 C$ und $O_1 O_2 X$ ähnlich, und

$$O_1 X : C X = b : r.$$

Das Potential in X beträgt demnach:

$$\frac{1}{O_1 X}\left(q_1 + \frac{b}{r} q_2\right).$$

Da dieser Ausdruck unabhängig von $O_1 X$ Null sein soll, so muß:

$$q_2 = -\frac{r}{b} q_1 = -\frac{r^2}{b} E.$$

Damit ist Sitz und Größe der Influenzladung gegeben. Jedoch ist damit die ganze Frage noch nicht gelöst, denn die Ladung q_2 wird wiederum auf die Kugel *1* zurückwirken. Durch Influenz wird sie eine bestimmte positive Ladung q_3 von der Stromquelle anziehen, die äquivalente negative Ladung wird von der Stromquelle zur Erde abgestoßen. Man berechnet also q_3 so, als ob die Kugel *1* die geerdete wäre. Die Rechnung gestaltet sich ebenso wie die vorige.

Der Sitz von q_3 wird durch den Abstand f_3 von O_3 gegeben, wobei wiederum

$$f_3 = \frac{r^2}{b - f_2},$$

die Ladung selbst

$$q_3 = \frac{r}{b - f_2} q_2.$$

Nun wird wieder die Influenzladung von q_3 auf der Kugel *2* ermittelt und auf diese Weise alle Einzelladungen berechnet. Die höchste Feldstärke herrscht an der gespannten Kugel *1*, und zwar

$$\mathfrak{E}_{\max} = \frac{q_1}{r^2} - \frac{q_2}{(b - r - f_2)^2} + \frac{q_3}{(r - f_3)^2} - \cdots$$

Setzt man die angegebenen Werte für $q_1, q_2, \ldots$, sowie für $f_1, f_2, \ldots$ ein, so erhält man

$$\mathfrak{E}_{\max} = \frac{E}{a\,\eta\left(\frac{a}{r}\right)}, \tag{108}$$

wo $\eta\left(\frac{a}{r}\right)$ eine bestimmte Funktion der Verhältniszahl $\frac{a}{r}$ ist.

Die Funktion η wird nach Schwaiger [160] als Ausnutzungsfaktor bezeichnet. Die Gl. (108) gestattet bei Kenntnis von η die maximale Feldstärke aus der Spannung und somit die Durchschlagsfeldstärke aus der Durchschlagsspannung zu berechnen. Folgende Tabelle gibt die Werte für η in Abhängigkeit von $\frac{a}{r}$, und zwar sowohl nach Gl. (108) für eine geerdete Kugel wie für symmetrische Spannungsverteilung, wenn also die Kugeln die Spannung $\pm\frac{E}{2}$ gegen Erde haben. In diesem Fall ist obige Rechnung entsprechend zu erweitern.

Das Produkt ηa gibt den Abstand des äquivalenten Plattenkondensators an, deshalb heißt η der Ausnutzungsfaktor. Bei kleinen Abständen ist es 1 und nimmt bei zunehmendem Abstand schnell ab.

Tabelle 23.
Ausnutzungsfaktoren zweier Kugeln.

$\frac{a}{r}$	η_{erd}	η_{symm}	$\frac{a}{r}$	η_{erd}	η_{symm}
0	1,00	1,00	1,5	0,52	0,64
0,1	0,97	0,97	2	0,43	0,56
0,2	0,94	0,94	3	0,31	0,45
0,3	0,91	0,91	4	0,24	0,37
0,4	0,87	0,88	5	0,19	0,32
0,5	0,83	0,85	6	0,16	0,28
0,6	0,80	0,83	7	0,14	0,24
0,7	0,76	0,80	8	0,12	0,22
0,8	0,72	0,78	9		0,20
0,9	0,69	0,76	10		0,18
1,0	0,66	0,74			

Zylinderanordnungen kommen für Durchschlagsversuche verhältnismäßig weniger vor. Für konaxiale Zylinder läßt sich der Feldverlauf elementar ableiten, weshalb wir auf deren Wiedergabe hier verzichten. Es gilt für die stärkste Beanspruchung am Innenleiter, falls r den Radius des inneren, R den des äußeren Zylinders bedeutet, und $a = R - r$ ist,

$$\mathfrak{E}_{\max} = \frac{E}{a\,\eta\left(\frac{a}{r}\right)},$$

wo

$$\eta = \frac{r}{a}\ln\left(1 + \frac{a}{r}\right). \tag{109}$$

Für $\frac{a}{r} \ll 1$ ist $\eta \sim 1$, mit wachsendem $\frac{a}{r}$ nimmt er allmählich ab.

Über die besonderen Ausführungsformen der Elektroden ist nicht viel hinzuzufügen, da die wesentlichsten Gesichtspunkte für Hochspannung schon in Abschnitt 5 mitgeteilt worden sind. Für Flüssigkeiten nimmt man am besten Kugelelektroden. Eine übliche Form des Durchschlagsgefäßes zeigt Abb. 54. Ein Porzellangefäß hat zwei seitliche schräge Tuben *a*, *b*, in welchen zwei Metallzylinder *c*, *d* mit Kugeln an den Enden verschiebbar sind. Die gewünschte Entfernung wird durch Zwischenschieben einer Scheibe von bekannter Stärke eingestellt und die Elektroden dann in ihrer Lage festgeschraubt.

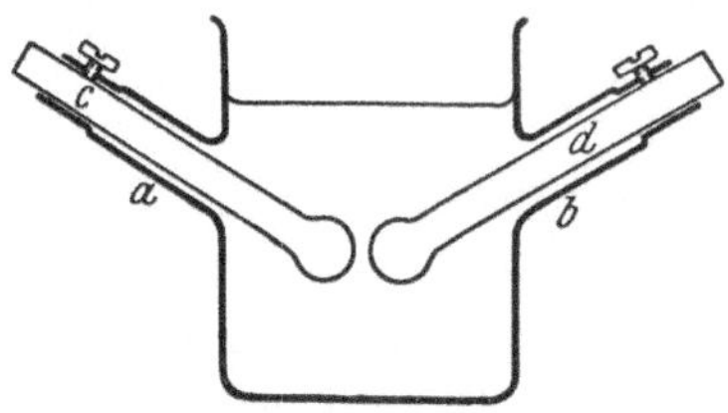

Abb. 54. Durchschlagsgefäß für Flüssigkeiten.

Eine andere Ausführungsform zeigt Abb. 55, die genaueres Arbeiten zuläßt. Sie besteht aus dem Hartgummigestell *a*, mit vier Hartgummiblöcken *b* und der oberen Platte *c*, welche durch die Schrauben *d* fest aufgedrückt werden kann. In *a* ist eine Stahlplatte *e* eingelassen, welche das untere Kugelsegment *f* trägt und geerdet wird. Mittels des Gummi- oder Bleiringes *g* wird ein Glaszylinder mit geschliffenen Rändern *h* auf die Stahlplatte aufgedrückt und durch die Schrauben *d* festgeschraubt. In der Metalleinlage *i* bewegt sich die Schraube *k* und verschiebt somit das Kugelsegment *l*. Der Abstand ist an der Skala *m* etwa in Millimetern ablesbar. Ist die obere Fläche *n* der Schraube im Umfang in 100 Teilstriche eingeteilt, so lassen sich 0,01 mm im Abstand ablesen. Die Spannungszuführung erfolgt an die Metallanlage *i*. Durch den Kanal *o* läßt sich dann die Flüssigkeit einfüllen.

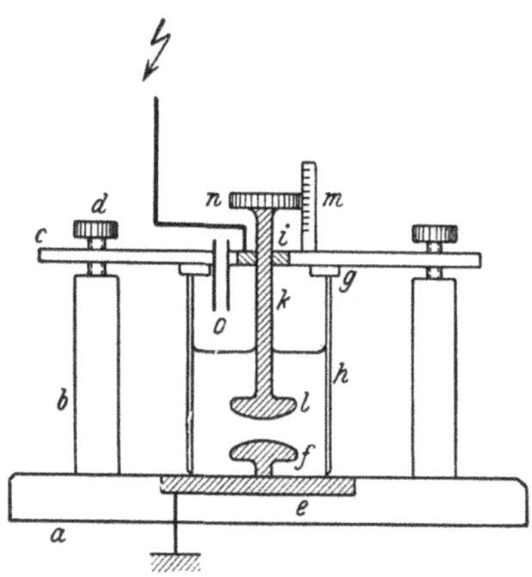

Abb. 55. Durchschlagsgefäß mit Feineinstellung.

Feste Körper werden gewöhnlich zwischen Plattenelektroden mit abgerundeten Kanten durchgeschlagen. Ideal ist natürlich diese Anordnung nicht, da der Durchschlag vielfach am Rand erfolgt, wo der feste Körper schon nicht mehr den Elektroden fest aufliegt, wodurch eine starke Herabsetzung der Durchschlagsfestigkeit vorgetäuscht wird. Ist die Umgebung Luft, so schlägt die am Rand befindliche Luftschicht viel früher durch als der feste Isolierstoff und dieses frühzeitige Sprühen der Luft zerstört die benachbarten Schichten des festen Isolierstoffes. Deshalb nimmt man meistens Öl als Medium statt Luft, aber auch in flüssigen Stoffen tritt das Sprühen frühzeitig auf, wodurch das Ergebnis doch noch gefälscht wird. Die Vermeidung dieser sog. Randwirkung ist eines der schwierigsten Probleme bei der Untersuchung fester Isolierstoffe. Läßt sich derselbe so bearbeiten, daß der Prüfling beiderseits konkav ausgehöhlt werden kann, derart, daß dann in die Höhlungen beiderseits leitende Kugeln hineingepaßt werden, dann ist der Randeffekt vollständig vermieden. So lassen sich beispielsweise Bakelit oder Hartgummi behandeln. Die Verwendung der in Abschnitt 5 erörterten Glaskugeln ist auch zu dieser Methode zu zählen, sie sind auch für Durchschlagsversuche sehr günstige Objekte.

Beobachtungsgemäß erfolgt bei Gleichspannung viel weniger ein Randdurchschlag als bei Wechselspannung. Dies hat darin seinen Grund, daß die Spannung an der Oberfläche des festen Isolierstoffes entsprechend der Oberflächenleitung abfällt. Daher ist der Spannungsabfall am Rand künstlich herabgesetzt. Dieselbe günstige Wirkung versucht man auch bei Wechselspannung dadurch herbeizuführen, daß man die Spannungsverteilung durch Erhöhung der Leitfähigkeit des Mediums verbessert. Normalerweise fällt die Spannung entsprechend der Kapazität der Anordnung ab; erhöht man aber die Leitfähigkeit des Mediums, so fällt für die Verteilung an den Rändern die Leitfähigkeit gegenüber der Kapazität immer stärker ins Gewicht (Abb. 56). Auf der Abbildung ist links das normale Kraftlinienbild aufgezeichnet, man sieht, daß das Feld am Rand infolge der Krümmung besonders stark ist. Hat das Medium aber eine Leitfähigkeit, die an die Größenordnung der kapazitiven Leitung herankommt, so bilden sich an der Grenze Medium-Isolierstoff Flächenladungen aus, das Feld wird im Medium besonders schwach und im Isolierstoff fällt es allmählich ab. Eine besonders stark beanspruchte Stelle ist nirgends vorhanden. Solche Medien kann man mittels der bekannten Campbellschen Xylol-Alkoholmischungen herstellen.

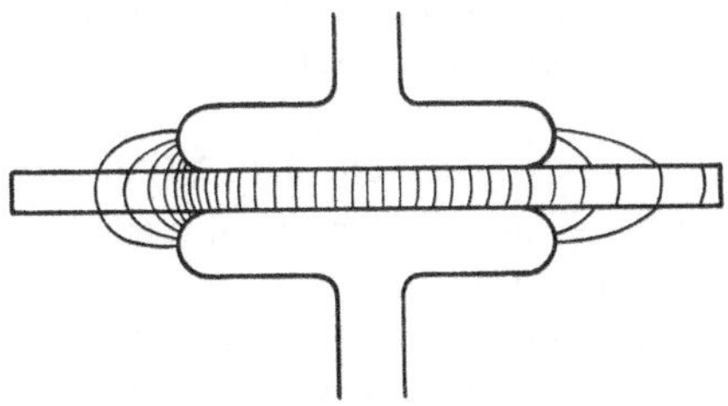
Abb. 56. Wirkung von Halbleitern auf die Feldverteilung (rechts).

Ein anderes auf demselben Prinzip beruhendes Verfahren verwendet halbleitende Schichten, welche an den Grenzen Medium—Isolierstoff aufgetragen werden. Als solche können z. B. Tuscheschichten Verwendung finden. Das Verfahren erfordert aber Übung in der Bemessung der Schichtenzahl bzw. des Widerstandes, damit nicht bei zu geringem Widerstand Verschlechterung des Feldes statt Verbesserung eintritt.

Ein weiteres Verfahren zur Vermeidung von Randdurchschlägen rührt von Sonnenschein her und wurde neuerdings von Matthias [103a] ausgearbeitet. Das Prinzip beruht darauf, daß die Feldverteilung durch einen Satz in Reihe geschalteter Kondensatoren am Rand der Elektroden günstiger gestaltet wird. Matthias schneidet einfach eine Nagelsche Hochspannungsdurchführung entzwei und bildet die Schnittflächen als Elektroden aus. Es befinden sich dann um die Elektroden konzentrische Metallzylinder, die alle am Isolierstoff hochkant aufliegen. Die Höhe der Zylinder nimmt nach außen abgestuft ab, somit auch die Kapazität zwischen benachbarten Flächen. Dadurch wird das Feld an den freien Oberflächen des Isolierstoffes geschwächt. Die damit erzielten Durchschläge lagen alle 10 bis 15% höher als mit gewöhnlichen Elektroden, und die Durchschlagsstellen befanden sich alle in der Mitte statt am Rand.

26. Die Streuung der Meßwerte.

Noch ein Gesichtspunkt ist in diesem allgemeinen Zusammenhang zu erörtern. Er besteht darin, daß die Messung der Durchschlagsspannung wegen der großen Streuung der Meßwerte einer gewissen prinzipiellen Schwierigkeit unterworfen ist. Die Streuung der Werte beträgt vielfach $\pm$ 25%, wodurch eine extreme Genauigkeit schon ausgeschlossen ist.

Die hieraus sich ergebende Schwierigkeit ist die, daß es nicht ohne weiteres klar ist, welcher Meßwert von den verschiedenen experimentellen Werten der richtige ist. Man könnte nämlich in Anlehnung an den in Abschnitt 24 erörterten Satz von der kleinsten Durchschlagsfeldstärke auch hier annehmen, daß der kleinste Wert der richtige ist, indem alle anderen nur durch unbekannte hemmende Einflüsse höher liegen. Diese Folgerung wäre aber verkehrt. Obwohl gerade für flüssige Isolierstoffe der Gedanke einer Verzögerung besonders naheliegt und von H. Edler [21] auch des Genaueren ausgeführt worden ist, so dürfte diese Annahme doch keine allgemeine Gültigkeit haben. Dieses ergibt sich schon daraus, daß in diesem Fall die häufigsten Meßwerte an der unteren Grenze liegen und die Abweichungen sich nur noch oben bemerkbar machen müßten. Diese Erscheinung hat man bei Gasen, wo es sich um richtiggehende Verzögerung handelt und welche sich übrigens durch Bestrahlung vollständig aufheben läßt. Bei flüssigen und festen Stoffen ist die Bestrahlung von wesentlich geringerer Wirkung. Dementsprechend findet man keinesfalls an der unteren Grenze eine Häufung der Meßwerte, vielmehr an einer dem Mittelwert entsprechenden Stelle. Die Abweichungen von der Häufungsstelle liegen in gleicher Zahl nach oben und nach unten. Dieser Befund spricht ausdrücklich gegen eine Verzögerungserscheinung. Es wird also am besten der Mittelwert aller Ablesungen als der richtige angenommen. Eine allzu große Genauigkeit ist aus diesem Grunde, wie erwähnt, a priori angeschlossen.

Man kann nun nach der Ursache dieser außerordentlich hohen Streuung fragen. Hierbei ist zunächst bemerkenswert, daß sie auch dann vorhanden ist, wenn alle nur erdenklichen Ursachen derselben ausgeschaltet werden. Aus diesem Grunde vermutet man, daß die Streuung zum Wesen des Durchschlags gehört. Besonders amerikanische Autoren [63] neigen dieser Ansicht zu. Sie konnten zeigen — im sechsten Kapitel kommen wir darauf noch zurück —, daß der Verlauf der Streuung einer Art Wahrscheinlichkeitsfunktion folgt.

Sieht man aber von dieser letzten quasi Reststreuung ab, welche in keiner Weise zu vermeiden ist, dann verhält es sich so, daß eine Streuung sich um so mehr geltend macht, je weniger der zu untersuchende Stoff und die Elektroden gereinigt sind. Bei extremer Sauberkeit der Materialien läßt sich die Streuung tatsächlich auf den genannten Restbetrag reduzieren. Daraus wird klar, daß die am meisten ins Gewicht fallende Ursache die Inhomogenitäten, Verunreinigungen der Materialien sind. Im Sinne dieser Annahme spricht auch die Tatsache, daß Gase — sofern man die Verzögerung durch Bestrahlung aufhebt — nicht die geringste Streuung zeigen. Eben deshalb, weil sie ideal homogen sind und schädliche Verunreinigungen nicht enthalten. Solche sind andererseits bei flüssigen und festen Stoffen in großem Ausmaß vorhanden, so daß dort jede Probe, welche sich zwischen den Elektroden befindet, individuell verschieden ausfällt. Die starke Streuung wird daher verständlich. Diese Ursache läßt sich durch weitgehende Reinigung bei flüssigen Stoffen ausschalten, bei festen muß man schon bei der Herstellung auf möglichste Homogenität in der Zusammensetzung achten.

Aus dieser Darstellung ist auch ersichtlich, daß die Richtigkeit der Wahl des Mittelwertes statt des unteren Grenzwertes nicht im Widerspruch mit dem Satze von der kleinsten Durchschlagsfeldstärke steht. Denn derselbe bezieht sich auf Variationen der elektrischen räumlichen und zeitlichen Beanspruchung bei konstantem Isolierstoff. Hier sehen wir aber, daß die Ursache der Streuung eben in der Inkonstanz des Isolierstoffes, in der Verschiedenheit der einzelnen Proben desselben liegt, so daß auf diese Veränderlichkeit der Durchschlagsfeldstärke der Satz nicht mehr Anwendung finden kann.

Dieser Sachverhalt weist zugleich auch noch auf einen anderen Punkt hin. Die geringen Spuren von fremden Stoffen bewirken nicht bloß eine Streuung, sondern setzen ganz allgemein auch den Mittelwert der gemessenen Werte herab. Der Mittelwert, der sich heute etwa bei Transformatorenöl oder Glas ergibt, hat nicht viel mit der wirklichen Festigkeit der beiden Stoffe gemeinsam. Es ist ein Wert, wie er sich bei

Vorhandensein der bei der heutigen Technik nicht mehr vermeidbaren Inhomogenitäten einstellt. Das ist natürlich theoretisch betrachtet ein großer Übelstand. Wären die Beimengungen: Wasser und Gasgehalt der Materialien zahlenmäßig anzugeben, so könnte man die Anordnungen wenigstens exakt definieren und ihnen eine diesem wohldefinierten Reinheitsgrad entsprechende Festigkeit zuschreiben. So aber, da diese zahlenmäßige Angabe gänzlich unmöglich ist, da es sich meistens um sehr geringe Beimengungen handelt, kann man nichts anderes tun, als vom „heute maximal erreichbaren Reinheitsgrad mit der ihm entsprechenden Festigkeit" zu reden. Vom praktischen Standpunkt ist diese Angabe ja halbwegs befriedigend, vom theoretischen Standpunkt allerdings nicht. Jedenfalls folgt daraus, daß unter den Durchschlagstheorien flüssiger und fester Isolierstoffe nur eben jene den heutigen Verhältnissen einigermaßen gerecht werden, welche nicht die Festigkeit des Stoffes für sich allein betrachten, sondern die Wirkung des unvermeidlichen Gehaltes an leitenden Beimengungen und Gasresten. Die Festigkeit der wirklich reinen und homogenen Stoffe würde, wie darauf im speziellen Teil noch zurückzukommen sein wird, wesentlich höher, um 1 bis 2 Zehnerpotenzen höher liegen, als wie es die heute erreichbaren Festigkeiten sind.

Fünftes Kapitel.

Der Durchschlag in Gasen.

27. Das Wesen des Gasdurchschlages.

Indem wir uns nunmehr der speziellen Behandlung der Durchschlagserscheinungen zuwenden, wollen wir vorher auf die Einteilung des Stoffes kurz eingehen. Es werden getrennt behandelt: die Gase, die flüssigen und festen Isolierstoffe. Jedem Kapitel geht ein Abschnitt voraus, der das Wesen des Durchschlages mit den zugehörigen theoretischen Überlegungen behandelt. Wir müssen zwar in diesen theoretischen Teilen schon wesentlich von den experimentellen Befunden Gebrauch machen, wodurch die Einheitlichkeit der Darstellung leidet. Trotzdem dürfte es das Verständnis erleichtern, wenn man die theoretischen Betrachtungen vorausschickt. Daran anschließend wird die Abhängigkeit der Durchschlagsfeldstärke bzw. im Wärmegebiet: der Durchschlagsspannung von den bestimmenden elektrischen Faktoren besprochen, welche in räumliche und zeitliche Faktoren zerfallen. Die räumlichen Faktoren umfassen den Feldverlauf, Elektrodenabstand, Elektrodenkrümmung, Elektrodenfläche usw.; die zeitlichen den Einfluß von Gleich-, Wechsel- oder Stoßspannung, Frequenz, Spannungsform, Einwirkungsdauer.

Endlich wird die Abhängigkeit der Durchschlagsfestigkeit als einer Materialkonstante von der Natur des Isolierstoffes erörtert, und zwar sowohl vom chemischen wie physikalischen Standpunkt. Einerseits hat nämlich das Material selbst, sowie die etwaigen fremden Bestandteile, zweitens die physikalischen Zustandsgrößen wie Druck und Temperatur einen Einfluß auf die elektrische Festigkeit.

Wir beginnen mit den Erscheinungen in Gasen, und zwar mit der Natur des Gasdurchschlages. Nun liefern gerade Gase das beste Beispiel dafür, daß der Durchschlag vielfach kein qualitativ neues Moment enthält, nur quantitativ vom normalen Zustand verschieden ist. Wir sahen in Abschnitt 13, daß bei genügender Spannungssteigerung dunkle Vorströme auftreten, deren Größe durch Gl. (65) gegeben wird.

Die in jener Gleichung vorkommenden Ionisierungszahlen α und β nehmen mit der Feldstärke zu. Da α stets wesentlich größer ist als β, so ergibt sich, wie dort gezeigt, eine starke Zunahme des Stromes mit der Feldstärke. Die Zunahme wird dadurch besonders groß, daß der Nenner mit zunehmender Feldstärke abnimmt. Wird der Nenner Null, so müßte der Strom unendlich werden. Townsend [173] setzt nun den Durchschlag dem unendlich großen Strom gleich und hat daher als Durchschlagsbedingung:

$$\alpha = \beta e^{(\alpha-\beta)a}. \tag{110}$$

Dies ist natürlich nicht wörtlich zu nehmen. Denn bei hohen Stromwerten wird die zur Aufrechterhaltung nötige Spannung immer geringer, so daß das Maximum der Spannung nach dem Wagnerschen Diagramm erreicht wird, bevor der Strom „unendlich" wird. Der Durchschlag wird daher bei einer etwas niedrigeren Spannung eintreten, als obige Bedingungsgleichung angibt, aber annähernd dürfte sie doch richtig sein, sofern die Townsendsche Theorie, so wie in Abschnitt 13 dargestellt, überhaupt richtig ist.

Sie lautet, anders geschrieben:

$$\frac{\alpha}{\beta} = \frac{e^{\alpha a}}{e^{\beta a}},$$

d. h. die auf der ganzen Strecke zustandegekommene negative und positive Ionisation muß gerade im Verhältnis der Ionisationszahlen stehen. Für kleine Feldstärken ist die rechte Seite nahe 1, während die linke etwa 1000 beträgt. Bei steigender Spannung nimmt dann die rechte Seite zu, während die linke angenähert konstant bleibt.

Bekanntlich hat Townsend α und β aus Messungen der dunklen Vorströme berechnet und sie als Funktion der Feldstärke aufgetragen. Somit konnte er aus obiger Gleichung die Durchschlagsfeldstärke als Funktion des Abstandes ermitteln. Auf die Durchführung dieser Rechnungen kommen wir weiter unten zu sprechen. Es sei nur bemerkt, daß die Theorie die beobachteten Daten befriedigend wiedergeben konnte. In Anbetracht dieser Lage wurde die Theorie bis vor kurzem allgemein als richtig angesehen. Erst in letzter Zeit sind von Rogowski Bedenken gegen sie erhoben worden, und es scheint, daß diese Bedenken ihre Berechtigung haben. Es sollen deshalb an dieser Stelle die Ausführungen von Rogowski [141] kurz wiedergegeben werden.

Er stellt sich die Aufgabe, zu berechnen, in welcher Zeit die Ausbildung des Durchbruchs in Gasen nach der Townsendschen Theorie vor sich geht. Man muß aber zunächst festlegen, welchen Stromwert man eigentlich als Durchschlagsstrom betrachtet. Denn von einem „unendlichen" Strom ist, wie erwähnt, überhaupt keine Rede. Um einen gewissen Anhaltspunkt zu gewinnen, kann man folgendes sagen: Würden die positiven Ionen überhaupt nicht ionisieren, wäre also $\beta = 0$, so lautete der Strom

$$i_{\beta=0} = (nv)_0 \, e^{\alpha a}.$$

Über diesen Wert könnte der Strom nicht steigen. Rogowski fragt nun nach der Zeit, in welcher der Strom den Wert $2\, i_{\beta=0}$ erreicht. Dieser Wert ist entschieden zu niedrig gegriffen, es wird sich aber zeigen, daß dadurch die Beweiskraft der Rechnung nur um so stärker wird.

Es handelt sich nämlich darum, daß eine Anzahl Versuche vorliegen, (s. w. u.), welche unmittelbar ergeben, daß die Durchschlagsfeldstärke in Gasen bis zu Beanspruchungszeiten von 10^{-6} sec herab von dieser Zeit nahezu unabhängig ist. Jedenfalls beträgt die Überspannung bei 10^{-6} sec im Mittel nur 10% [143]. Erst wenn die Dauer unter 10^{-6} sinkt, macht sich eine nennenswerte Erhöhung der Durchschlagsfeldstärke bemerkbar. Daraus folgt, daß der Durchschlag höchstens $10^{-6} - 10^{-7}$ sec zur Ausbildung benötigt. Die Rechnung wird, wie dies vorausgeschickt sei, für die bloße Verdoppelung des negativen Stromes $\sim 10^{-5}$ sec ergeben. Daraus folgt, daß der volle Durchschlag noch etwas längere Zeiten benötigt, womit der Widerspruch mit dem Experiment erwiesen ist.

Die Rechnung ist eine nur angenäherte, da die vollständige Integration der Differentialgleichungen sehr schwierig wäre. Man geht nämlich von den Gln. (63) und (63a) des Abschnitts 13 aus, die man auch in der Form:

$$\frac{1}{v}\,\frac{\partial(nv)}{\partial t} = -\frac{\partial(nv)}{\partial x} + \alpha\, nv + \beta\, pu\,, \tag{111}$$

$$\frac{1}{u}\,\frac{\partial(pu)}{\partial t} = \frac{\partial(pu)}{\partial x} + \alpha\, nv + \beta\, pu \tag{112}$$

schreiben kann. Diese Schreibweise bedeutet, daß $\frac{\partial v}{\partial t}$ vernachlässigt wird. Sofern man aber die Raumladung und die Feldverzerrung als klein annimmt, wie das die ursprüngliche Theorie tut, wird v tatsächlich sowohl von x wie von t unabhängig, und nur von der angelegten Feldstärke bestimmt.

Während früher der stationäre Zustand untersucht wurde und somit $\frac{\partial n}{\partial t} = \frac{\partial p}{\partial t} = 0$ gesetzt waren, verhält es sich jetzt anders. Wir fragen gerade nach dem Einschaltvorgang und die zeitlichen Differentialquotienten der Ionenkonzentration müssen somit beibehalten werden. Die Integration der Gleichungen wird nun angenähert und etappenweise ausgeführt. Die Dauer der ersten Etappe beträgt $\frac{a}{v}$ sec; der erste aus der Kathode austretende Elektronenschwarm gelangt zur Anode und am Ende der Etappe beträgt der Strom $i_{\beta=0}$. Die zweite Etappe dauert $\frac{a}{u}$ sec; während dieser Zeit bildet sich bei konstant bleibendem Gesamtstrom die positive Raumladung aus. Die nunmehr ausgebildete positive Raumladung erhöht in der dritten Etappe $\left(\text{wiederum } \frac{a}{v} \text{ sec}\right)$ den negativen Strom, es wird sich zeigen, daß derselbe am Ende derselben $2\, i_{\beta=0}$ geworden ist. Die hierfür notwendige Zeit ist also $2\frac{a}{v} + \frac{a}{u}$ oder angenähert $\frac{a}{u}$ sec. Die angedeuteten Etappen sollen nun etwas näher ausgeführt werden.

Während der ersten soll die Differentialgleichung (111) integriert werden, hierbei wird $p = 0$ gesetzt, was in erster Näherung zutrifft. Also hat man

$$\frac{1}{v}\frac{\partial (n v)}{\partial t} = -\frac{\partial (n v)}{\partial x} + \alpha n v$$

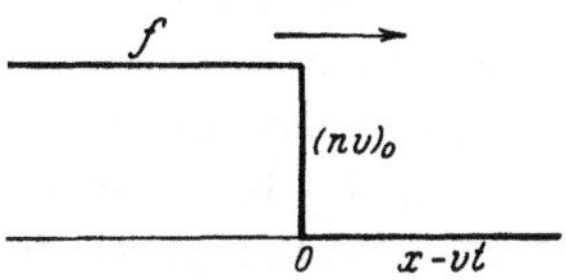

Abb. 57. Zeitliche Ausbildung des Durchschlages nach Rogowski. Erste Etappe.

Die Lösung derselben lautet:

$$n v = e^{\alpha x} f(x - v t).$$

Die Grenzbedingungen sind $n = 0$ für $t = 0$ und $nv = (nv)_0$ für $x = 0$. Die Funktion f ist dadurch = Null für positive und $= (nv)_0$ für negative Argumente. Sie stellt (Abb. 57) somit eine rechteckige Welle dar, welche nach rechts fortschreitet. Am Ende der Etappe ist die Verteilung

$$n v = (n v)_0 e^{\alpha x}.$$

Die Konzentration der positiven Ionen wird in dieser Zeitspanne ganz vernachlässigt.

In der zweiten Etappe wird nun andererseits der negative Strom konstant erachtet, was dadurch berechtigt ist, daß in der Gl. (111) $\beta p u$ gegenüber $\alpha n v$ immer noch zu vernachlässigen ist, auch wenn p von Null verschieden wird. Dagegen muß jetzt die Gl. (112) integriert werden. Indem darin $\beta p u$ ebenfalls vernachlässigt wird, lautet sie:

$$\frac{1}{u}\frac{\partial(pu)}{\partial t'} = \frac{\partial(pu)}{\partial x} + \alpha (n v)_0 e^{\alpha x}$$

falls man die Zeit vom Anfang der zweiten Periode zählt und mit t' bezeichnet. Die Lösung der Gleichung ist

$$p u = F(x + u t') - (n v)_0 e^{\alpha x}.$$

Die Grenzbedingungen lauten: $p = 0$ für $t' = 0$ und $p = 0$ für $x = a$. Demnach muß F für Argumente $< a$

$$(n v)_0 e^{\alpha(x + ut')},$$

für Argumente $> a$

$$(n v)_0 e^{\alpha a}$$

betragen. Die Funktion F stellt demnach (Abb. 58) eine nach links fortschreitende Welle dar. Am Ende der Periode ist daher die positive Raumladung durch

$$p u = (n v)_0 (e^{\alpha a} - e^{\alpha x})$$

gegeben.

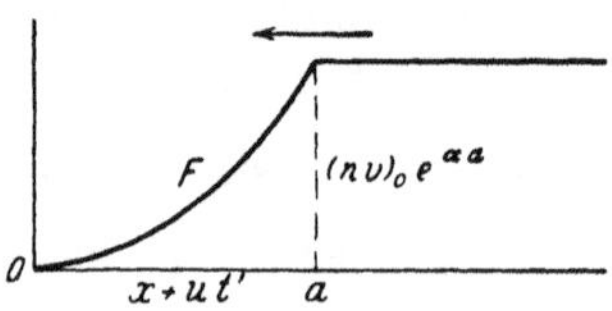

Abb. 58. Zeitliche Ausbildung des Durchschlages. Zweite Etappe.

Nachdem die Raumladung hergestellt ist, wird nun auch der negative Strom hochgetrieben. Streng genommen setzt diese Erhöhung schon gegen Ende der zweiten Etappe ein, man kann aber etwas schematisierend dieses Anwachsen in eine dritte Zeitspanne verlegen, während welcher die Erhöhung von der Kathode ausgehend zur Anode gelangt.

Um die Höhe dieser Zunahme zu berechnen, ist nun in die Differentialgleichung (111) für $p u$ der Wert einzusetzen, wie er sich zu Ende der zweiten Etappe ergibt:

$$\frac{1}{v}\frac{\partial(n v)}{\partial t} = -\frac{\partial(n v)}{\partial x} + \alpha n v + (n v)_0 (e^{\alpha a} - e^{\alpha x}).$$

Der Endzustand ergibt sich aus dieser Gleichung, wenn man $\frac{\partial}{\partial t}$ Null setzt, da dann der Zustand stationär wäre, falls die Differentialgleichung dieselbe bleiben würde. In Wirklichkeit ist dieser Integrationsvorgang nun schrittweise fortzuführen, wir brechen indes die Betrachtung hier ab. Die Lösung obiger Gleichung, falls man die linke Seite Null setzt, und die Grenzbedingung $nv = (nv)_0$ für $x = 0$ berücksichtigt, lautet:

$$n v = (n v)_0 e^{\alpha x}\left(1 + \frac{\beta}{\alpha} e^{\alpha a} - \frac{\beta}{\alpha} e^{\alpha(a - x)} - \beta x\right).$$

Für den Strom an der Anode ($x = a$) erhält man, wenn man in der Klammer nur die beiden ersten Glieder behält:

$$i = (n v)_0 e^{\alpha a}\left(1 + \frac{\beta}{\alpha} e^{\alpha a}\right)$$

oder, falls die Townsendsche Durchschlagsbedingung (110) beachtet wird:

$$i = 2(n v)_0 e^{\alpha a}. \tag{113}$$

Man hat also, wie schon im voraus erwähnt, in etwa $\frac{a}{u}$ sec eine Verdoppelung der ursprünglichen Elektronenlawine. Damit diese Verdoppelung zustande kommt, ist nämlich nach den Gleichungen eine einmalige rückläufige positive Welle (Etappe 2) erforderlich. Nun ist die Größenordnung von $u \sim 10^5$ cm·sec^{-1} (S. 65). Die Beweglichkeit der Ionen ist nämlich etwa 1,4 cm/sec pro V/cm und somit für 30000 V/cm (Durchschlagsfeldstärke der Luft) $u = 0{,}42 \cdot 10^5$ cm·sec^{-1}. a von der Größenordnung 1 cm gesetzt, errechnet sich für die Verdoppelungszeit $\sim 10^{-5}$ sec.

Somit muß man Rogowski Recht geben, wenn er hier einen Widerspruch zwischen Theorie und Experiment feststellt und folgert, daß den positiven Ionen nicht die ausschlaggebende Bedeutung zuzuschreiben ist, wie dies Townsend annimmt. Für das Hochschaukeln des Stromes soll vielmehr ein bisher unberücksichtigtes Moment ausschlaggebend sein. Es stellte sich dann heraus, daß dafür die Raumladungen in Frage kommen.

Ausgehend von der Rogowskischen Kritik hat zunächst J. Slepian [162] eine von der ursprünglichen abweichende Theorie aufgestellt, welche von dem Gedanken ausgeht, daß eine Ionisation nicht bloß elektrisch, sondern auch thermisch stattfinden kann. Seine Ausführungen sind allerdings nur qualitativ zu verwerten, denn die mathematischen Ableitungen sind viel zu oberflächlich gehalten. Da aber qualitativ sicher ein richtiger Kern in seiner Arbeit steckt, und seine Ergebnisse mit der Erfahrung in Übereinstimmung sind, so mag hier das Wesentlichste mitgeteilt werden.

Er geht von der ursprünglichen Elektronenlawine aus, die auch Rogowski betrachtet. Während bis jetzt immer das anfängliche Feld als wirksam vorausgesetzt war, nimmt Slepian an, daß der Kopf des Elektronenschwarmes einer kugelförmig Raumladung entspricht, an der die Feldstärke wesentlich höher ist, als sonst im Elektrodenraum. Die sich bildenden Elektronen diffundieren durch ihre Wärmebewegung in die nächste Umgebung und bilden daher eine leitende Kugel, deren Oberfläche dem Produkt Dt proportional gesetzt werden kann, wobei D die Diffusionskonstante der Elektronen (~ 200) und t die verstrichene Zeit bedeuten. Auf diese Weise kommt man zu Kugelradien von der Größenordnung 0,1 mm. Dies würde gleichzeitig den Mindestquerschnitt bedeuten, den der Durchschlag beansprucht. Setzt man statt t den reziproken Wert der Geschwindigkeit des Elektrons ein, für welche Gl. (69) angesetzt werden kann, so erhält man $R^2 \sim \frac{D}{\sqrt{\mathfrak{E}}}$ falls $R =$ Kugelradius.

Je größer die Feldstärke, auf um so kleineren Querschnitt beschränkt sich der Durchschlag. Slepian setzt

$$R^2 = \frac{0{,}08}{\mathfrak{E}} \text{cm}$$

falls in $\mathfrak{E}$ in V/cm gemessen wird.

Daraus berechnet er die zusätzliche Feldstärke, die von der negativen Raumladung ausgeht, wobei als Gesamtladung der Kugel die Größe $e^{\alpha x}$ angenommen wird. Er geht also grundsätzlich von nur einem einzigen Elektron aus, nicht von einem ständigen Strom $(nv)_0$, der aus der Kathode frei wird. Daher auch die kugelförmige Raumladung. Außerdem hinterläßt der Elektronenschwarm positive Träger am Wege, welche sich kettenförmig aneinanderlegen. Die Feldstärke, die von dieser positiven Raumladung ausgeht, berechnet Slepian auch und erhält auf diese Weise die gesamte Feldstärke an der Kugel abhängig von x, dem zurückgelegten Weg. Die Funktion enthält die angelegte Feldstärke als Parameter. Die Funktion ist für kleine x gleich $\mathfrak{E}$, d. h. die Zusatzfeldstärke verschwindet, von einem bestimmten x ab nimmt sie dann plötzlich zu und steigt schnell an (Abb. 59).

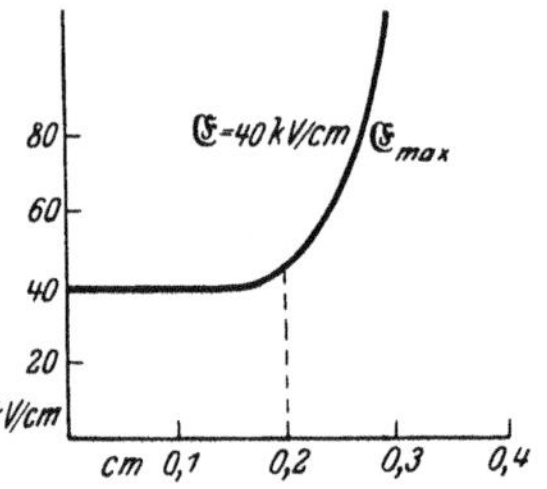

Abb. 59. Feldverlauf nach Slepian.

Nun kommt die zweite Annahme Slepians, wonach bei genügend hoher Feldstärke die Energie des Feldes, die auf die Elektronen übertragen wird, nicht zur unmittelbaren Ionisation, sondern zur Erhöhung der Temperatur des Gases verwendet wird. Die auf 1 cm Weglänge vorhandenen Ladungsträger n erzeugen eine Wärmemenge $n\,e\,\mathfrak{E}$, welche sich auf die durchschlagene Strecke verteilt, also $R^2\,T$ proportional sein muß. Folglich wird $T \sim \mathfrak{E}^{\frac{3}{2}}$. Bedenkt man, daß nach dem vorhin erörterten Feldverlauf an der Spitze des Elektronenschwarmes die Feldstärke daselbst bei einem bestimmten Abstand von der Kathode plötzlich in die Höhe schnellt, so erscheint es naheliegend, anzunehmen, daß von dem Punkt aus die Temperaturerhöhung des Gases ebenfalls bedeutende Maße annehmen wird. Es läßt sich zeigen, daß die thermische Dissoziation des Gases von etwa 4000° C an so groß wird, daß ein momentaner Stromstoß von der Größenordnung 100 Amp ermöglicht wird. Das Auftreten dieser thermischen Ionisation ist nun die notwendige Bedingung für den Durchschlag. Die Strecke, bei der der Knick in der Feldkurve auftritt, also (Abb. 59) für 40 kV/cm angelegte Feldstärke 0,2 cm, gibt demnach die Mindeststrecke an, welche durchlaufen werden muß, also den Funkenabstand. Kürzere Abstände werden bei 40 kV/cm nicht durchschlagen. Daraus ergibt sich für 2 mm Elektrodenabstand 8 kV Durchschlagsspannung in Übereinstimmung mit der Beobachtung.

Auch für die übrigen Spannungen erhält man halbwegs befriedigende Übereinstimmung. Dies ist also die statische Durchschlagsfeldstärke.

Ihre Ausbildungszeit berechnet Slepian wie folgt. Sobald die Feldstärke an der Spitze der Elektronenkugel den obigen Grenzwert erreicht, erfolgt thermische Ionisierung der Kugel. Die Kugel, welche bei statischer Beanspruchung offenbar der Anode aufliegt, treibt jetzt mit einer die mittlere wieder überragenden Feldstärke die positiven Ionen zur Kathode zurück. Der Weg, den die Kationen im Feld zurücklegen, ist ebenfalls thermisch ionisiert. Es folgen also gegenüber der Rechnung von Rogowski zwei Änderungen. 1. Ein allmähliches Hochschaukeln des Stromes fällt weg, da schon bei einmaliger Rückwendung der Kationen die Strecke hochgradig ionisiert, also leitend ist. Der Durchschlag ist beendet, sobald die Ionen nur einmal den Weg zurückgelegt haben. 2. Auch die einmalige Rückwanderung erfolgt infolge der Raumladungen in einem wesentlich höheren als dem angelegten Feld. Indem für die Spitzenwirkung der Raumladung ein angenäherter Ausdruck gesetzt wird, berechnet Slepian die Zeit, die zum Zurücklegen des Weges für die Ionen notwendig ist. Eine 2 cm Funkenstrecke schlägt bei der statischen Durchschlagsspannung von 30 kV in $4 \cdot 10^{-6}$ sec durch. Ist die aufgedrückte Spannung höher als die Mindestspannung, so entsteht die thermisch ionisierte Kugel nicht erst an der Anode, sondern früher. Das Weiterwachsen der Strecke nach der Anode zu erfordert Zeiten von der Ordnung 10^{-8} Sekunden, die Rückwanderung zur Kathode dauert jetzt dagegen kürzer als vorhin, da die zurückzulegende Strecke kürzer geworden ist. Hat man bei 2 cm Funkenstrecke eine Überspannung von nur 10 kV, also insgesamt 40 kV, so fällt die Zeit auf $3 \cdot 10^{-7}$ sec.

Die Befunde, wonach der Durchschlag bei Stoßbeanspruchung in 10^{-7} sec mit nur mäßiger Überspannung zustande kommt, wird hiermit also befriedigend erklärt. Wie erwähnt, ist die mathematische Ausarbeitung der Theorie in der ursprünglichen Form noch dürftig. Aber der Grundgedanke, daß das Feld infolge der Raumladungen wesentlich über den Mittelwert erhöht ist, scheint richtig zu sein.

Experimentell wird diese Auffassung durch photographische Aufnahmen von J. J. Torok [171] gestützt. Er ließ eine plötzliche durch Funkenüberschlag erzeugte Stoßspannung auf eine Versuchsfunkenstrecke wirken, wobei die Welle durch Reflexion schnell wieder abgebaut wurde. Auf diese Weise erhielt er eine „unterdrückte Entladung", eine, die nicht voll zur Entwicklung kommen konnte und daher gewissermaßen die Bildung des Funkens zu beobachten gestattet. Die Entladung wurde photographiert und zeigte längs der Funkenbahn jeweils einen oder mehrere kurze schmale, hellweiße Streifen, von denen sich ein rötliches Glimmlicht ausbreitete. Würde der Funken durch allmähliches Hochschaukeln entstehen, so müßte eher eine gleichmäßige Intensität des Bildes zustandekommen, welche mit zunehmender Zeitdauer ebenfalls zunimmt. So aber sind höchstwahrscheinlich nur die thermisch ionisierten Zonen hellweiß und die übrige Strecke glimmt, schwach ionisiert, nur rötlich. Auch der begrenzte Querschnitt der hellweißen Streifen, von der Größenordnung 1 mm, ist deutlich sichtbar.

Der Grundgedanke der lokalen Überhitzung ist übrigens derselbe, den Wagner für feste Stoffe früher entwickelt hat (s. Kapitel VII Abschnitt 42).

Eine von der Slepianschen abweichende Abänderung der Theorie versucht L. B. Loeb [95]. Er geht von derselben Betrachtung aus wie Slepian, indem er die Raumladung eines einzelnen Ausgangselektrons berücksichtigt. Die Feldstärke an den Enden sei so groß, daß sowohl die Elektronen wie die Kationen bedeutend höhere Ionisation aufweisen, als es sich aus der ursprünglichen Feldstärke ergeben würde. Die Annahme der thermischen Ionisation wäre demnach überflüssig. Um auch die kurzen Zeiten zu erklären, wird, abweichend von Slepian — und das ist der Kernpunkt der Betrachtung — nicht nur ein einziges Ursprungselektron angenommen, sondern berechtigterweise deren mehrere. Ordnen sich die Raumladungen hintereinander kettenförmig, so ist der Potentialverlauf (Abb. 60) geschlängelt, entsprechend den sich bildenden Doppelschichten.

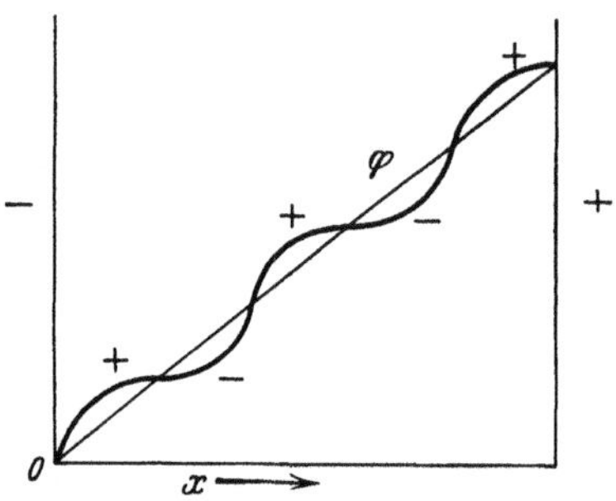

Abb. 60. Potentialverlauf nach Loeb.

Auf diese Weise brauchen die positiven Ionen jeweils nur die kurze Strecke bis zur nächsten Doppelschicht zu ionisieren, und diese Strecke besitzt durchweg die erhöhte Feldstärke, sofern die einzelnen Raumladungen nahe beieinander liegen. An Stelle der thermisch ionisierten Säule hat man eine Kette von doppelschichtartigen Raumladungen, somit sehr hohe Feldstärken, wodurch die Entstehung der hohen Ionenkonzentration in kürzester Zeit erklärlich ist. Die Theorie ist von Loeb nur rein qualitativ entwickelt.

Auf den ersten Blick hat dieser Gedanke vieles für sich, schon weil er die etwas erzwungene Annahme von den hohen Temperaturen nicht enthält. Er muß aber zunächst weiter quantitativ ausgebaut werden.

Dieser Ausbau ist von verschiedenen Seiten in Angriff genommen worden. Insbesondere v. Hippel und Franck [69], sowie Schumann [159] haben die strengste Rechnung durchgeführt. Sie gehen von der positiven Raumladung aus, welche sich infolge der geringeren Beweglichkeit der positiven Ionen im Verhältnis zu der der Elektronen von der Anode nach der Kathode zu vorschiebt.

Trotzdem werden wir im weiteren Verlauf vielfach von der Durchschlagsbedingung von Townsend Gl. (110) Gebrauch machen, welche wegen $\alpha \gg \beta$ auch $e^{\alpha a} = \text{const}$ geschrieben werden kann. Rogowski [143a] konnte nämlich zeigen, daß in erster Näherung die Bedingung auch unter Berücksichtigung der Raumladung erhalten bleibt. Die Ausbildungszeit der positiven Raumladung ist von der Größenordnung $\frac{1}{v}$, wo v = Geschwindigkeit der positiven Träger, oder nach (69) proportional zu $\frac{1}{\sqrt{\mathfrak{E}}}$. Die Größe der gesamten Raumladung ist daher proportional zu $\frac{e^{\alpha a}}{\sqrt{\mathfrak{E}}}$. Die Bedingung für den Durchschlag soll nun darin bestehen, daß die Raumladung prozentual einen bestimmten Bruchteil der Elektrodenladung, $\frac{\mathfrak{E}}{4\pi}$, ausmacht. Oder:

$$\frac{e^{\alpha a}}{\mathfrak{E}^{\frac{3}{2}}} = \text{const}.$$

Da α sehr stark mit $\mathfrak{E}$ zunimmt, so gilt angenähert

$$e^{\alpha a} = \text{const},$$

d. h. die Townsendsche Gleichung.

28. Abstand und Durchschlagsfeldstärke.

Der Einfluß der räumlichen Anordnung äußert sich in dem Einfluß des Abstandes, der Krümmung und des Querschnitts der Elektroden.

Mit abnehmendem Abstand nimmt die Durchschlagsfeldstärke $\mathfrak{E}_d$ zu. Es liegen eine große Zahl von Messungen vor, welche diese Abhängigkeit nachweisen. Wesentliche Messungen rühren von Baille [5], C. Müller [114], E. Meyer [105], Earhart [20] und Schumann [157] her. Die Ergebnisse aller Messungen sind in folgender Tabelle von Schumann [158] zusammengefaßt. Die Zahlen bedeuten hier wie überall kV/cm für Gleichspannung oder kV_{max}/cm für Wechselspannung.

Tabelle 24. Durchschlagsfeldstärke in Luft abhängig vom Abstand.

a in cm	$\mathfrak{E}_d$ in kV/cm	a	$\mathfrak{E}_d$
0,01	95,6	0,60	33,9
0,02	73,0	0,70	33,2
0,03	62,6	0,80	32,6
0,04	56,9	0,90	32,1
0,05	52,9	1,0	31,7
0,06	50,0	2	29,8
0,07	48,3	3	29,0
0,08	46,8	4	28,5
0,09	45,7	5	28,0
0,10	44,7	6	27,7
0,20	39,8	7	27,4
0,30	37,5	8	27,1
0,40	35,9	9	26,8
0,50	34,7	10	26,6

Vielfach wird diese Abhängigkeit durch die Gleichung

$$\mathfrak{E}_d = \mathfrak{E}_0 + \frac{b}{a}$$

wiedergegeben, wo b und $\mathfrak{E}_0$ Konstanten sind. Dies würde bedeuten, daß die Spannung eine lineare Funktion des Abstandes ist:

$$E_d = \mathfrak{E}_0 a + b\,.$$

Unseres Erachtens wird die Abhängigkeit besser durch eine Gleichung von der Form

$$\mathfrak{E}_d = \mathfrak{E}_0 + \frac{b}{\sqrt{a}} \tag{114}$$

wiedergegeben. Paßt man dieselbe obiger Tabelle möglichst genau an, so wird

$$\mathfrak{E}_d = 23 + \frac{7}{\sqrt{a}}$$

wo a in cm und $\mathfrak{E}_d$ in kV/cm gemessen wird. Für ganz kleine Abstände ($\sim 10\,\mu$) verliert die Gleichung ihre Gültigkeit. Denn es würde aus ihr folgen, daß die Spannung mit abnehmendem Abstand immer weiter abnimmt. Und das dürfte nicht den Tatsachen entsprechen.

Die Durchschlagsfeldstärken bei ganz geringen Abständen sind überhaupt ein Kapitel für sich. Daß die Gleichung für große Abstände hier nicht mehr gültig sein kann, folgt schon daraus, daß die mittlere Weglänge von der Größenordnung des Abstandes wird. Während bei größeren Abständen das Medium als ein kontinuierliches aufgefaßt werden konnte und Integrationsvorgänge zuließ, ist das hier überhaupt nicht der Fall. Bei kleinen Abständen kommen wir in das Gebiet der Elementarvorgänge, die eine ganz andere Behandlung, vermutlich quantenmechanischer Natur erfordern. An und für sich ist zu erwarten, daß die Spannung einen gewissen kleinsten Grenzwert nicht unterschreiten wird. Dies würde bedeuten, daß obige Gleichung mit einem dritten Gliede zu erweitern ist:

$$\mathfrak{E}_d = \mathfrak{E}_0 + \frac{b}{\sqrt{a}} + \frac{V_0}{a}\,,$$

wo V_0 eben die untere Grenzspannung bedeutet, welche vermutlich gegen 400 Volt betragen dürfte.

Messungen in diesem Gebiet kleinster Feldstärken liegen z. B. von T. Earhart [20] vor. Er findet allerdings eine ständig abnehmende Spannung auch unter $10\,\mu$ Abstand, so z. B. für $5\,\mu$ 350 Volt. Er hat Elektroden verwendet, deren Abstand durch Mikrometerschrauben einzustellen war. Eine spätere Untersuchung stammt von I. E. Almy [4], der im Gegensatz zu Earhart einen Grenzwert der Spannung bei etwa 400 Volt fand. Die Befunde von Earhart führt er auf ungenügende Stabilisierung seiner Elektroden zurück. Sie hätten sich elektrostatisch angezogen und haben somit zu Übergangswiderständen und Fehlmessungen geführt. Er stabilisiert daher seine Elektroden besser und gelangt dadurch zum Grenzwert der Spannung. Es wäre aber durchaus erwünscht, über diesen theoretisch wichtigen Punkt weitere experimentelle Aufschlüsse zu erhalten.

Würde man nämlich die Erfahrungen bei geringerem Druck verwerten, (s. w. u. S. 161) nach welchen die Spannung mit dem Abstand durch ein Minimum geht und bei weiter abnehmendem Abstand zunimmt, so müßte man nach dem Paschenschen Gesetz (S. 162) auch bei Atmosphärendruck bei entsprechend geringem Abstand (und zwar bei $\sim 5\,\mu$) ein solches Minimum zu erwarten haben. Ein solches ist aber bei Atmosphärendruck bis jetzt nicht festgestellt worden.

Es läßt sich zeigen, daß mit den Townsendschen Annahmen die Abhängigkeit vom Abstand auch quantitativ befriedigend zu erklären ist. Dies ist um so bemerkenswerter, als nach dem vorigen Abschnitt so gut als sicher gilt, daß die Theorie in einem wesentlichen Punkt, nämlich in bezug auf die Raumladungen und die dadurch bewirkte bedeutende lokale Erhöhung der Feldstärke abzuändern ist.

Schreiben wir α statt $\alpha - \beta$, da $\alpha \gg \beta$, so lautet die Durchschlagsbedingung

$$\frac{\alpha}{\beta} = e^{\alpha a}.$$

Im nächsten Abschnitt wird gezeigt, daß in erster Näherung

$$\alpha = k\beta \tag{115}$$

gesetzt werden darf, wo k von der Feldstärke weitgehend unabhängig sein dürfte. Dann ist also

$$k = e^{\alpha a}$$

und

$$\alpha a = \ln k. \tag{116}$$

Diese Gleichung wird als die Schumannsche Durchschlagsbedingung bezeichnet. Die Durchschlagsbedingung besteht also in dem Anlegen jener Feldstärke, bei der von einem Elektron längs des ganzen Funkenabstandes eine bestimmte Anzahl, nämlich $\ln k$ Elektronen durch Ionisierung neu gebildet werden. Kennen wir die Abhängigkeit von α von der Feldstärke, so ist auch die des Abstandes von der Feldstärke zu berechnen. Daß Feldstärke und Abstand antibat laufen müssen, ist qualitativ schon aus dem symbaten Verlauf von α und $\mathfrak{E}$ ersichtlich.

α wurde von Townsend und von Wheatley durch Stromspannungsmessungen ermittelt, wie schon im dritten Kapitel S. 63 erwähnt. Dort gaben wir eine Tabelle der $\frac{\alpha}{p}$-Werte für Luft abhängig von $\frac{\mathfrak{E}}{p}$. Umgerechnet auf 1 at erhält man etwa folgende Zahlen:

Tabelle 25. Negative Ionisierungszahl abhängig von der Feldstärke.

$\mathfrak{E}$ in kV/cm	α
30	14
38	41
52	159
69	371

Trägt man die Zahlen in ein Koordinatensystem ein, so erhält man eine quadratisch ansteigende Kurve, welche recht brauchbar durch die Gleichung

$$\alpha = \gamma (\mathfrak{E} - \mathfrak{E}_0)^2 \tag{117}$$

wiedergegeben werden kann, wo $\gamma = 0{,}14$ und $\mathfrak{E}_0 = 21$. Das würde so viel heißen, daß unter 21 kV/cm praktisch keine Ionisation vorkommt. Vermutlich ist die Gleichung für kleine Feldstärken nicht mehr richtig und daher die Grenzfeldstärke 21 zu niedrig gegriffen. Nach neuesten Messungen von Paavola [124a] im Institut von Rogowski liegt die α—$\mathfrak{E}$-Kurve unter 30 k/Vcm etwas unterhalb der nach Townsend extrapolierten Kurve. Es ergibt sich so für $\mathfrak{E}_0 = 23$ kV/cm, welches auch nach Rogowski [143b] vermutlich der richtige Wert für die Grenzfeldstärke ist. Setzt man die Gleichung (117) in obige Bedingungsgleichung (116) ein und berechnet $\mathfrak{E}$ als Funktion von a, so wird

$$\mathfrak{E}_d = 21 + \sqrt{\frac{\ln k}{0{,}14} \frac{1}{\sqrt{a}}}\,.$$

Dieses ist aber tatsächlich dieselbe Gleichung, die durch das Experiment zwischen $\mathfrak{E}_d$ und a gefunden wurde [Gl. (114)], sofern für $\ln k \sim 7$ gesetzt wird. Damit wird $k \sim 1000$; die Ionisationsfähigkeit der Elektronen ist etwa tausendmal so groß als die der positiven Ionen. Die allgemeine Form der Gleichung lautet:

$$\mathfrak{E}_d = \mathfrak{E}_0 + \sqrt{\frac{\ln k}{\gamma a}}\,, \tag{118}$$

in welcher man versuchen kann, die einzelnen Konstanten $\mathfrak{E}_0$, k und γ aus theoretischen Betrachtungen über den Ionisationsvorgang (wie im dritten Kapitel gegeben) abzuleiten. Nach dem Satz der kleinsten Durchschlagsfeldstärke läßt sich damit jedenfalls $\mathfrak{E}_0$ als die Durchschlagsfestigkeit des Gases definieren. Für Luft wäre sie nach Gl. (114) etwa 23 kV/cm, wie man sie für große Abstände erhalten würde (homogenes Feld vorausgesetzt, also nicht für Kugeln: s. nächsten Abschnitt). Etwas mehr der Praxis angepaßt könnte man sie mit 25 kV/cm angeben. Die vielfach genannte Zahl 30 kV/cm ist sicherlich zu hoch gegriffen.

29. Krümmung und Durchschlagsfeldstärke.

Bei gegebenem Abstand ist die Krümmung der Elektroden auf die Durchschlagsfeldstärke maßgebend. Bei parallelen Elektroden ist die Feldstärke am kleinsten, mit zunehmender Krümmung nimmt sie ständig zu. Hierbei wird zweckmäßig die größte Feldstärke unmittelbar an der Elektrode gemessen und die Anfangs-, nicht die Durchschlagsspannung beobachtet.

Für Kugeln liegen eine große Zahl Messungen vor, insbesondere von Peek [129], Weicker [187], Estorff [33] und Töpler [167]. Bei gegebenem Radius gelten bei kleinem Abstand die Werte für ebene Elektroden, da das Feld noch angenähert homogen ist. Bei größer werdendem Verhältnis $\frac{a}{r}$ wird das Feld immer inhomogener, es tritt der Krümmungseffekt auf und die Durchschlagsfeldstärke nimmt zu. Es muß also die Kurve mit zunehmendem Abstand durch ein Minimum gehen. Links vom Minimum hat man den Abstandseffekt, rechts den Krümmungseffekt. Mit immer weiter steigendem Abstand nähert man sich der isolierten Anordnung (mit der zweiten Elektrode im Unendlichen) und die Durchschlagsfeldstärke nähert sich einem Grenzwert. Auf diese Weise erhält man Scharen (Abb. 61), wobei jede Kurve einem bestimmten Radius entspricht. Die unterste Kurve gilt für die ebene Anordnung, je kleiner der Radius wird, bei um so kleinerem Abstand tritt das Minimum auf. Der Grenzwert, dem jede Kurve zustrebt, ist um so größer, je kleiner der Radius. Die Minimumfeldstärke, die somit jedem Kugelradius zukommt, hat aber nichts mit der sog. Minimumspannung zu tun, die später zur Erörterung kommen wird. Berechnet man nämlich die Spannungen in Abhängigkeit vom Abstand gemäß den obigen Kurven, so erhält man lauter zur Abszisse konkav abbiegende Kurven mit ständig zunehmender Spannung nach Art der üblichen Eichkurven für Kugelfunkenstrecken. Von einem Minimum der Spannung weisen diese Kurven noch nichts auf.

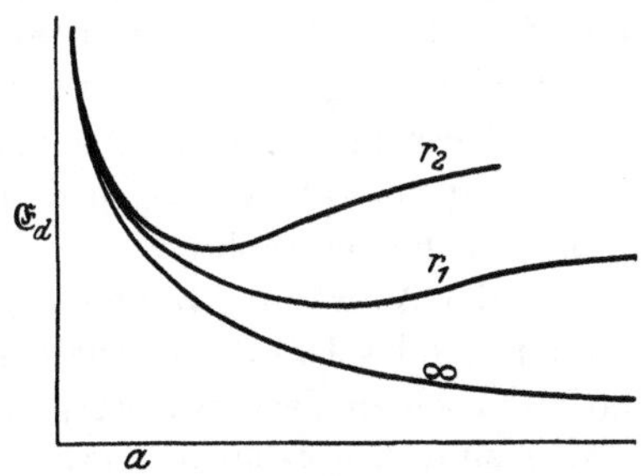

Abb. 61. Durchschlagsfeldstärke und Krümmungsradius.

Im folgenden seien einige Angaben der Literatur tabellarisch zusammengestellt, gültig für zwei Kugeln bei symmetrischer Spannungsverteilung. Die Minimumfeldstärken sind durch * gekennzeichnet.

Tabelle 26. Anfangsfeldstärke für zwei Kugeln in Luft (kV/cm).

a in cm	r in cm						
	0,55	1,3	3,1	3,7	6,2	12,5	∞
0,05	60				53	53	53
0,1	53				47	46	45
0,2	49	44			41	41	40
0,5	47,5*	41*	37		36	35	34
1,0	50	42	36*	35*	34	32,5	32
2			36,5	35,5	33*	31,5	30
5			37,5	36	33,5	31,5*	28
10			38	36,5	34	32	27
15				37	34,5	32	

Die letzte Spalte enthält die Werte für parallele Elektroden. Der Durchschlagsfestigkeit, 25 kV/cm, nähert sich sowohl die letzte Spalte wie die Gesamtheit der unteren Zahlen aller Spalten, welche der isolierten Kugel entsprechen.

Über die Durchschlags- (nicht Anfangs-) Spannung von Spitzen (das sind Kugeln sehr starker Krümmung) liegt eine neue Arbeit von E. Marx [100] vor, in welcher die positive Raumladung der Gleichspannungskorona berücksichtigt wird. Dadurch wird das Feld bei positiver Spitze homogener, bei negativer Spitze noch ungleichmäßiger. Die Durchschlagsspannung liegt deshalb für negative Spitzen höher als für positive.

Eine Gleichung, welche den ganzen Verlauf $\mathfrak{E}_d$ (a) bei konstantem r wiedergibt, wurde bis jetzt nicht entwickelt, dagegen stehen die letzten Werte jeder Spalte in einfachem Zusammenhang mit dem Radius. Heydweiller [67] und Töpler [166] haben für diese Abhängigkeit eine Gleichung genau von der Form von Gl. (114) entwickelt. Da jedoch Koronamessungen an isolierten Kugeln nicht sehr verläßlich sind, so wollen wir die zahlenmäßigen Zusammenhänge eher an zylindrischen Anordnungen betrachten.

Bei der Anordnung Zylinder gegen Ebene, oder zwei Zylinder nebeneinander, oder Draht innerhalb eines Hohlzylinders haben wir qualitativ denselben Verlauf der $\mathfrak{E}_d$ (a)-Kurven, wie bei Kugeln, nur zahlenmäßig sind Unterschiede vorhanden. Es überlagern sich in derselben Weise der Abstands- und Krümmungseffekt und bilden eine Minimumfeldstärke, wie z. B. aus Messungen von Schumann ersichtlich. Sehr genau lassen sich Koronamessungen an Drähten ausführen, deren Abstand von der anderen Elektrode, z. B. einem Hohlzylinder, so groß ist, daß der Grenzwert schon erreicht ist. Im folgenden seien einige Grenzwerte angegeben, abhängig vom Drahtradius als Mittelwert der Messungen von Peek [128] und J. Whitehead [189].

Tabelle 27. Anfangsfeldstärken (Grenzwerte) an Drähten in Luft.

r in cm	$\mathfrak{E}_d$ in kV/cm	r in cm	$\mathfrak{E}_d$
0,01	120	0,6	43
0,025	87	0,8	41
0,05	71	1	39
0,075	64	2	35
0,10	60	4	33
0,20	52	10	31
0,3	48	15	30
0,4	46		

Es liegen auch Messungen der Funkenspannung in der Literatur vor, die aber viel ungenauer sind. Bei kleinem Abstand fallen wegen der angenäherten Homogenität des Feldes Korona- und Funkenspannung zusammen, bei größerem Abstand bleibt dann die Korona- hinter der Funkenspannung zurück.

Die Abhängigkeit von $\mathfrak{E}_d$ für $a = \infty$ vom Drahtradius ist näherungsweise ebenfalls nach dem Typus von Gl. (114) gebaut. Das Merkwürdige ist, daß die Größe der Konstanten nur wenig höher liegt als dort.

Man hat hier angenähert:

$$\mathfrak{E}_d = 30 + \frac{9}{\sqrt{r}}, \tag{119}$$

während die entsprechenden Konstanten beim Abstandseffekt 23 und 7 waren. Es entsteht nun die Frage, ob auch diese Abhängigkeit von der Townsendschen Theorie wiedergegeben werden kann. Dies ist in der Tat der Fall. Zu diesem Behufe müssen wir vorhin die Durchschlagsbedingung für beliebig gestaltete Felder ableiten.

Im dritten Kapitel haben wir die Differentialgleichung für homogenes Feld abgeleitet [Gl. (63)]. Führen wir hier dieselbe Überlegung durch, jedoch für beliebig gekrümmte Elektroden, so ist statt eines Querschnitts von 1 cm² eine beliebige Kraftlinienröhre zu betrachten (Abb. 62). Der Querschnitt q ist von Stelle zu Stelle verschieden. Man hat demnach anstatt (63) die etwas abweichende Gleichung:

$$\frac{d}{dx}(n\,v\,q) = (\alpha - \beta)\,n\,v\,q + z\,\beta.$$

Hier ist nicht nur n, sondern auch v und q von x abhängig. Statt des einfachen Integrals Gl. (64) tritt hier eine allgemeinere Lösung auf, was daher rührt, daß auch die Größen α und β feldstärkenabhängig und somit mit x variabel sind. Führt man der Einfachheit halber

$$Z(x) = e^{\int_0^x (\alpha - \beta)\,dx}$$

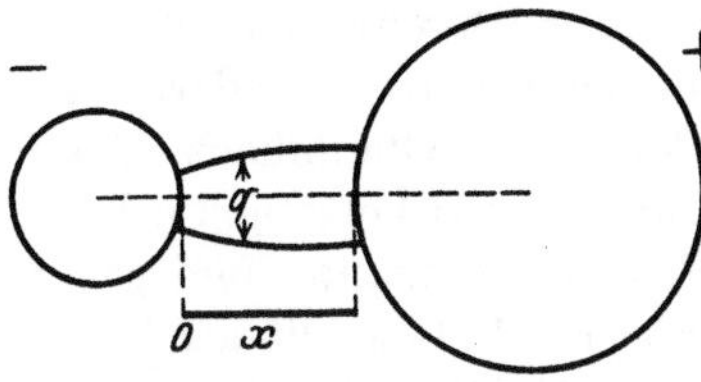

Abb. 62. Zwei ungleiche Kugelelektroden.

ein, so lautet die allgemeine Lösung:

$$n\,v\,q = Z\left(C + z\int_0^x \frac{\beta}{Z}\,dx\right),$$

wo C die Integrationskonstante. Aus der Grenzbedingung $nvq = (nvq)_0$ für $x = 0$ wird:

$$C = (n\,v\,q)_0$$

wegen $Z(0) = 1$. Für $x = a$ ist $nvq = z$, für welches somit gilt:

$$z = \frac{(n\,v\,q)_0\,Z(a)}{1 - Z(a)\int_0^a \frac{\beta}{Z}\,dx}.$$

Die Bedingung eines meßbaren Stromes ist angenähert wiederum das Nullwerden des Nenners, oder

$$1 = Z(a)\int_0^a \frac{\beta}{Z}\,dx.$$

Wie leicht nachweisbar, ist diese Bedingung identisch mit

$$1 = \int_0^a \frac{\alpha}{Z} \, dx. \tag{120}$$

In dieser Form ist die Gleichung nicht leicht zu deuten. Man kann sie jedoch noch weiter vereinfachen, und zwar auf Grund folgender Überlegung. Z ist eine Funktion von $(\alpha - \beta)$, also ist die rechte Seite von (120) unsymmetrisch in bezug auf die beiden Ionisierungszahlen. Wird auf Abb. (62) die linke, kleinere Elektrode positiv genommen, so müssen α und β vertauscht werden, die rechte Seite der Gleichung wird eine andere Funktion der Feldstärke sein wie vorhin: die aus der Gleichung berechenbaren Anfangsfeldstärken somit von der Polarität der Anordnung abhängig.

Nun ist dem Experiment zufolge ein Polaritätseinfluß bei gekrümmten Elektroden an Kugeln und Zylindern nicht vorhanden. Ein solcher tritt nur bei Spitzen und Drähten auf. Besonders Drähte lassen sich diesbezüglich genau untersuchen. Es liegen Messungen unter anderen von Schaffers [151] und Farwell [35] vor. Sie finden, daß bei dünnen Drähten unter 0,01 cm Radius die negative, bei stärkeren Drähten über 0,01 cm Radius die positive Koronafeldstärke niedriger liegt. Der positive Durchbruch erfolgt (über 0,01 cm Radius) nicht bloß früher als der negative, sondern auch regelmäßiger in Form einer zusammenhängenden Glimmhaut. Die negative Entladung setzt an einzelnen Punkten büschelartig an. Dies liegt daran, daß bei negativem Draht die Elektronenemission und somit die Oberflächenbeschaffenheit eine viel größere Rolle spielt als bei positivem, bei welchem die Ausgangselektronen in der umgebenden Gasschicht gebildet werden.

Ist aber die Elektrodenkrümmung nicht übermäßig stark, so ist ein Polaritätseinfluß nicht zu beobachten, obwohl nach Gl. (120) ein solcher allgemein vorhanden sein müßte. Dies ist nur so möglich, wenn zwischen den Größen α und β die Gültigkeit der Gl. (115) vorausgesetzt wird. Wir hatten diese Beziehung im vorigen Abschnitt ohne Begründung eingeführt, hier erst sehen wir, daß wir zu deren Annahme durch das Fehlen eines Polaritätseinflusses geführt werden. Setzt man nämlich $\beta = \frac{\alpha}{k}$ in die Bedingungsgleichung (120) ein, so geht sie in

$$\int_0^a \alpha \, dx = \frac{\ln k}{1 - \frac{1}{k}}$$

über, und dieselbe Gleichung erhält man, auch wenn α und β vertauscht werden. Da

$$k \gg 1,$$

so lautet obige Bedingung in großer Annäherung:

$$\int_0^a \alpha\, dx = \ln k, \tag{121}$$

und diese Gleichung von Schumann ist die allgemeine Form der Gl. (116), welche unter denselben Bedingungen für homogenes Feld abgeleitet wurde. Die Konstanz von k ist, wie nochmals erwähnt, nur angenähert, etwa bis hinauf zu 60 kV/cm (entsprechend $\mathfrak{E}_d$ für 1 mm Drahtradius). Für homogenes Feld geht obige Gleichung in der Tat in Gl. (116) über.

Gl. (121) läßt die recht anschauliche Deutung zu, wonach der erste Durchbruch dann erfolgt, wenn in der Nähe der am stärksten gekrümmten Elektrode, also z. B. des Drahtes, längs einer Strecke a von einem Elektron $\ln k$ also etwa 7 Ionenpaare gebildet werden. Hierbei ist noch folgendes zu beachten. Gesetzt, wir legen an eine Anordnung (z. B. zwei parallele Drähte in größerem Abstand voneinander) Spannung an. Steigern wir die Spannung, bis die Feldstärke am Drahte gerade $\mathfrak{E}_0$ wird, so ist die Integralbedingung (121) noch nicht erfüllt, da die Feldstärke mit wachsendem Abstand rasch sinkt. Der Wert des Integrals ist hier noch 0. Bei weiterer Spannungssteigerung nimmt das Integral allmählich zu, und bei einer bestimmten Spannung erreicht es dann den Wert $\ln k$. In dem Augenblick schlägt eine gewisse Strecke b durch, längs welcher die Feldstärke von ihrem Oberflächenwert $\mathfrak{E}_d$ auf $\mathfrak{E}_0$ gefallen ist. Denn nur dieses Gebiet hat ein von Null verschiedenes α, trägt also zur Ionisation bei. b ist also bei größerem Abstand der Elektroden nicht der ganze Abstand, sondern nach obigem nur die Stärke einer dünnen Ionisationsschicht, welche eben als Korona bezeichnet wird. Jedenfalls tragen Schichten $x > b$ zur Vergrößerung des Integrals in (121) nicht mehr bei.

Die Gl. (121) muß nun sowohl zur Funktion $\mathfrak{E}_d(r)$, wie auch gleichzeitig zur Funktion $b(r)$ führen. Da die Korona sich nur auf ein kleines Bereich des Feldes erstreckt, während das übrige Feld noch isoliert, so geht die Spannung von diesem Punkte ab nicht zurück, wie beim homogenen Feld, sondern läßt sich weiter steigern: die Korona ist eine stabile Erscheinung.

Wir wollen zunächst die genannten Funktionen auswerten. Ist die Feldstärke unmittelbar am Draht $\mathfrak{E}_d$, so ist sie im Abstand y vom Mittelpunkt:

$$\mathfrak{E} = \frac{\mathfrak{E}_d r}{y},$$

somit

$$\alpha = \gamma\left(\frac{\mathfrak{E}_d r}{y} - \mathfrak{E}_0\right)^2.$$

Die untere Grenze der Integration ist $y = r$. Die obere Grenze ist jener Wert von y, bei welchem die Feldstärke gleich $\mathfrak{E}_0$ wird. Aus

$$\mathfrak{E}_0 = \frac{\mathfrak{E}_d r}{y}$$

wird die obere Grenze: $r\frac{\mathfrak{E}_d}{\mathfrak{E}_0}$. Somit lautet die Bedingung (121)

$$\gamma \int_r^{r\frac{\mathfrak{E}_d}{\mathfrak{E}_0}} \left(\frac{\mathfrak{E}_d r}{y} - \mathfrak{E}_0\right)^2 dy = \ln k\,,$$

woraus nach ausgeführter Integration

$$r = \frac{\ln k}{\gamma(\mathfrak{E}_d^2 - \mathfrak{E}_0^2) - 2\gamma\,\mathfrak{E}_d\mathfrak{E}_0 \ln\frac{\mathfrak{E}_d}{\mathfrak{E}_0}}. \tag{122}$$

$\mathfrak{E}_d$ läßt sich explizite nicht als Funktion von r angeben. Obige Gleichung gibt die Befunde recht gut wieder, wie aus folgenden Zahlenbeispielen (Tab. 28) ersichtlich. $\frac{\ln k}{\gamma}$ ist hierbei 50, $\mathfrak{E}_0$ 23 gesetzt, in Übereinstimmung mit Gl. (118).

Tabelle 28. Anfangsfeldstärken an Drähten.

$\mathfrak{E}_d$ in kV/cm	r in cm gef.	r ber. nach (122)	r ber. nach (119)
40	0,85	0,72	0,81
50	0,25	0,25	0,20
100	0,015	0,018	0,017

Die obige Gl. (119), welche auch richtige Werte liefert, läßt sich somit in der theoretisch richtigeren Form (122) aus der Theorie ableiten. Gl. (122) läßt auch erkennen, daß im Grenzfalle r sehr groß, die Durchschlagsfeldstärke in $\mathfrak{E}_0$ übergehen muß.

Für die Breite der Korona b ist offenbar zu setzen:

$$b = r\frac{\mathfrak{E}_d}{\mathfrak{E}_0} - r.$$

Benutzen wir Gl. (122) in der Näherungsform

$$\mathfrak{E}_d = \mathfrak{E}_0 + \sqrt{\frac{\ln k}{\gamma r}}$$

und setzen diesen Wert in b ein, so wird

$$b = \frac{\sqrt{\frac{\ln k}{\gamma}}}{\mathfrak{E}_0}\sqrt{r} \tag{123}$$

oder, die Zahlenwerte eingesetzt:

$$b = 0{,}3\sqrt{r}\,\text{cm}$$

wie schon von Peek [132] angenommen wurde.

Das Gebiet der Korona ist mit den bisherigen Untersuchungen noch nicht erschöpft. Es handelte sich bloß um die Aufstellung der Bedingungen, welche zum Auftreten der Korona führen. Wie sie sich aber in ihren Einzelheiten verhält, nachdem die Durchschlagsfeldstärke erreicht oder überschritten wird, darüber besagen die bisher genannten Versuche und Theorien nichts.

Allgemein ist folgendes zu sagen: In der Koronaschicht kann natürlich von einem unendlich großen Strom wie ihn eigentlich die Ableitung der Gl. (120) voraussetzt, nicht die Rede sein. Sonst müßte er auch im ganzen Feld unendlich sein. Es wird durch den Durchbruch jedenfalls eine große Menge von Elektrizitätsträgern in das Außengebiet geworfen, wodurch eine allgemeine höhere Leitfähigkeit zustande kommt. Der Strom bleibt aber begrenzt. Durch die Raumladung der herausgeworfenen Träger wird nämlich die Feldstärke unmittelbar am Draht geschwächt. Der Strom selbst kann unter Zugrundelegung bestimmter Annahmen berechnet werden. So hat Townsend folgende Formel angegeben (i = Strom pro Längeneinheit des Drahtes):

$$i = E\,(E - E_0)\,\frac{2u}{R^2 \ln \frac{R}{r}},$$

wo E = angelegte Spannung, E_0 = Anfangsspannung, u = Beweglichkeit der der Elektrode gleichgeladenen Träger, R = Zylinder-, r = Drahtdurchmesser. Die Gleichung ist von Watson [185] geprüft worden. Die Proportionalität mit $E\,(E - E_0)$ ist auch von anderen, z. B. von Almy [3] gefunden worden. Ähnliche Charakteristiken sind auch für Spitzen aufgestellt.

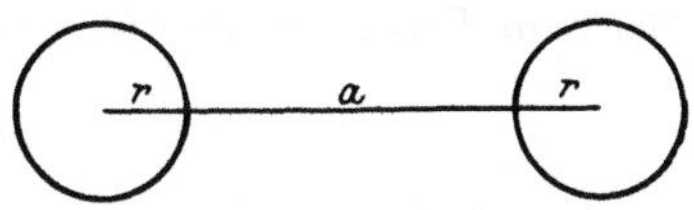

Abb. 63. Zylindrische Koronafunkenstrecke.

Praktische Bedeutung erhält die Frage nach den Verlusten, die an Hochspannungsleitungen durch Koronabildung auftreten. Von Peek rührt eine Formel her, welche jene Verluste zu berechnen gestattet. Holm [71] hat dann die Formel vereinfacht, indem er gleichzeitig eine einfache Theorie für die Wechselstromkorona oberhalb der Zündspannung gibt. Wir wollen im folgenden die Holmsche Theorie und ihre experimentelle Bestätigung kurz schildern.

Er sieht davon ab, die Verteilung der Raumladung im einzelnen zu berechnen und beschränkt sich auf die Ermittlung von Mittelwerten. Die Raumladung sei oberhalb der Zündspannung so groß, daß das Feld hinter ihr am Draht gerade bis zur Zündfeldstärke abnimmt. Dies ist der Kernpunkt der Theorie.

Die Rechnung sei für zwei parallele zylindrische Leitungen durchgeführt (Abb. 63). Der Leiterradius sei r, der Abstand der Drähte a. Aus der Potentialtheorie ist dann bekannt, daß Spannung und Ladung pro Längeneinheit durch

$$\sqrt{2}\,E = 4\varrho \ln \frac{a}{r} \tag{124}$$

zusammenhängen. Hierbei bezeichnet E die Effektivspannung und ϱ die Ladung, wie sie der koronafreien Beanspruchung, und zwar dem Maximalwert entspricht. In Wirklichkeit zerfällt aber die Ladung in zwei Teile, der eine, ϱ_1, sitzt am Draht, der zweite, ϱ_2, in einem mittleren Abstand l vom Draht in der Umgebung. Dann setzt sich die Spannung aus zwei Termen zusammen und man hat dafür

$$\sqrt{2}\,E = 4\varrho_1 \ln\frac{a}{r} + 4\varrho_2 \ln\frac{a}{l}. \tag{125}$$

Die zurückgebliebene Ladung ϱ_1 sei jedoch nach der Holmschen Annahme so groß, daß durch sie die Durchbruchsfeldstärke $\mathfrak{E}_d$ am Draht erzeugt sei. Berechnet E_d die effektive Durchbruchsspannung, welche gemäß

$$\sqrt{2}\,E_d = 2r\,\mathfrak{E}_d \ln\frac{a}{r}$$

aus $\mathfrak{E}_d$ zu berechnen ist, so gilt also

$$\sqrt{2}\,E_d = 4\varrho_1 \ln\frac{a}{r} \tag{126}$$

Aus (124) läßt sich ϱ berechnen, aus (126) ϱ_1 und aus (125) ϱ_2, sofern l bekannt ist.

Der nächste Schritt ist daher die Berechnung des mittleren Abstandes der Raumladung vom Draht.

Die Zündung erfolgt, wenn die Spannung den Wert $\sqrt{2}\,E_d$ erreicht. Bis zum Erreichen des Maximums $\sqrt{2}\,E$ verstreicht die Zeit τ, wobei

$$\cos 2\pi\nu\tau = \frac{E_d}{E}. \tag{127}$$

Während der Zeit τ legen die Ionen den Weg $l-r$ zurück. Die Feldstärke, welche bei der Spannung E im Abstand x vom Draht herrscht, ist $\frac{\mathfrak{E} r}{x}$, wobei

$$\sqrt{2}\,E = 2r\,\mathfrak{E} \ln\frac{a}{r}.$$

Die treibende Kraft ist aber geringer, da dieser Wert dem Maximum entspricht. Man hat sie daher mit dem Faktor 0,8 zu multiplizieren. Die Beweglichkeit der Ionen ist etwa 2 cm/sec pro V/cm. Die Geschwindigkeit ist demnach

$$u = \frac{0{,}8\sqrt{2}\,E}{x \ln\frac{a}{r}}.$$

Nun gilt

$$u\,dt = dx$$

oder

$$\frac{0{,}8\sqrt{2}\,E}{\ln\frac{a}{r}}\,dt = x\,dx$$

und integriert

$$\frac{0{,}8\sqrt{2}\,E}{\ln\frac{a}{r}}\tau = \frac{l^2}{2}, \tag{128}$$

falls man r^2 neben l^2 rechts vernachlässigt. Die Gleichung gibt l an, da τ aus (127) bekannt ist.

Die Ermittlung der Verluste geschieht nach folgender Überlegung. Der Spannung E entspricht ϱ als Kapazitätsladung. In Wirklichkeit wird aber infolge der Raumladung $\varrho_1 + \varrho_2$ beim Spannungsmaximum vorhanden sein. Die Ladung

$$q = \varrho_1 + \varrho_2 - \varrho \tag{129}$$

muß daher als Verlustladung bezeichnet werden. Nun muß aber jede Halbwelle zunächst die Ladung q von der vorigen Halbwelle vernichten und dann q für die eigene Raumladung in die Umgebung werfen. Jede Halbwelle befördert daher die Ladung $2\,q$ in Phase mit der Spannung, als Verlustladung. Die Arbeit pro Halbwelle ist

$$0{,}8 \cdot 2q\sqrt{2} \cdot E\,.$$

falls der Faktor 0,8 eingeführt wird, weil wir das Spannungsmaximum in die Formel einsetzen. Die Verlustenergie ist somit pro Sekunde

$$W = 4{,}6\,q\,\nu\,E\,. \tag{130}$$

Die Messungen sind von Holm und Störmer [72] an einem Dreileitersystem ausgeführt worden, wobei der Einfluß der Erdkapazitäten besser vermieden wird. Die beiden seitlichen Leiter wurden hochgespannt, der mittlere über einen Oszillographen geerdet. Die Erdeinflüsse wurden trotzdem rechnerisch ermittelt und als Korrektur eingeführt. Aus den oszillographischen Aufnahmen ist der Kapazitätsstrom abgezogen und nach der Restkurve der Verlust graphisch ausgewertet worden. Die Übereinstimmung mit der Gl. (130) war durchaus genügend. Es möge ein tabellarischer Auszug einiger Versuchsergebnisse folgen. Die Frequenz betrug 50 Hertz.

Die Peeksche Formel zeigte etwas mehr Abweichung von den experimentellen Zahlen.

Tabelle 29.
Koronaverluste nach Messungen von Holm.

r in mm	a in cm	E in kV_{eff}	W gef.	W ber. in kW/km
0,4	80	73	10,9	11,5
0,4	80	123	50,7	54,7
1,5	45	73	4,81	4,21
1,5	60	114	33,1	32,6
2	66	123	32,2	28,6
2	100	117	12,4	11,7

Übrigens lassen sich Koronaverlustmessungen einfacher in der Scheringbrücke (Abschn. 23) ausführen. Die Verlustkomponente erhält man durch einen einzigen Meßwert und auch die Oberwellen lassen sich durch kombinierte Anwendung des Oszillographen und der Scheringbrücke ermitteln. Über dieses Verfahren des Verfassers wurde bei den festen Isolierstoffen Näheres gesagt (Abschnitt 23).

30. Einfluß des Raumquerschnitts.

Der dritte Gesichtspunkt der räumlichen elektrischen Bedingungen ist die beanspruchte Fläche. Hierüber liegen experimentelle Arbeiten des Verfassers [49] vor, welche darauf hinweisen, daß mit abnehmendem Raumquerschnitt die Durchschlagsfeldstärke ebenfalls ansteigt. Die fraglichen Versuche sind mit Plattenelektroden ausgeführt worden, zwischen welchen Paraffinplatten bestimmter Stärke eingebracht waren. In die Paraffinplatten sind vorher mit Nadeln Kanäle gebohrt worden. Auf diese Weise standen Lufträume von bestimmtem Querschnitt zur Verfügung. Eine Versuchsreihe gibt z. B. folgende Tabelle. Der Lochradius betrug 0,05 mm. Verwendet wurde Wechselspannung von 50 Perioden.

Tabelle 30. Querschnittseffekt in Luft.

Stärke d. Schicht in mm	Durchschlagsspannung in kV_{max}	Luftwert	Erhöhung %
0,45	3,13	2,50	25
0,64	3,61	3,20	13
0,88	4,47	4,05	10
1,22	6,13	5,30	15
1,7	9,90	7,00	40
2,7	12,8	10,4	23

Als Luftwert ist die Spannung bezeichnet, welche großen Querschnitten bei demselben Abstand entspricht. Die Erhöhung beträgt durchschnittlich 20 bis 25%.

Es läßt sich zeigen, daß der Effekt mit zunehmendem Radius allmählich abnimmt. Vorliegende Tabelle 31 gibt dafür einen Beweis: Es lag die Vermutung nahe, daß es sich hierbei nur um eine Verzögerungserscheinung handelt. Dies konnte jedoch durch Bestrahlung mit einem radioaktiven Präparat ausgeschlossen werden. Die Erhöhung blieb auch bei Bestrahlung bestehen.

Tabelle 31. Querschnittseffekt in Luft.

Schichtstärke in mm	Lochradius in mm				Luftwert
	0,05	0,1	0,2	0,4	
0,62	3,89	3,68	3,60	3,46	3,10
2,50	11,4	10,9	10,9	10,3	9,6

Der Effekt ist theoretisch, qualitativ wenigstens, unschwer zu erklären. Wir zeigten in Abschnitt 27, daß der Luftdurchschlag an einzelne Elementarlawinen gebunden ist, welche sich um ein einzelnes Elektron bilden. Slepian gab auch den Radius einer solchen Kugel abhängig von der Feldstärke an, derselbe nimmt mit zunehmender Feldstärke ab. Die Größenordnung ist 0,1 mm, dieselbe, bei welcher wir auch den Effekt auftreten sehen. Wird der Kanaldurchmesser kleiner als der Kugeldurchmesser, so muß unbedingt eine Störung in der Weiterentwicklung der Lawine auftreten, indem die Elektronen ihre kinetische Energie ganz oder teilweise der Wand abgeben werden. Um den Durchschlag herbeizuführen, muß jetzt die Feldstärke erhöht und dadurch der Durchmesser der Elementarlawine erniedrigt werden. Eine quantitative Ausbildung dieser Theorie steht noch aus.

Die erwähnte Querschnittsabhängigkeit der Durchschlagsfeldstärke gewinnt große praktische Bedeutung, wenn man sich die Frage vorlegt, auf welche Weise der Durchschlag in porösen, festen Isolierstoffen erfolgt. Da aber solche (wie z. B. Papier) im allgemeinen zu den festen Isolierstoffen gezählt werden, so kommen wir auf diese Frage in Abschn. 45 zurück und werden dabei auf die Ergebnisse dieses Abschnittes hinweisen.

31. Überspannung bei Stoßbeanspruchung. Töplersches Gesetz.

Nach den räumlichen wollen wir uns den zeitlichen Verhältnissen zuwenden und die hiermit zusammenhängenden Eigentümlichkeiten des Luftdurchschlags besprechen. Es werden hierbei einige prinzipiell wichtige Fragen zur Erörterung kommen.

Die wesentlichste Frage in diesem Zusammenhang ist die nach der Abhängigkeit der Durchschlagsfeldstärke von der Zeitdauer der Beanspruchung. Theoretisch haben wir diese Frage schon in Abschnitt 27 behandelt, da sie dazu geeignet ist, das Zustandekommen des Funkens überhaupt zu erklären. Wir sahen, daß mit abnehmender Belastungszeit die Durchschlagsfeldstärke steigt, ganz ähnlich wie mit abnehmendem Abstand und Querschnitt. Hier wollen wir einige experimentelle Belege für diesen Sachverhalt anführen.

Bis vor einiger Zeit bestanden die Messungen einfach darin, daß man die Frequenz der Wechselspannung variierte. Da bei Phasenwechsel das Feld und die Ströme abgebaut werden, so kann man jedenfalls sagen, daß die Beanspruchungszeit bei dieser Anordnung von der Größenordnung der halben Periodendauer ist. Solche Messungen sind z. B. von Algermissen [1] und von Leontiewa [93] ausgeführt worden. Wir geben im folgenden eine kleine Tabelle aus den Messungen von Leontiewa. Sie gibt die sog. Überspannung in Prozenten der statischen Spannung, welche zum Durchschlag erforderlich ist.

Bis etwa 10^6 Hertz ist die Überspannung sehr gering und nimmt erst von da an größere Werte an.

Weiter führen die Untersuchungen, die direkt mit Spannungsstößen von bestimmter Zeitdauer arbeiten und hierbei die Durchschlagsfeldstärke bestimmen. Solche Messungen sind von

Tabelle 32. Überspannung in Luft, abhängig von der Frequenz.

Frequenz in Hz	mm Funkenlänge			
	0,2	0,4	0,6	0,8
0	0	0	0	0
$0{,}4 \cdot 10^7$	40	50	60	70
$2{,}1 \cdot 10^7$	120	120	130	140
$4{,}7 \cdot 10^7$	190	220	240	260
$1{,}6 \cdot 10^8$	350	370	400	

Peek [131] und Pedersen [127] ausgeführt. Die Befunde stimmen mit den vorigen vollständig überein.

Einen noch eindeutigeren Einblick in diese Geschehnisse besitzen wir seit den Arbeiten von Rogowski [144]. Er entwickelte mit seinen Schülern einen Kathodenstrahloszillographen, der außerordentlich schnelle Vorgänge aufzunehmen gestattet. Wir kommen auf das Instrument im siebenten Kapitel noch zurück. Hier sei erwähnt, daß er damit direkt nachweisen konnte, daß der Durchschlag bei Gasen nur 10^{-7} Sekunden beansprucht. Erst bei Beanspruchungszeiten, die in diese Größenordnung fallen, wird eine Überspannung erforderlich. Beträgt die Überspannung 40%, so ist die Durchschlagszeit 10^{-8} sec. In seinen neuesten Arbeiten [143] berichtet er über geringe Überspannungen, die an parallelen Elektroden schon von 10^{-3} sec ab auftreten.

Das Zeitproblem ist aber damit lange nicht erledigt. Die bisher genannten Untersuchungen geben nur darüber Auskunft, wieviel Zeit bis zum Punkt verstreicht, an welchem die Charakteristik unendlich steil geworden ist. Wie sich aber der Vorgang weiterentwickelt, darüber sagen sie nichts aus. Es kommt jetzt auf die zweite Phase des Vorganges an, auf den Zusammenbruch der Funkenstrecke. Über diese zweite Phase besitzen wir in dem sog. Töplerschen Gesetz [169] einen zuverlässigen Führer. Wir wollen uns nunmehr der Besprechung dieses Gesetzes zuwenden.

Das Töplersche Funkengesetz gibt über die Größe des Widerstandes der Funkenbahn Auskunft. Von der Elektrodenkrümmung ist das Gesetz unabhängig, nur die Funkenlänge a geht darin ein. Es lautet

$$R_F = \frac{ka}{Q}, \tag{131}$$

wo R_F den Widerstand des Funken zur Zeit t, Q die gesamte bis zum Zeitpunkt t hindurchgeflossene Elektrizitätsmenge und k eine universelle, die sog. Töplersche Funkenkonstante bedeutet. k beträgt, falls R_F in Ω, a in cm und Q in Coul gemessen wird: $0{,}3 \cdot 10^{-3}$. Der Widerstand ist also um so größer, je länger die Funkenstrecke, entsprechend dem Verhalten sonstiger Widerstände, andererseits nimmt sie mit der Zeit ab, da Q mit ihr zunimmt. Da Q zu Anfang Null ist, ist R_F zu Anfang unendlich groß. Durch einen unendlich großen Widerstand fließt aber auch ein unendlich kleiner Strom, folglich dauert es praktisch unendlich lange Zeit, bis Q und damit R_F endliche Werte annehmen. Da diese Folgerung offenbar mit der Erfahrung in Widerspruch steht, so nimmt Töpler an, daß sein Gesetz nur von dem Punkt an Geltung hat, wo $\frac{di}{dE}$ unendlich wird, wo also der Durchschlag tatsächlich einsetzt. Bis da ist aber wegen der dunkeln Vorströme schon eine gewisse Elektrizitätsmenge hindurchgegangen, und zwar soll sie nach Töpler gerade eine elektrostatische Einheit oder $\frac{1}{3} 10^{-9}$ Coul ausmachen. Beim Beginn des Funkens ist also (für $a = 1$ cm) R_F etwa 1 MΩ. Mit 30 kV Entladespannung hat man zu diesem Zeitpunkt einen Strom von 30 mA. Der weitere Verlauf der Entladung läßt sich berechnen, falls der Stromkreis gegeben ist.

Wir wollen im folgenden eine Schaltung behandeln, welche vielfach zur experimentellen Prüfung des Gesetzes verwendet wurde. Durch die verschiedensten Methoden erhielt man jeweils für k angenähert denselben Wert, was offenbar als Bestätigung der Theorie angesehen werden kann. Es sei eine Funkenstrecke betrachtet (Abb. 64), welche an zwei Kondensatoren C angeschlossen ist, wobei die beiden Kondensatoren durch den hochohmigen möglichst induktionsfreien Widerstand R verbunden sind. In der Mitte von R ist die Erdung gedacht, man hat also eine symmetrische Anordnung vor sich. An den Enden von R sind zwei Lecherdrähte angeschlossen, die uns aber einstweilen nicht beschäftigen sollen.

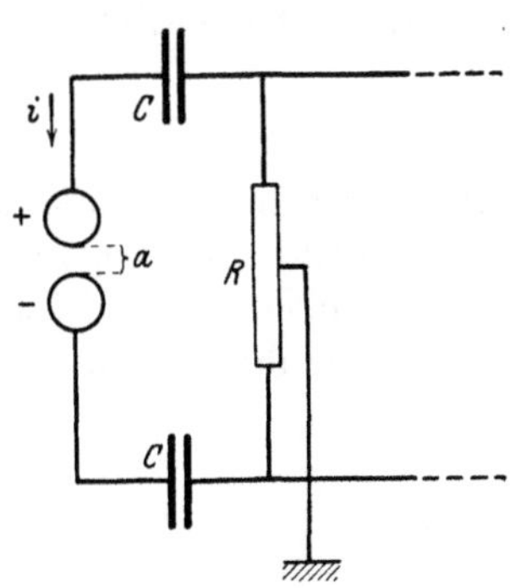

Abb. 64. Versuchsanordnung von Töpler.

Die Spannung an der Funkenstrecke sei mit E_F bezeichnet, wobei zu Beginn der Entladung

$$E_F = E_d\,,$$

wo E_d = Durchschlagsspannung. Die Spannung am Widerstand ist E_R (nach oben positiv gerechnet). Der Strom, der im Kreise fließt, ist i. Die Zuleitungen von der Spannungsquelle enthalten hochohmige Widerstände, so daß während der Entladung keine nennenswerte Elektrizitätsmenge von der Quelle zufließt.

Wir führen noch mit Töpler folgende Bezeichnungen ein:

$$E_F = p\,\frac{E_d}{2}$$

und

$$E_R = q\,\frac{E_d}{2}\,.$$

p und q sind Zeitfunktionen. p ist 1, wenn die Spannung an der Funkenstrecke zur Hälfte gesunken ist. Als Abkürzungen seien ferner

$$\alpha = \frac{E_d}{k a}$$

und

$$\beta = \frac{C R \alpha}{2}$$

eingeführt.

Für den Strom i hat man drei Ausdrücke, wodurch sich zwei Differentialgleichungen für p und q ergeben. Es ist einerseits an der Funkenstrecke

$$i = \frac{E_F}{R_F} = \frac{E_F Q}{k a};$$

wo

$$Q = C\left[\frac{E_d}{2} - \left(\frac{E_F}{2} - \frac{E_R}{2}\right)\right] = \frac{C E_d}{2}\left(1 - \frac{p}{2} + \frac{q}{2}\right).$$

Zweitens ist der Strom am Kondensator

$$i = -C\,\frac{d\left(\frac{E_F}{2} - \frac{E_R}{2}\right)}{dt} = -\frac{C E_d}{4}\,\frac{d(p-q)}{dt}.$$

Drittens ist der Strom am Widerstand R:

$$i = -\frac{E_R}{R} = -\frac{q E_d}{2R}.$$

Der Strom am Widerstand ist von unten nach oben positiv gezählt, folglich ist q stets negativ, d. h. die Spannung am Widerstand ist unten positiv, oben negativ. Die drei Ausdrücke für i gleich gesetzt, hat man nach Einführung von α die zwei Gleichungen

$$-\frac{\alpha}{2}(2 - p + q)\,p = \frac{d(p-q)}{dt}$$

und

$$\frac{2q}{RC} = \frac{d(p-q)}{dt}.$$

Integriert, ergibt sich für p:

$$e^{\alpha t} = \left(\frac{2 + \beta p}{(2+\beta)p}\right)^{\beta} \frac{2-p}{p}. \tag{132}$$

Die Konstante ist hierbei so gewählt, daß für $p = 1$ $t = 0$ gesetzt wird. Die Zeitachse verläuft also symmetrisch zu jenem Zeitpunkt, wo die Funkenspannung gerade halbiert ist. Aus p hat man dann q aus:

$$q = -\frac{\beta p(2-p)}{2 + \beta p}$$

p nimmt von seinem Anfangswert $+2$ allmählich bis 0 ab. q ist anfangs 0, erreicht dann negative Werte, um dann wieder auf 0 abzufallen. Das Maximum von q ist

$$q_{\max} = -\frac{2\left(\sqrt{\beta+1} - 1\right)^2}{\beta}.$$

Hiermit ist die eine Möglichkeit zur Prüfung der Gleichungen gegegeben. Parallel zu R kann eine Meßfunkenstrecke geschaltet werden, deren Abstand veränderlich ist. Aus ihrem Ansprechen läßt sich $q_{\max}$, damit β und k berechnen. Die Methode hat zwei Fehlerquellen: erstens die Funkenverzögerung an der Meßfunkenstrecke, zweitens das Auftreten von Glimmentladung an derselben. Die Berücksichtigung beider Fehler würde zu $0{,}45 \cdot 10^{-3}$ für k führen.

Es gibt aber auch eine andere Möglichkeit, die Schaltung experimentell zu verwenden. Man kann nämlich aus (132) $\frac{dp}{dt}$ berechnen. Dieser besitzt ein Maximum von der Größe

$$\left(\frac{dp}{dt}\right)_{\max} = -\frac{\alpha}{2}\left(\frac{8A}{27\beta^2}\,\frac{9\beta - 3A + 3A\beta - A^2}{\beta+1}\right)$$

mit

$$A = \beta - 1 + \sqrt{\beta^2 + \beta + 1}\,.$$

Für große Werte von R geht der Klammerausdruck in $\left(\frac{dp}{dt}\right)_{\max}$ in $\frac{16}{27}$ über. Daraus läßt sich auch $\left(\frac{dE_R}{dt}\right)_{\max}$ ermitteln, er beträgt für große R

$$\left(\frac{dE_R}{dt}\right)_{\max} = -\frac{4E_d^2}{27ak}\,.$$

Befindet sich, wie auf Abb. 64 angedeutet, eine Antenne parallel zu R, so breitet sich an ihr eine Wanderwelle aus. Die abgeleiteten Gleichungen bleiben alle bestehen, nur ist jeweils an Stelle von R der Ausdruck

$$\frac{R\sqrt{\frac{L_a}{C_a}}}{R + \sqrt{\frac{L_a}{C_a}}}$$

zu setzen, wo L_a und C_a Selbstinduktion und Kapazität der Antenne pro Längeneinheit bedeuten. Dann ist nämlich $\sqrt{\frac{L_a}{C_a}}$ der sog. Wellenwiderstand der Antenne, der zu R parallel geschaltet ist. Die Wanderwelle breitet sich formgetreu an der Leitung fort, und zwar angenähert mit Lichtgeschwindigkeit c. Der Wellenkopf hat demnach dieselbe Form wie der zeitliche Verlauf von E_R. Für die maximale Steilheit des Anstieges der Wanderwelle E_a hat man (mit x als Antennenkoordinate)

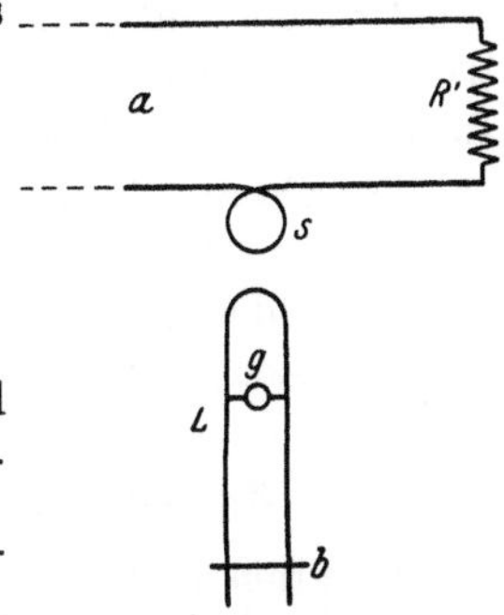

Abb. 65. Bindersche Schleifenmethode.

$$\left(\frac{dE_a}{dx}\right)_{\max} = \frac{4E_d^2}{27akc} \tag{133}$$

falls R wieder groß angenommen wird. Dies gilt, wie bemerkt, für den Anstieg, ihm würde ein zweiter Wellenstoß folgen, welcher die Spannung an der Antenne wieder abbaut. Diese maximale Steilheit der Wanderwelle wurde von Töpler [168] nach der Binderschen Schleifenmethode gemessen (Abb. 65). Die Antenne a, welche vom Widerstand R

kommt, wird am Ende mit einem zweiten Widerstand R' geschlossen, so gewählt, daß

$$R' = \sqrt{\frac{L_a}{C_a}}.$$

Dann erfolgt keine Reflexion der Wellen und man hat es nur mit den beiden Spannungsstößen zu tun. Die Antenne besitzt eine Schleife s, welche auf das Lechersystem L induziert. Es wird durch Verstellung der Brücke b maximales Aufleuchten der Glimmröhre g erzeugt. Dann befindet sich das Lechersystem L in Resonanz mit jener Sinusschwingung, welche dem Wellenkopf in erster Näherung äquivalent gesetzt werden kann. Aus der Wellenlänge jener äquivalenten Sinusschwingung ist die Steilheit zu berechnen, welche dann gemäß Gl. (133) wieder zum Wert der Konstanten k führt. Nach dieser Methode wurde k zu $0{,}15 \cdot 10^{-3}$ ermittelt. Töpler hält $0{,}3 \cdot 10^{-3}$ für den wahrscheinlichsten Wert.

Außer der Messung der Maximalspannung neben R sowie der Wanderwellensteilheit hat sich Töpler auch einer dritten Methode bedient, der sog. Gleitfunken. Er hat dazu die Lichtenbergschen Figuren verwendet, das sind jene Figuren, die an Oberflächen von festen Dielektriken zurückbleiben, falls im unmittelbar benachbarten Gasraum eine Entladung vor sich geht. Es handelt sich dann um einen Überschlag an der Grenze Luft—Dielektrikum, deren Spuren z. B. durch Aufstreuen von Pulver oder durch photographische Platten sichtbar gemacht werden können. Auf seine diesbezüglichen Arbeiten kann jedoch nicht weiter eingegangen werden.

32. Blitzforschung. Arbeiten von Matthias.

Die Fragen, welche den zeitlichen Verlauf des elektrischen Funkens betreffen, hängen aufs engste mit einem sehr wichtigen Gebiet, nämlich der Blitzfrage, zusammen. Die Klärung dieser Frage ist erstens praktisch in Anbetracht der Blitzschutzeinrichtungen von Belang, zweitens liefert sie uns auch wichtige Beiträge zur Erkenntnis der Natur des Funkens überhaupt. Sind doch Blitzschläge nichts anderes als Luftdurchschläge von größem Ausmaß. In letzter Zeit sind eine Reihe wichtiger Untersuchungen von der Studiengesellschaft für Höchstspannungsanlagen unter Leitung von A. Matthias [101 bis 103] durchgeführt worden, auf die kurz eingegangen werden soll.

Es gibt zweierlei Arten von Blitzeinschlägen, direkte und indirekte. Die Entladung zwischen einer Wolke und Erde wird als direkter Blitz bezeichnet. — Andererseits besteht zwischen Wolke und Erde ein hochgespanntes Feld. Die Leitungen einer Hochspannungsanlage, welche von der Erde isoliert sind, müßten infolgedessen auf sehr hohe

Spannung gegen Erde aufgeladen werden. Dies ist jedoch im allgemeinen nicht der Fall, da die wenn auch sehr hohen Isolationswiderstände hinreichen, um die aufgedrückte Ladung zur Erde abfließen zu lassen. Erfolgt jedoch an einer begrenzten Stelle eine plötzliche Feldänderung, so wird an dieser Stelle eine entsprechende plötzliche Spannungsänderung an Hochspannungsleitungen auftreten, welche sich in Form einer Wanderwelle auf das weiterliegende Leitungsnetz ausbreitet. Der Spannungsstoß ist so schnell, daß ein Ausgleich durch die hohen Isolationswiderstände nicht schnell genug stattfinden kann. Die Anlage wird daher unter Umständen durch diese stoßartigen Überspannungen so stark beansprucht, daß Überschläge nach Erde eintreten werden, welche zu schwerer Schädigung der Anlage führen können. Ein Funkenüberschlag ist also, wie ersichtlich, auch ohne direkten Blitzschlag möglich, falls nämlich eine plötzliche Feldänderung eintritt. Eine solche wird aber stets in der Umgebung eines direkten Blitzschlages erfolgen. Man hat nur zu bedenken, daß jeder Blitzschlag eine große Menge von Ladungen von der Wolke abführt oder ihr zuführt. Ist die Stromrichtung des Blitzes von der Wolke nach der Erde gerichtet, so wird der Wolke positive Elektrizität entrissen und das Feld erfährt einen plötzlichen Sprung, indem eine Feldkomponente in Richtung Erde—Wolke hinzutritt. Die Richtung von der Wolke zur Erde bezeichnet man als positiv. Ein positiver Blitzstrom wird demnach einen negativen Sprung im Felde erzeugen. Umgekehrt bewirkt ein negativer Blitzstrom Zufluß positiver Elektrizität nach der Wolke zu, also einen positiven Feldsprung. Blitzschläge in der Nachbarschaft können also nach diesem Mechanismus zu Überschlägen führen, ein Vorgang, der eben als indirekter Blitzschlag bezeichnet wird.

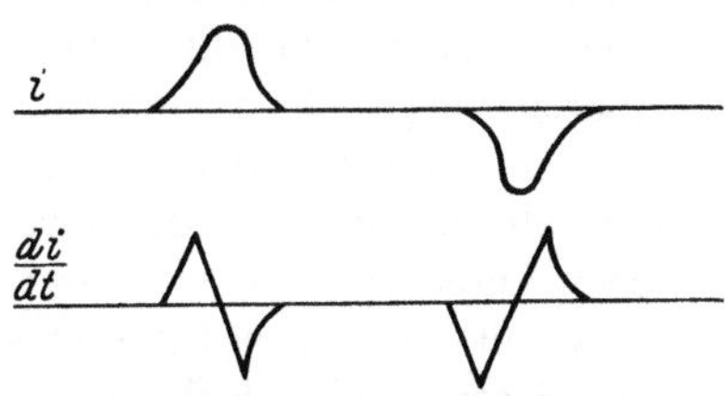

Abb. 66. Stromoszillogramm von Blitzen.

Matthias hat auf einer eigens dazu hergerichteten Gewitterstation mittels mehrerer Apparate eine große Zahl von Blitzschlägen oszillographisch registriert. Aus diesen Aufnahmen konnten folgende wichtige Daten entnommen werden: Stromstärke und Stromrichtung des Blitzes, Anzahl der Teilentladungen, zeitlicher Abstand der Teilentladungen, welche zu einem Blitz gehören, ferner Größe des genannten elektrischen Feldes und die Sprünge in demselben.

Das Prinzip der einzelnen Meßapparate ist folgendes. Mittels zweier senkrechter Rahmenantennen wurden Stromstöße registriert, welche durch den Blitzstrom induktiv erzeugt worden sind. Abb. 66 zeigt oben zwei Stromstöße in positiver und negativer Richtung, unten die zugehörigen Oszillogramme, welche $\frac{di}{dt}$ angeben. Aus den Oszillogrammen läßt sich also durch Integration die Stromkurve ermitteln. Kennt man noch den Abstand des Blitzes von der Meßapparatur, so läßt sich daraus die Größe des Stromes direkt ermitteln. Man kam damit zu Werten bis 15000 Amp, was aber sicher nur einen Mindestwert angibt. Da der Oszillograph gleichzeitig mit Zeitschreiber versehen war, so konnte auch die Dauer einer Teilentladung ermittelt werden, sie beläuft sich auf 0,01 bis 0,0005 sec. Jeder Blitzschlag besteht, wie erwähnt, aus mehreren Teilentladungen, welche in Abständen bis zu 0,4 sec einander folgen. Was die Richtung betrifft, so haben durchschnittlich sechsmal so viel Blitze die Richtung Erde—Wolke, wie die umgekehrte Richtung.

Außer dieser oszillographischen Registrierung des Stromes ist noch ein weiteres Verfahren angewendet worden. In der Nähe von Blitzableitern sind nach einem Vorschlag von Töpler eine große Anzahl von Koerzitstäben angebracht worden, deren durch den Stromstoß bewirkte Magnetisierung nicht verschwindet und einen Maßstab für die Größe des Stromes angibt. Aus diesen Stäben konnte dann auf Stromstärken bis 40000 Amp geschlossen werden.

Die Aufnahme des elektrischen Feldes am Oszillographenstreifen erfolgte mittels einer besonderen Feldmaschine, welche im wesentlichen aus zwei rotierenden Halbzylindern mit Schleifringen bestand. Durch fortwährende Influenz wird ein Wechselstrom erzeugt, deren Amplitude der Feldintensität proportional ist. Man erhält dadurch über die jeweilige Größe des Feldes Auskunft. Sie verändert sich zunächst während eines Gewitters ständig durch Verschiebung der Wolkenschichten gegeneinander. Bei jedem Blitzschlag ist aber, wie erwähnt, eine plötzliche größere Änderung in den Amplituden wahrnehmbar. Die Größe der Felder reicht bis 40 kV/m, die Sprünge des Feldes sind von derselben Ordnung.

Für die Registrierung der Sprünge ist noch eine dritte Apparatur verwendet worden in Form einer Hochantenne, welche bei jedem Spannungsstoß einen Stromstoß durch die Meßschleife zur Erde führt. Diese Zacken im Oszillogramm geben über die plötzliche Änderung eine besonders gute Auskunft. Diese Anordnung ist übrigens von Norinder, dem man auch besonders wertvolle Untersuchungen auf diesem Gebiet verdankt, verwendet worden.

Wie aus diesen Andeutungen ersichtlich, sind Blitzforschungen überaus geeignet, wichtige Aufschlüsse über den elektrischen Durchschlag der Luft zu liefern. Auf die praktischen Ergebnisse der Matthiasschen Arbeiten können wir nicht weiter eingehen, da sie uns von unserer Darstellung zu weit führen würden.

33. Funkenverzögerung.

Im Rahmen der zeitlichen Vorgänge im Zusammenhang mit dem Funkenübergang ist noch die Funkenverzögerung zu besprechen. Sie besteht darin, daß zwischen dem Augenblick des Anlegens der Spannung und dem des Funkenüberganges eine endliche Zeitspanne verläuft, sofern man die Funkenstrecke nicht genügend bestrahlt. Diese Verzögerungszeit hat nichts mit der Zeitspanne zu tun, die wir nach Rogowski als Zeitdauer der Funkenausbildung berechnet haben. Wir hatten dort angenommen, daß ein endlicher Strom $(nv)_0$ von der Kathode austritt und ionisierend vorwärtsschreitet. Diese Anfangsgröße nahmen wir als vorhanden an. Dies ist aber in Wirklichkeit nicht so Sind sehr wenig Elektronen im Raume vorhanden, so reicht das nicht aus, um einen nennenswerten Strom zu erzeugen. Verhält es sich so, wie das Loeb (S. 136) annimmt, daß eine Kette hintereinanderliegender Elektronen zum Durchschlag erforderlich ist, dann ist es noch klarer ersichtlich, daß diese Mindestanzahl an Elektronen nicht sofort von Anbeginn an vorhanden sein muß.

Es vergeht also vom Moment der Spannungsanlegung an eine gewisse Zeit, bis die Anzahl und Anordnung der Elektronen eine solche wird, daß der Lawinenvorgang einsetzen kann, und dies ist eben die Verzögerungszeit. Von E. Warburg [184] wurde festgestellt, daß man die Verzögerung durch Bestrahlung der Funkenstrecke mit ultraviolettem Lichte herabsetzen bzw. ganz aufheben kann. Offenbar erzeugt die Fremdionisation genügende Anzahl Anfangselektronen, so daß die Verzögerung wegbleibt. Alle grundlegenden Arbeiten über Gasdurchschlag werden daher mit Bestrahlung ausgeführt. Radioaktive Präparate oder Röntgenstrahlen wirken in demselben Sinne.

Prinzipielle Untersuchungen über die Verzögerung liegen von N. Campbell [11], dann von P. O. Pedersen [127] vor. Letzterer kommt zu der Ansicht, daß die Verzögerungszeit eine bestimmte definierte Dauer hätte. Dies ist insofern unwahrscheinlich, als die Heranbildung einer genügenden Elektronenanzahl und -anordnung offenbar im wesentlichen durch undefinierte Ursachen bewirkt und somit den Wahrscheinlichkeitsgesetzen unterworfen ist. Es ist daher anzunehmen, daß die Verzögerungszeit keine konstante Größe hat, sondern eine bestimmte Verteilung um einen Mittelwert aufweist.

Daß dies in der Tat so ist, hat K. Zuber experimentell und v. Laue theoretisch gezeigt. Zuber (195) ließ die Verzögerungszeiten automatisch registrieren. Trug er dann die Häufigkeiten als Ordinaten und die Zeiten als Abszissen auf, so erhielt er eine Verteilungskurve mit einem Maximum. Einwandfreier ist aber die Versuchsanordnung dann, wenn nach jedem Funkenübergang eine Zeitlang gewartet wird. Liegt zwischen den einzelnen Durchschlägen jeweils etwa eine Zeit von

5 sec, dann ist die Nachwirkung des vorangegangenen Durchschlags jeweils verschwunden. In diesem Falle kriegt man eine Verteilung, welche mit zunehmender Zeit stetig ohne ein Maximum abnimmt. Man kann auch die Häufigkeiten berechnen, welche dem Intervall t bis ∞ entsprechen, also Zeiten, welche größer sind als eine bestimmte Zeit t. Diese Häufigkeit wird mit n_t^∞ bezeichnet. Die Kurve $\ln n_t^\infty$ abhängig von der Zeit war nun in Zubers Versuchen eine Gerade.

Außerdem berechnete Zuber die mittleren Verzögerungszeiten. Dieselben nehmen mit zunehmender Überspannung und mit intensiverer Belichtung ab.

Der Grundgedanke der Laueschen Theorie [92] ist folgender: Es seien N Durchschläge ausgeführt. Die Zeit t rechne jeweils vom Anlegen der Spannung. $N V(t)$ sei die Anzahl der Anordnungen, welche zur Zeit t noch nicht durchgeschlagen sind. Die Durchschläge zwischen t und $t + dt$ sind dann

$$-N \frac{dV}{dt} dt .$$

Andererseits ist die Anzahl der Durchschläge zu dieser Zeit um so größer, je größer die Zahl der noch vorhandenen unentladenen Funkenstrecken ist; man kann sie also schreiben als

$$\beta N V(t) dt ,$$

wo β ein Wahrscheinlichkeitsfaktor ist, der von der Überspannung, der Belichtung usw. abhängt.

Dann wird also durch Gleichsetzung beider Ausdrücke

$$-\frac{dV}{dt} = \beta V$$

oder

$$V = e^{-\beta t},$$

da für $t = 0$, $V = 1$ sein muß.

Die Wahrscheinlichkeit der Entladung zur Zeit t ist daher

$$w(t) dt = -\frac{dV}{dt} dt = \beta e^{-\beta t} dt .$$

Die oben definierte Wahrscheinlichkeit n_t^∞ ist gegeben durch $\int_t^\infty w dt$. Demnach ist $n_t^\infty = V$, d. h.

$$n_t^\infty = e^{-\beta t}$$

oder

$$\ln n_t^\infty = -\beta t . \tag{134}$$

Die von Zuber gefundene Linearität zwischen $\ln n_t^\infty$ und der Zeit wird also von der Theorie erklärt. Daß bei zu schneller Funkenfolge $w(t)$ durch ein Maximum geht, statt stetig abzunehmen, erklärt sich daraus, daß dann β eine Zeitfunktion wird, da die Nachwirkung des vorigen Funkens erst allmählich erlischt.

Der Mittelwert der Verzögerungszeit beträgt

$$\bar{t} = \int_0^\infty t\, w\, dt = \frac{1}{\beta}$$

ist also um so kleiner, je größer die Entladungswahrscheinlichkeit β. Theorie und Experiment stehen daher in guter Übereinstimmung.

34. Druck. Temperatur. Chemische Natur des Gases.

Es folgt jetzt die Besprechung des Einflusses des Gases selbst auf die Durchschlagsfestigkeit desselben. Von den physikalischen Bestimmungsstücken ist wohl der Druck das wesentlichste. Wir gehen also von einer idealen Anordnung mit homogenem Feld aus, welche die Durchschlagsfestigkeit $\mathfrak{E}_0$ mißt und verändern unter sonst gleichbleibenden Bedingungen den Druck des Gases. Tragen wir dann die Durchschlagsfestigkeit als Ordinate, den Druck als Abszisse auf, so erhalten wir eine Kurve, welche bei einem bestimmten Druck durch ein Minimum geht und sowohl nach den kleinen wie nach den großen Drucken zu zunimmt.

Wie ist dieser Verlauf erklärlich? Wir hatten auf S. 140 gesehen, daß man praktisch die Durchschlagsfestigkeit als jene Feldstärke definieren kann, bei der die Ionisationszahlen von Null verschieden werden. Praktisch ließ sich die $\alpha(\mathfrak{E})$-Kurve durch Gl. (117) ausdrücken, und die Konstante $\mathfrak{E}_0$, bei der die angenäherte Kurve die x-Achse berührt, war die Durchschlagsfestigkeit. Wir haben jetzt, wenn wir die Abhängigkeit von $\mathfrak{E}_0$ vom Druck erklären wollen, zur theoretisch richtigen Gleichung $\alpha(\mathfrak{E})$ zurückzugreifen und zu zeigen, daß dieselbe sowohl bei kleinen wie bei großen Drucken nach rechts verschoben wird. Obwohl natürlich die α-Werte auch bei den kleinsten Feldstärken von Null verschieden sind, wird man sie doch durch eine Gleichung von der Form (117) annähern können und die Konstante $\mathfrak{E}_0$ muß offenbar bei einer Rechtsverschiebung der Kurve zunehmen. Damit ist aber eine Erklärung der Erscheinung gegeben.

Eine theoretisch richtige Gleichung wurde in Abschnitt 14 abgeleitet. Wir hatten $\left(\text{für große Werte von } \frac{\mathfrak{E}}{p}\right)$ den Zusammenhang

$$\alpha = p N_0 e^{-N_0 V_0 \frac{p}{\mathfrak{E}}}.$$

Für sehr kleine Drucke ist der Exponentialausdruck 1, folglich wird α mit abnehmendem Druck abnehmen. Der Grund ist der, daß wegen der geringen Zahl der Molekeln die Anzahl der Zusammenstöße gering wird. Dieser Zustand tritt für Abstände über 1 cm Funkenstrecke unterhalb von 1 mm Hg auf, also erst bei recht geringen Drucken. In der α — $\mathfrak{E}$-Kurve liegen also die Ordinaten alle tiefer und die Gesamtkurve erhält eine Verschiebung nach rechts, wie oben behauptet wurde.

Für große Drucke (über 10 mm Hg) kommt dagegen der Exponentialausdruck zur Geltung, er wird immer kleiner und kleiner und der Gesamtwert von α muß wieder abnehmen. Der Grund ist hier der, daß trotz der vielen Zusammenstöße die Wahrscheinlichkeit zur Erlangung der Ionisationsspannung immer kleiner wird. Die Kurve muß also wiederum tiefer liegen und $\mathfrak{E}_0$ wachsen.

Eine tiefere Einsicht in dieses Verhalten gewährt die Berücksichtigung des Paschenschen Gesetzes [125]. Dasselbe sagt aus, daß die Durchschlagsspannung eine eindeutige Funktion des Produktes aus Druck und Abstand ist. Wird der Druck verdoppelt, so ist halb so große Entfernung zum Durchschlag erforderlich und umgekehrt. Trägt man also das genannte Produkt als Abszisse und die Durchschlagsspannung als Ordinate auf, so erhält man für ein gegebenes Gas eine allgemein gültige Kurve.

Wir wollen zunächst zeigen, wie sich dieses Gesetz aus der Townsendschen Theorie ohne weiteres ableiten läßt. Wir sahen, daß die Durchschlagsbedingung folgenderweise lautet (Gl. (110):

$$\alpha = \beta\, e^{(\alpha - \beta) a}.$$

Andererseits läßt sich obige Beziehung zwischen α und $\mathfrak{E}$ allgemein schreiben als

$$\frac{\alpha}{p} = f\left(\frac{\mathfrak{E}}{p}\right). \tag{135}$$

Es ist wahrscheinlich, daß, wenn auch Gl. (67) nicht allgemein gültig sein dürfte, die Form (135) auf jeden Fall zu behalten ist. Ebenso können wir schreiben:

$$\frac{\beta}{p} = \varphi\left(\frac{\mathfrak{E}}{p}\right). \tag{135a}$$

Setzen wir beide Ausdrücke in (110) ein, und ersetzen $\mathfrak{E}$ durch $\frac{E}{a}$, so erhalten wir die Gleichung:

$$\frac{f\left(\frac{E_d}{a\,p}\right)}{\varphi\left(\frac{E_d}{a\,p}\right)} = e^{a p \left[f\left(\frac{E_d}{a p}\right) - \varphi\left(\frac{E_d}{a p}\right)\right]}.$$

Mit anderen Worten: E_d ist eine Funktion von ap allein, oder

$$E_d = F(ap). \tag{136}$$

Dies ist aber das Paschensche Gesetz.

Nun zur experimentellen Bestätigung des Gesetzes. Es liegen viele Messungen vor. Für Luft insbesondere von Carr [12] und von E. Meyer [105]. Die Messungen ergaben in der Tat, daß E_d eine alleinige Funktion des Argumentes (ap) ist. Die Kurve für Luft, wie sie Carr fand, ist auf Tabelle 33 wiedergegeben. Schematisch zeigt Abb. 67 eine allgemeine Kurve mit der Minimumspannung und dem ihr entsprechenden kritischen (ap)-Wert.

Tabelle 33. Die Durchschlagsspannung als Funktion von (ap).

ap	E_d	ap	E_d
1	1900	14	430
2	650	16	440
3	420	18	460
4	370	20	470
5	350	22	480
6	360	24	500
8	380	26	510
10	390	28	530
12	410		

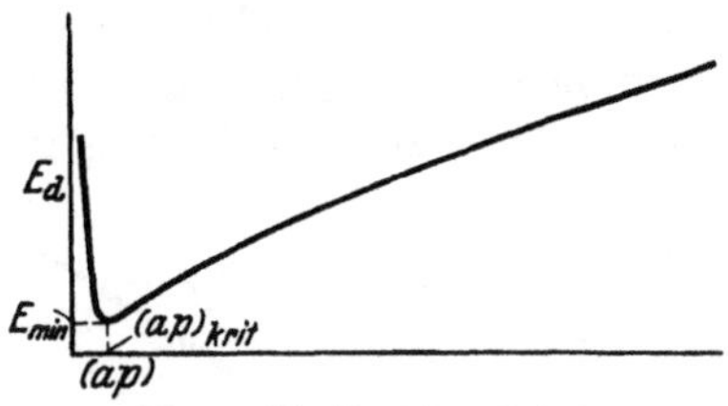

Abb. 67. Die Funktion $F(ap)$.

(ap) ist hierbei in mm · mm Hg und E_d in V gemessen. Die Kurve ist also ähnlich wie die vorhin genannte $\mathfrak{E}_0 - p$-Kurve, sie geht bei einer bestimmten Spannung durch ein Minimum. Diese ist die sog. Minimumspannung, sie ist eine für jedes Gas charakteristische Konstante, die nicht unterschritten werden kann, da bei noch stärkerer Näherung der Elektroden die Durchschlagsspannung steigt, statt abzunehmen. Dies ist eine recht merkwürdige Tatsache. Daß die Durchschlagsfeldstärke bei extrem kleinen Abständen zunimmt, ist verständlich, daß sogar die Durchschlagsspannung ansteigt, mutet aber direkt paradox an. Und doch ist es so. Die Versuche sind dementsprechend, wie z. B. von E. Meyer, nur mit Elektroden ausführbar, die in festem Isolierstoff eingebettet sind, welch letzterer in der Mitte des homogenen Feldes eine Aussparung hat. Sonst würden ja Durchschläge am Rand, der ja trotz größeren Abstandes weniger fest ist, unvermeidlich sein. Für Luft beträgt die Minimumspannung nach Carr 350 V, nach E. Meyer 327 V.

Aus der allgemeinen Kurve lassen sich nun die beiden Spezialkurven $\mathfrak{E}_d - p$ und $\mathfrak{E}_d - a$ ableiten. Wir wollen diese beiden einzeln betrachten. Wird der Abstand a konstant gehalten, so muß die Kurve $F(ap)$ die Funktion $E_d(p)$ ergeben. Da a konstant ist, muß $\mathfrak{E}_d(p)$ auch dieselbe Form haben. Daß dies der Fall ist, haben wir schon erwähnt.

Es läßt sich ohne weiteres einsehen, daß die erhaltenen $\mathfrak{E}_d(p)$-Kurven alle verschieden ausfallen werden, je nachdem, welchen Abstand wir gewählt haben. Und dies ist auch verständlich, da das Paschensche Gesetz von beliebigen Abständen, somit von dem Begriff der Durchschlagsfeldstärke handelt. Wollen wir von den vielen $\mathfrak{E}_d\,(p)$-Kurven zur $\mathfrak{E}_0\,(p)$-Kurve gelangen, so müssen wir uns auf Abstände größer als 1 cm beschränken. Dann müßten wir erwarten, daß alle $\mathfrak{E}_d\,(p)$-Kurven zusammenfallen und eben die $\mathfrak{E}_0\,(p)$-Kurve liefern. Dies ist aber auch nur mit einer Einschränkung der Fall (und dies ist sehr wichtig), daß wir uns nämlich auf Drucke größer als etwa 10 mm Hg beschränken. Dann fallen in der Tat die $\mathfrak{E}_d\,(p)$-Kurven (praktisch) zusammen und stellen die $\mathfrak{E}_0\,(p)$-Kurve dar (Abb. 68). Beiliegende Kurve, wie sie etwa durch Messung von Paschen und Orgler [123] gegeben wird, liefert die $\mathfrak{E}_0\,(p)$-Kurve gültig für Abstände über 1 cm und Drucke über 10 mm Hg unabhängig vom Abstand. Die Unabhängigkeit ist um so vollkommener, je höher der Abstand und der Druck gewählt wird.

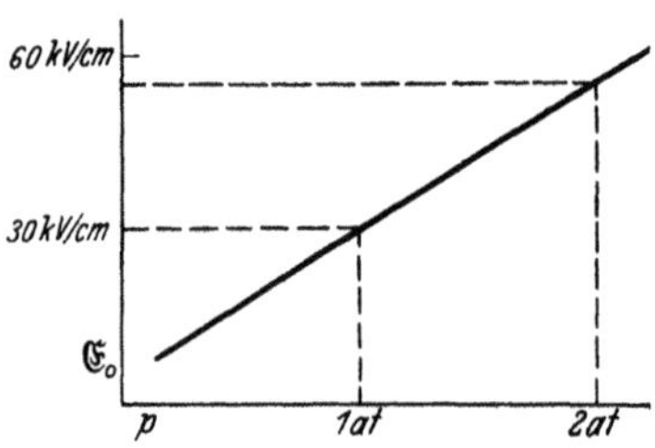

Abb. 68. Durchschlagsfestigkeit abhängig vom Druck.

Es ergibt sich somit die weitere Erscheinung, daß von einer Durchschlagsfestigkeit als Materialkonstante bei Gasen nur bei nicht zu kleinen Drucken die Rede sein kann. Diese weitere Bedingung muß also zu den in Abschnitt 24 angeführten Bedingungen der Idealanordnung noch hinzugefügt werden. Dies ist leicht zu verstehen. Wir können von einem Gas als Kontinuum nur bei höheren Drucken reden, wo die Konzentration so groß wird, daß eine Mittelung über die Elementarvorgänge in jedem Volumelement zulässig ist. Je geringer die Konzentration, um so mehr gewinnt der Elementarvorgang im Verhältnis zum Gesamtgeschehen eine Bedeutung, um so unverläßlicher ist die Mittelung, wie sie im Falle eines Kontinuums erlaubt ist. Ein dünnes Gas wird auch qualitativ verschiedene Gesetze aufweisen als eines von normalem Druck. Dieses Verhalten ist z. B. auch von der Behandlung der Gasströmungen her bekannt. Heute ist diese Unterschiedlichkeit noch ausgesprochener, da der Durchschlag in verdünnten Gasen sicher nur mit Hilfe der Quantenmechanik zu behandeln sein wird, während bei Normaldruck dies nicht erforderlich ist.

Zweitens ergibt die allgemeine Kurve $F\,(ap)$ die Abhängigkeit $\mathfrak{E}_d\,(a)$, wie sie schon in Abschnitt 28 behandelt wurde. Man hat nur p konstant zu halten und hat die Kurve $E_d\,(a)$. Dividiert man noch jeweils durch den Wert der Abszisse, so erhält man die $\mathfrak{E}_d\,(a)$-Kurve. Der aufsteigende Ast der $F\,(ap)$-Kurve ist eine Gerade, welche die Ordinate etwas über dem Nullwert schneidet. Für größere Abstände muß diese Kurve in der Tat zu einem konstanten Wert führen, welcher eben $\mathfrak{E}_0$ sein wird. Für kleine Abstände ergibt sich dagegen die schon in Abschnitt 28 erörterte starke Zunahme der Durchschlagsfeldstärke. Allerdings ergibt sich ein Widerspruch mit den dort besprochenen Verhältnissen. Wir erwähnten, daß Almy (bei Atmosphärendruck) zu einem Grenzwert von etwa 400 Volt kam, während sich jetzt zeigt, daß die Spannung durch ein Minimum gehen müßte. Der Nachweis der Minimumspannung erfolgte nun tatsächlich stets bei Unterdruck. Denn die Minimumspannung tritt ja stets bei einem bestimmten (ap) auf, den man als den kritischen (ap)-Wert bezeichnet. Für Luft ist er etwa 6. Bei Atmosphärendruck ist demnach der zugehörige a-Wert: $8\,\mu$. In der Tat erreichte Almy bei etwa $5\,\mu$ den Grenzwert. Nun war schon hier die Messung, wie dort besprochen, äußerst schwierig. Messungen bei noch kleineren Abständen $(1\,\mu)$ dürften schon deshalb schwer sein, weil dann die unvermeidlichen Schrammen an den Elektroden die Spannung herabsetzen. Jedenfalls konnte die Minimumspannung bei Atmosphärendruck nicht nachgemessen werden, stets nur bei Unterdrucken.

Was nun ergänzungsweise den Durchschlag im Vakuum betrifft, so müssen wir auf die Schottkysche Theorie (Abschnitt 15) zurückgreifen. Der Durchschlag erfolgt dann, wenn die Feldstärke so hoch geworden ist, daß alle Elektronen aus dem Metall herausgerissen werden können. Wann dies erfolgt, ergibt folgende Überlegung. Für den Verlauf von K in der Nähe des Metalles sei der Einfachheit halber angenommen, daß es von einem bestimmten Punkt an konstant sei. Die Bedingung, daß die gesamte Fläche der Austrittsarbeit W offenbar gleich sein muß, ergibt durch Integration für jene konstante Grenzkraft

$$K_0 = V^2,$$

wo V die Austrittsarbeit in Volt ist. Daraus errechnet man für $\mathfrak{E}_d$, als jene Feldstärke, welche die Grenzkraft überwindet: $\frac{K_0}{e}$, d. h. die Größenordnung 10^8 V/cm. Werden noch die unvermeidlichen Schrammen an den Oberflächen berücksichtigt, welche stark felderhöhend wirken, so genügt schon ein Feld von 10^7 V/cm, um den Durchschlag herbeizuführen.

Von verschiedenen Seiten ist vorgeschlagen worden, das Vakuum wegen seiner hohen Durchschlagsfestigkeit (10^7 V/cm) für technische Isolieranordnungen zu verwenden. Insbesondere russische Forscher (Semenoff usw.) haben sich mit der Frage befaßt, sind aber bis jetzt zu keiner praktisch brauchbaren Ausführung gekommen. Immerhin scheint hier ein vielversprechendes und noch wenig bearbeitetes Gebiet zu sein.

Die Temperatur hat für die Durchschlagsfestigkeit der Gase keinen wesentlichen Einfluß. In dieser Beziehung verhalten sich Gase von flüssigen und festen Isolierstoffen verschieden. Ein Einfluß tritt nur insofern auf, als bei konstantem Druck zunehmende Temperatur eine Herabsetzung der Dichte und somit Herabsetzung der Festigkeit bewirkt.

Was endlich die chemische Natur des Gases betrifft, so hat diese auf die Festigkeit einen bedeutenden Einfluß. Von den vielen Messungen seien einige herausgegriffen. Orgler maß die Funkenspannung zweier Kugeln von 1,25 cm Radius (Zahlen in kV), (Tab. 34).

Ritter (137] verglich verschiedene Gase ebenfalls an Kugelelektroden bei einem Abstand von ~ 0,09 cm (Tab. 35).

Wie ersichtlich, steigt die Festigkeit mit zunehmendem Molekulargewicht. Auch die Minimumspannungen und die zugehörigen (ap)-Werte weisen dasselbe Verhalten auf. Folgende Meßwerte stammen von Carr (Tab. 36).

Je größer das Molekulargewicht, um so höher die Minimumspannung und um so niedriger der kritische ap-Wert.

Tabelle 34. Durchschlagsspannung verschiedener Gase.

a in cm	Stickstoff	Luft	CO_2	O_2	H_2
0,1	5,0	4,6	4,4	4,0	2,8
0,3	12,0	11,5	10,5	10,2	6,7
0,5	18,2	17,5	15,8	15,6	9,8

Tabelle 35. Durchschlagsspannung verschiedener Gase.

p mm Hg	Brom	Chlor	Luft	Helium
100	1,0	1,2	1,1	0,3
400	3,8	4,0	2,6	0,4
750	6,8	7,0	4,0	0,5

Tabelle 36. Minimumspannung verschiedener Gase.

	SO_2	NO	CO_2	Luft	H_2
E_{min} in V	460	420	420	350	280
$(ap)_{krit}$ mm Hg	3	4	5	5	12

Theoretisch läßt sich dieses Verhalten am ehesten dadurch erklären, daß schwere Molekeln entsprechend große Ionen bilden und der Durchschlag dementsprechend erschwert ist. Die Ionisierungszahlen, auf die es besonders ankommt, sind nämlich um so größer, je größer die mittlere freie Weglänge ist [s. Gl. (67)] und diese ist bei kleinen Molekeln länger als bei großen.

Der Feuchtigkeitsgehalt ist bei Gasen ziemlich unwesentlich, wiederum im Gegensatz zu flüssigen und festen Isolierstoffen.

Sechstes Kapitel.

Der Durchschlag in Flüssigkeiten.

35. Das Wesen des Flüssigkeitsdurchschlages.

Die Verhältnisse in Flüssigkeiten sind lange nicht so leicht zu übersehen wie in Gasen. Dort hatten wir den Vorteil der einwandfreien Meßmöglichkeiten, der hier fortfällt. Die Meßergebnisse an Flüssigkeiten sind, was ihren absoluten Wert betrifft, schon insofern nicht maßgebend, als sie im Verlauf der letzten Jahre einen deutlichen Gang aufweisen, der auch jetzt noch nicht zum Stillstand kam. Während die Durchschlagswerte vor etwa 30 Jahren um 50 bis 100 kV/cm waren, stiegen sie mit der Zeit auf etwa 300 kV/cm, während man heute bei etwa 600 kV/cm angekommen ist. Ein deutlicher Beweis dafür, daß man diesen Zahlen keine absolute Bedeutung zuschreiben kann. Sie hängen vom zufälligen Reinheitsgrad ab, und da man die Reinigung im Laufe der Zeiten immer vollkommener ausführen kann, so steigen natürlich auch die Durchschlagszahlen.

Dazu kommt die starke Streuung, von welcher schon in Abschnitt 27 die Rede war und welche es ebenfalls erschwert, verläßliche Zahlenangaben zu erhalten. Daher hat es stets nur bedingte Bedeutung, wenn Zahlen zur Bestätigung der einen oder anderen Theorie herangezogen werden, das Verfahren ist stets nur halbquantitativ.

Und endlich sind die theoretischen Überlegungen selber an Flüssigkeiten sehr schwierig, jedenfalls noch schwieriger als bei Gasen, die physikalisch immerhin einfacher zu übersehen sind. Aus diesen drei Gründen müssen wir uns hier mit weniger exakten Theorien und weniger zuverlässigen Prüfungen begnügen.

Was das Wesen des Flüssigkeitsdurchschlages betrifft, so ist zunächst daran zu denken, daß es vielleicht ebenso oder wenigstens ähnlich vor sich geht wie in Gasen, also durch Stoßionisation. Dieser Ansicht neigt insbesondere Peek zu [132]. Er nimmt ähnliche Gleichungen an wie bei Gasen, setzt also auch die Gültigkeit des Schumannschen Kriteriums Gl. (121) voraus. Das Anwachsen der Ionisationszahlen mit $(\mathfrak{E} - \mathfrak{E}_0)$ soll hier mit der ersten statt mit der zweiten Potenz stattfinden. Damit können die Abhängigkeiten der Durchschlagsfeldstärke von Abstand und Krümmung — die denen bei Gasen in der Tat ähnlich sind — abgeleitet werden. Auch die Existenz einer Durchschlagsfestigkeit $(\mathfrak{E}_0)$ ist damit erklärt.

Man könnte meinen, daß eine Ionisation in einer Flüssigkeit infolge ihrer großen Dichte gar nicht möglich sei. Die Ladungsträger erreichen ja während einer mittleren Weglänge nur sehr geringe Energie, welche zur Zerspaltung der getroffenen Molekeln nicht hinreicht. Jedenfalls wäre zum Durchschlag eine viel höhere Spannung erforderlich, als wie man sie tatsächlich beobachtet. Diese Überlegung stimmt jedoch insofern nicht, als hier Quantenvorgänge mitspielen können, welche bewirken, daß die Abgabe einer zu geringen Energie seitens eines Elektrons nicht stattfindet. Es wird daher die Energie aufgestapelt, bis die Ionisationsspannung erreicht ist. Auf diese Weise dürfte der Vorgang sich abspielen. Jedenfalls ist ersichtlich, daß eine genaue Berechnung der Ionisationszahlen nicht so einfach sein dürfte wie bei Gasen

(Abschnitt 14), wo die mittlere Weglänge um zwei bis drei Zehnerpotenzen größer ist.

Rogowski stützt neuerdings [143b] diese Ansicht durch Kathodenoszillogramme, welche den Durchbruch in 10^{-7} sec zeigen. Es soll sich auch hier um eine Elektronenlawine handeln.

Ein unzweideutiger Beweis dafür, daß die Peeksche Theorie in Flüssigkeiten das Richtige trifft, ist noch nicht erbracht. Im Gegenteil, es spricht manches dafür, daß der heutige Reinheitsgrad noch nicht so hoch liegt, daß dieser Mechanismus zustande kommen könnte. Vielleicht erreicht man bei weiterem Fortschritt der Technik so hohe Reinheitsgrade, daß dann der Ionisationsmechanismus tatsächlich auftreten wird. Heute sind es wahrscheinlich noch andere Vorgänge, die dem Durchschlag zugrunde liegen.

Die flüssigen Systeme enthalten erstens Gas. Gas kommt in okkludiertem Zustande sowohl in der flüssigen Phase wie in den Metallelektroden vor, teils auch adsorbiert, und zwar an der Grenze Metall—Dielektrikum. Dieses Gas kann den Durchschlag dadurch einleiten, daß es beim Erreichen der Durchschlagsfestigkeit der Luft zu glimmen anfängt. Man hat es jedenfalls mit einer Möglichkeit des Durchschlags zu tun, wie sie heute vielfach auftreten wird.

Außerdem enthalten die flüssigen Isolierstoffe, wie in Abschnitt 16 auseinandergesetzt, große Mengen von Leitungsionen, welche einen Strom herbeiführen, welcher seinerseits Wärme erzeugt. Der Strom kann in irgendeiner Weise auch leicht zu sekundären Störungen führen, welche den Durchschlag einleiten. Also zwei Möglichkeiten gibt es, die außer der Ionisation den Durchschlag herbeiführen. Dementsprechend sind auch zwei Theorien ausgearbeitet, die hier zu behandeln sind.

Die erste [48] bezieht sich, wie erwähnt, auf die eingeschlossenen Gasreste. Die Theorie ist durch Anregung von Arbeiten von Emanueli [25] und von Horowitz [73] vom Verf. ausgearbeitet worden. Horowitz hat nämlich einen ähnlichen Mechanismus für den Durchschlag von Kristallen angenommen. Emanueli seinerseits hat experimentell gezeigt, daß Gasblasen, in Ölen eingeschlossen, sich in Richtung des Feldes verlängern und leicht zur Kanalbildung führen können.

Die Theorie geht von den Gasschichten aus, welche an der Grenze Metall—Dielektrikum vorhanden sind. Diese Gasschicht wird beim Erreichen der Durchschlagsfestigkeit der Luft ionisiert und damit leitend. An und für sich müßte das Gas wegen seiner geringen Dielektrizitätskonstante aus dem Feld herausgetrieben werden, wie dies bei passender Versuchsanordnung tatsächlich beobachtet werden kann. Man kann unter Umständen sehen, wie adsorbiertes und absorbiertes Gas durch Anlegen des Feldes aus dem Öl frei wird und dann aus dem

Feld herausgeworfen wird. Ist es aber ionisiert, dann ist es elektrostatisch einer Schicht von hoher Dielektrizitätskonstante gleichzusetzen, wird also im Feld liegen bleiben und sogar an die Stelle höchster Feldstärke herangezogen. Wir nehmen an, sie habe halbkugelförmige Gestalt, der Radius sei r. Die Größe des Radius ist offenbar ein Maß für die Intensität der stattgehabten Entgasung. Je intensiver letztere stattfand, um so weniger Gas wird sich ansammeln, um so kleiner r.

Diese Halbkugel wird sich im elektrischen Feld verlängern. Dies kommt daher, weil die Polarisierbarkeit eines gestreckten Körpers größer ist als die einer volumgleichen Kugel. Die Grenzflächenspannung zwischen Flüssigkeit und Gas wird andererseits bestrebt sein, die Kugelgestalt zu behalten. Ist die Feldstärke so groß, daß die Variation der freien Energie negativ ist, so muß nach dem zweiten Hauptsatz der Thermodynamik der Vorgang tatsächlich stattfinden. Man hat also einen Ausdruck für die freie Energie aufzustellen und deren Variation nach dem Streckungsgrad zu berechnen, wobei unter Streckungsgrad β das Verhältnis der großen Halbachse des sich durch Streckung bildenden Rotationsellipsoides zu r verstanden wird. Diese Variation wird auch die Feldstärke als Parameter enthalten. Man hat dann den Grenzwert der Variation für $\beta = 1$, also die Halbkugel zu berechnen, und ihn Null zu setzen. Der sich daraus berechnende Wert der Feldstärke ergibt den Punkt, bei dem der vorher stabile Zustand bei Steigerung der Feldstärke in den labilen übergeht. Jener Wert wird also die Durchschlagsfestigkeit der gegebenen Flüssigkeit bedeuten.

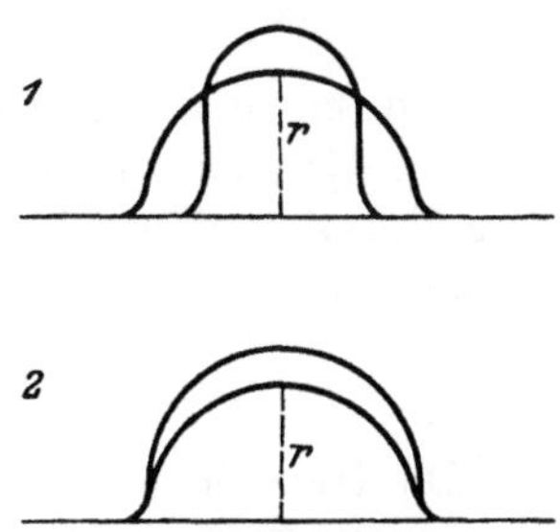

Abb. 69. Die zwei Typen der Gasblasenstreckung.

Es besteht aber noch eine Schwierigkeit. Die Art der Streckung ist nämlich in verschiedener Weise möglich. Zunächst kann sich die Halbkugel unter Beibehaltung ihres Volumens strecken. Auf Abb. 69 ist diese Streckungsart schematisch angedeutet (*1*). Eine andere Möglichkeit wäre aber die, daß die Streckung etwa bei konstanter Grundfläche stattfindet (Abb. 69, *2*), wobei also das Volumen vergrößert wird, indem Gas aus den benachbarten Grenzschichten zuströmt. Dieser zweite Fall ist allerdings weniger wahrscheinlich. In Wirklichkeit wird jedoch eine Streckung zustande kommen, welche von beiden obigen Grenzfällen eine Komponente enthält, jedoch wahrscheinlich mehr von der ersten als von der zweiten. Bezeichnet A die freie Energie, δA_1 ihre Variation nach dem ersten, δA_2 nach dem zweiten Grenzfall, dann ist die wirkliche Variation

$$\delta A = \delta A_1 + n\,\delta A_2 ,$$

wobei also n ein echter Bruch ist. Ihr Wert ist zunächst unbekannt, man kann ihn jedoch versuchsweise mit der Viskosität der Flüssigkeit in Verbindung bringen. Ist die Viskosität groß, wie etwa bei Ölen, so wird sich Type *1* verwirklichen können, n ist dann verschwindend klein. Je geringer aber die Viskosität, um so mehr besteht die Gefahr, daß ein Streckkörper von der Form *1* unten bei der Basis abreißt, bevor die Kanalbildung genügend fortgeschritten ist. Es wird sich die Blase von der Elektrode losreißen und man hat eine Art von Vorentladung vor sich, wie dies vielfach beobachtet wird. (Übrigens haben nicht alle Vorentladungen diesen Mechanismus.) In solchem Falle wird sich eher ein Streckkörper voll ausbilden können, der eine breitere Basis hat, also eine Mischform von endlichem n. Es ist also n um so größer, je kleiner die Viskosität, und man kann näherungsweise setzen

$$n = \frac{k}{\eta}.$$

Nun hat man A_1 und A_2 nach den beiden Grundtypen 1 und 2 zu bilden. Als unabhängige Variable wählen wir β bzw. die Exzentrizität e des Rotationsellipsoids. Für Fall 1 besteht zwischen beiden der Zusammenhang

$$e = \sqrt{1 - \frac{1}{\beta^3}}.$$

Die freie Energie besteht aus einem elektrischen und einem Oberflächenterm. Der elektrische lautet:

$$-\frac{r^3 \mathfrak{E}^2}{12 \frac{1-e^2}{e^2}\left(\frac{1}{2e}\ln\frac{1+e}{1-e} - 1\right)}.$$

Der Oberflächenterm:

$$\gamma\left[O + r^2 \pi\left(1 - \frac{1}{\beta}\right)\right]$$

wo γ = Oberflächenspannung und O = die Fläche des halben Ellipsoids. Es ist nicht erforderlich, O als Funktion von β explizite hinzuschreiben. Wir bilden nun $\frac{\delta A_1}{\delta \beta}$ und setzen in den erhaltenen Ausdruck $\beta = 1$

$$\lim_{\beta=1} \frac{\delta A_1}{\delta \beta} = \gamma r^2 \pi \left(1 - \frac{3}{10\pi}\frac{r\mathfrak{E}^2}{\gamma}\right).$$

Für Fall 2 gilt zunächst

$$e = \sqrt{1 - \frac{1}{\beta^2}}.$$

Der elektrische Term ist:

$$-\frac{r^3 \beta \mathfrak{E}^2}{12 \frac{1-e^2}{e^2}\left(\frac{1}{2_e}\ln\frac{1+e}{1-e} - 1\right)}.$$

Der Oberflächenterm:

$$\gamma r^2 \pi \left(1 + \frac{\beta}{e} \arcsin e\right).$$

Ferner ist Fall 2 ein Vorgang konstanter Temperatur und konstanten Druckes, die maximale Arbeit ist also durch Variation des thermodynamischen Potentials gegeben, das sich durch den Term pv von der freien Energie unterscheidet. Dieser Term lautet hier:

$$\frac{2\pi}{3} r^3 \beta p.$$

Aus den drei Termen hat man wie vorhin:

$$\lim_{\beta=1} \frac{\delta A_2}{\delta \beta} = \gamma r^2 \pi \left(\frac{4}{3} - \frac{9}{20\pi} \frac{r^2 \mathfrak{E}}{\gamma} + \frac{2}{3} \frac{r p}{\gamma}\right).$$

Jetzt setzt man:

$$\lim_{\beta=1} \left(\frac{\delta A_1}{\delta \beta} + n \frac{\delta A_2}{\delta \beta}\right) = 0$$

und berechnet aus der so erhaltenen Gleichung $\mathfrak{E}$. Man erhält so $\mathfrak{E}_0$, die Durchschlagsfestigkeit. Ist $n < 0{,}1$, so erhält man vereinfacht für $\mathfrak{E}_0$ in absoluten Einheiten:

$$\mathfrak{E}_0 = \sqrt{\frac{10\pi}{3}\left(\frac{\gamma}{r} + \frac{2}{3} \frac{k p}{\eta}\right)}. \tag{137}$$

Wir begnügen uns an dieser Stelle mit dieser allgemeinen Gleichung und werden bei der speziellen Betrachtung zeigen, daß sie halbquantitativ bestätigt wird. Es sei nur so viel bemerkt, daß die Festigkeit mit der Kohäsionskonstante der Flüssigkeit, dem äußeren Druck, mit der Intensität der Entgasung steigt, mit der Viskosität abnimmt.

Es erübrigt sich noch, die dritte Möglichkeit, den Einfluß der Leitungsionen zu besprechen. Diese Theorie ist von A. Güntherschulze [58] ausgearbeitet worden. Nach derselben würde es sich um einen Wärmedurchschlag handeln, von welchem am Schluß des Abschnitts **24** die Rede war.

Sie geht von dem Strom aus, der in Phase mit der Spannung im Dielektrikum fließt und somit zur Wärmebildung führt. Erwärmt sich der Stromfaden bis zum Siedepunkt der Flüssigkeit, so tritt Verdampfung ein, es bilden sich kleine Bläschen um die einzelnen Ionen, die eine Kette bilden, in welchen der Gasdurchschlag zustande kommen kann. Für den Durchschlag ist daher in erster Linie die Ionenbeweglichkeit maßgebend, da die erzeugte Wärme mit ihr ansteigt, sowie die Verdampfungswärme. Je größer letztere, um so höher die Festigkeit, da um so mehr Wärme zur Erzeugung der Dampfblasen erforderlich ist. Der Druck wirkt auch erhöhend, genau so wie bei Gasen, da der Durchschlag in der Gasphase erfolgt.

Auch Inge und Walther [77] stehen auf dem Standpunkt, daß bei längerer Beanspruchungsdauer Wärmemechanismus vorliegen dürfte.

Man bemerkt, daß die beiden genannten Theorien sich insofern berühren, als beide den Durchschlag in die Gasphase versetzen. Nur verlegt die eine den Sitz des Vorganges an die Elektrodenfläche und den Ursprung desselben in die absorbierten Gase, während die andere die ganze Funkenbahn in Betracht zieht und als Ursache die Verdampfung annimmt.

Eine Vereinigung der beiden Annahmen wird durch eine Theorie von H. Edler erzielt [21], welcher annimmt, daß die Gasblasen durch Verdampfung entstehen, jedoch stets an der Elektrode. Im Innern der Flüssigkeit bildet sich nämlich infolge Verzögerung kein Dampf, wohl dagegen wird die Verzögerung an der Elektrode aufgehoben. Es ist demnach zu vermuten, daß die Gasblasen, welche unserer Theorie als Ausgangspunkt dienten, nicht nur aus dem absorbierten Gasbestand, sondern bei höherer Leitfähigkeit auch durch Verdampfung aus der flüssigen Phase entstehen können.

Obige Annahme von Edler erklärt zwei Erscheinungen, auf die wir noch unten zurückkommen werden. Erstens die Streuung. Denn wenn es sich um die Aufhebung einer Verzögerungserscheinung handelt, so ist damit das Wahrscheinlichkeitsmoment gegeben, das durch die stets vorhandene Streuung nahegelegt wird (Abschnitt 27). Die Annahme von Hayden und Eddy (S. 127) würde damit eine greifbare Form erhalten. Die zweite Tatsache ist der Einfluß des Elektrodenmetalles auf die Durchschlagsfestigkeit (Abschnitt 38). Je höher die Wärmeleitfähigkeit des Metalles, um so höher liegt die Festigkeit. Dies würde daher rühren, daß bei hoher Wärmeleitfähigkeit eine Verdampfung an der Elektrode schwieriger zustande kommt und daher die Festigkeit steigt.

36. Der Einfluß der räumlichen elektrischen Bedingungen auf die Durchschlagsfeldstärke.

a) Elektrodenabstand.

Die Durchschlagsfeldstärke nimmt mit abnehmendem Abstand im allgemeinen zu, ebenso wie bei Gasen. Allerdings sind die Experimente nicht so eindeutig wie dort. Schröter [156] fand z. B. an Transformatorenöl konstante Feldstärke. Die Zahlen sind, sofern nichts anderes vermerkt, stets Maximal- und nicht Effektivwerte (Tab. 37).

Ebenso linear verläuft die Spannung in den Versuchen von Toriyama [170]. Er untersucht Öl in Abständen von 0,1 bis 0,9 mm bei

Gleich- und bei Wechselspannung. Ähnliche Ergebnisse hatten Hayden und Steinmetz [64] an Paraffinöl bei Abständen von 1 bis 5 mm, ferner Wedmore [186] bei Öl in Abständen von 1 bis 5 mm.

Tabelle 37. Durchschlagsfeldstärke von Ölen, abhängig vom Abstand.

Abstand in mm	Öl 1 filtr. kV/cm	Öl 2 filtr. kV/cm
0,2	—	325
0,3	230	—
0,4	—	305
0,5	225	—
0,8	220	350
1,0	—	335
1,1	230	—

Andere Autoren finden dagegen die genannte Abhängigkeit, so z. B. Spath [165] an Transformatorenöl. Es hat den Anschein, als ob bei ungenügend gereinigten Ölen der Abstandseffekt nicht scharf genug zum Vorschein käme, erst dann, wenn die Reinigung genügend weit getrieben ist. Jedenfalls kann man z. B. aus den Versuchen von Dräger [18] diese Folgerung ziehen. Sehr deutlich ist die Abhängigkeit in den Versuchen von Sorge [164] (Tab. 38).

Die Versuche lassen sich vielfach durch dieselbe Formel wiedergeben wie bei Gasen, also

$$\mathfrak{E}_d = \mathfrak{E}_0 + \frac{b}{\sqrt{a}}.$$

Tabelle 38. Durchschlagsfeldstärke abhängig vom Abstand (kV/cm).

Abstand in mm	Xylol	Hexan	Transformat.-Öl
0,1	680	—	—
0,2	605	—	—
0,3	555	435	—
0,4	—	395	—
0,5	505	375	—
0,6	490	350	—
0,7	485	340	—
0,8	—	—	270
1,0	—	—	250
1,2	—	—	235
1,4	—	—	220

Andere Autoren, insbesondere Amerikaner, begünstigen eher einen Ausdruck von der Form

$$\mathfrak{E}_d = \mathfrak{E}_0 + \frac{b}{a}.$$

So z. B. hat Peek an Öl Messungen ausgeführt, in Abständen von 1 bis 4 mm und findet im Durchschnitt die Gleichung

$$\mathfrak{E}_d = 100 + \frac{10}{a}$$

bestätigt (a in cm, $\mathfrak{E}_d$ in kV/cm). Auf sehr kleine Abstände beziehen sich folgende Versuche der Electrical Research Association (beschrieben von Whitehead in seiner: Electrical discharges in liquids [190]) (Tab. 39).

Tabelle 39. Durchschlagsfeldstärke bei kleinen Abständen (kV/cm).

Abstand in mm	Mandelöl	Zedernöl
0,012	220	300
0,05	140	200
0,10	90	130
0,15	70	110
0,20	60	100
0,25	55	90

Wegen der hohen Dielektrizitätskonstante liegen die Durchschlagsfestigkeiten niedrig. Es hat den Anschein, als ob hier die Formel

$$\mathfrak{E}_d = b a^{-n}$$

Gültigkeit hätte. Eine wirklich quantitative Prüfung irgendeiner Theorie kommt also nicht gut in Betracht, dazu müßten exaktere Messungen vorliegen. Leider stoßen solche, wie in Abschnitt 35 erörtert, auf große Schwierigkeiten. Infolgedessen läßt sich auch die Ursache des Abstandseffekts nicht so genau angeben, wie bei Gasen. Dort genügte die von Schumann aufgestellte Bedingungsgleichung, um eine befriedigende Erklärung für die Erscheinung zu geben. Hat Peek mit seiner Ionisationstheorie recht, so dürften hier dieselben Überlegungen anwendbar sein. Die Gasblasentheorie in ihrre oben gegebenen Form vermag allerdings auf diese spezielle Frage keine Antwort zu geben. Da bei nicht genügendem Reinheitsgrad der Abstandseffekt in der Tat, wie wir gesehen haben, verwischt wird, so spricht das dafür, daß hier tatsächlich die Gasblasen am Durchschlag schuld sind und daß bei zunehmender Reinigung eher auch Ionisationsvorgänge mitspielen und einen Abstandseffekt hervorrufen.

b) Elektrodenkrümmung.

Man berechnet hier ebenso wie bei Gasen angegeben, die maximale Feldstärke mittels des Ausnutzungsfaktors der Anordnung. Die so errechnete Feldstärke zeigt auch hier eine Zunahme mit zunehmender Krümmung der Elektrode. So fand Sorge bei Abständen von 0,5 bzw. 1 mm folgende Zahlen (Tab. 40):

Tabelle 40. Durchschlagsfeldstärke (kV/cm) und Elektrodenkrümmung.

Krümmungsradius mm	Hexan	Benzin	Öl
50	390	330	250
3,5	450	380	260
0,5	470	390	310

Peek teilt ähnliche Befunde an Ölen in seiner „Dielectric phenomena in High Voltage Engineering“ mit [132] (Tab. 41):

Tabelle 41. Durchschlagsfeldstärke (kV/cm) und Elektrodenkrümmung.

Kugelradius in cm	Entfernung in cm			
	0,5	1,0	1,5	2,0
0,55	280	240	—	—
1,27	225	185	175	170
3,12	220	165	150	140
6,25	220	160	140	125

Auch an Zylinderanordnungen konnte Peek ein ähnliches Verhalten finden.

Über die Ursache der Krümmungsabhängigkeit läßt sich nichts sicheres aussagen, da die entsprechenden theoretischen Grundlagen fehlen. Formelmäßig wurde hier wiederum

$$\mathfrak{E}_d = \mathfrak{E}_0 + \frac{b}{\sqrt{r}}$$

gesetzt, jedoch sind die Konstanten, die z. B. Peek [132] gefunden hat, äußerst unwahrscheinlich. Er findet für $\mathfrak{E}_0$ Zahlen von der Größenordnung 20 und für b solche von 200. Nun ist $\mathfrak{E}_0$ die Durchschlagsfestigkeit bei sehr großem Krümmungsradius, folglich kann der Wert 20 nicht stimmen.

Sowohl der Abstands- wie der Krümmungseffekt sprechen jedenfalls in dem Sinne, daß das Vorhandensein der Durchschlagsfestigkeit an einer Stelle des Raumes nicht genügt. Diese Feststellung folgt aus jeder der genannten Theorien. So z. B. würde die in Abschnitt 35 geschilderte Gastheorie bei der Ausdehnung auf inhomogene Felder auch die Erhöhung der Durchschlagsfeldstärke mit zunehmender Inhomogenität erklären. Es muß sich ja die Blase längs der ganzen Funkenbahn zu einem Kanal verlängern.

Dreyfuß [19] versucht hier den Ansatz zu machen, daß außer dem Erreichen einer Grenzfeldstärke auch noch die gesamte Spannung einen Grenzwert erreichen muß, daß also

$$\int_0^a \mathfrak{E}\, dx = E_0 .$$

Damit konnte er berechnen, daß z. B. für zwei Vierkanten die Anfangsspannung E_0 der Gleichung

$$E_0 = k a^{\frac{2}{3}}$$

genügen muß. Versuche bei den Brown-Boveri-Werken, über welche Roth in seiner „Hochspannungstechnik" berichtet, bestätigen dieses Ergebnis [145].

c) Elektrodenfläche.

Die Größe der Elektrodenfläche hat auch einen gewissen Einfluß. Es ist vielleicht dieselbe Erscheinung wie beim Querschnittseffekt von Gasen. Farmer [34] fand bei Platten verschiedenen Durchmessers folgende Zahlen (für Transformatorenöl):

Tabelle 42. Durchschlagsfeldstärke (kV/cm) und Elektrodenfläche.

Durchm. der Platte in mm	Abstand in mm			
	0,25	1	5	18,7
2,5	250	180	100	40
10	45	130	90	40
25	40	90	80	35
75	35	70	70	30

Je geringer der Abstand, um so deutlicher der Flächeneffekt. Bei kleiner Fläche ist eben der zur Verfügung stehende Raum zu gering. Die Ursache der Erscheinung würde sowohl von der Ionisationstheorie wie von der Gastheorie aus verständlich. Im letzteren Falle würde es sich darum handeln, daß die im Feld befindliche Gasschicht auf so kleine Fläche beschränkt ist, daß die Ausbildung einer Gasblase bedeutend erschwert wird. Auch dann, wenn man den Ursprung in Wassertropfen oder Fasern verlegt (s. Abschnitt 39), ist die Wahrscheinlichkeit ihres Vorkommens im größeren Raume entsprechend größer.

d) Elektrodenladung.

Die Polaritätsfrage hat nur bei unsymmetrischen Anordnungen, also Kugel gegen Ebene, oder Spitze gegen Ebene einen Sinn. Im allgemeinen weisen negative Spitzen höhere Durchschlagsspannungen auf als positive. Messungen von Sorge ergeben z. B. folgendes: Als Spitze diente ein Konus von 0,5 mm Krümmungsradius. Bei Transformatorenöl hatte die positive Spitze bei einem Abstand von 1,5 mm und schneller Spannungssteigerung eine Durchschlagsfeldstärke von 195 kV/cm, die negative Spitze 224 kV/cm. Nikuradse hat im Schumannschen Institut [120] diese Frage ausführlich untersucht. Er fand, daß die Werte für positive Spitzen niedriger liegen und besser reproduzierbar sind als bei negativen. Auch Marx [98] untersuchte die Frage, und zwar bei Stoßspannungen. Je länger die Dauer der Stoßspannung, um so ausgeprägter der Polaritätseffekt, so auch an Wasser, als Dielektrikum.

37. Zeitliche Verhältnisse der elektrischen Beanspruchung.

Die Durchschlagsfeldstärke nimmt bei abnehmender Beanspruchung zu, ähnlich wie bei Gasen. Besonders einfach läßt sich das starke Ansteigen mittels Stoßspannungen nachweisen. Solche Messungen sind z. B. von Toriyama ausgeführt worden (Tab. 43). Er konnte aus der Zeitkonstante seines Stromkreises die Zeit berechnen, innerhalb welcher die Spannung um 1% sinkt, diese Zeit kann man etwa der Stoßdauer gleichsetzen. Er erhielt an Transformatorenöl folgende Zahlen:

Tabelle 43. Durchschlagsfeldstärke und Stoßdauer.

Stoßdauer in μ sec	kV/cm
8	900
5,8	950
0,3	1050

Für etwas längere Zeiten untersucht man vielfach den Einfluß der Frequenz. Denn die Beanspruchungsdauer ist hier von der Größenordnung der halben Periode (sofern es nicht auf Wärmewirkung ankommt) und somit muß die Durchschlagsfeldstärke mit zunehmender Frequenz zunehmen. Dies ist in der Tat vielfach nachgewiesen worden. So von Sorge für Hexan (Tab. 44):

Tabelle 44. $\mathfrak{E}_d$ bei verschiedener Frequenz.

Frequenz in Hertz	kV/cm
0 (Gl.-Sp.)	305
50	335
500	455

Ähnlich sind die Befunde von Dräger (Tab. 45).

Auch die Kurvenform wirkt ähnlich. Je spitzer die Kurve, um so kürzere Zeit wirkt die maximale Feldstärke, um so höher die Festigkeit. Es folgen Versuche der Electr. Res. Assoc. an Öl zwischen Kugelelektroden (Tab. 46):

Tabelle 45. $\mathfrak{E}_d$ bei verschiedener Frequenz.

Frequenz in Hertz	Öl 1	Öl 2
0	250	—
25	340	—
50	380	460
150	430	540
225	470	570
800	—	610

Die Ursache des Ansteigens der Feldstärke liegt an der Trägheit des Vorganges. Welchen Mechanismus man auch annehmen mag, eine gewisse Zeit ist zum Durchschlag unbedingt erforderlich.

Peek berechnet die Zeit, welche verstreichen muß, damit der Ionisationsstrom 0,1 Amp erreicht, und gibt damit die Abhängigkeit der Feldstärke von der Zeit recht gut wieder.

Tabelle 46. $\mathfrak{E}_d$ und Kurvenform.

Kurvenform	Elektrodenabstand		
	1,2 mm	2,5 mm	4,2 mm
	kV/cm	kV/cm	kV/cm
Sinusform (Transformator)	130	105	155
Spitze Form (Indukt.-Spule)	320	200	165

Überschreitet die Beanspruchung die Dauer von einigen Sekunden, dann scheint die Feldstärke einen gewissen Grenzwert erreicht zu haben, den man in der Praxis vielfach als Minutenfestigkeit bezeichnet und der nach unserem allgemeinen Satz die Durchschlagsfestigkeit schlechthin angibt; jene Feldstärke, welche beim Fehlen jeglicher Trägheitserscheinungen rein statisch zum Durchschlag führt.

Wir hatten in Abschnitt 24 angegeben, daß die Festigkeit vielfach besser mit niedrigperiodiger Wechsel- als mit Gleichspannung zu messen ist. Diese Bemerkung gilt für feste Isolierstoffe, weil Raumladungen dort eher auftreten können. Bei flüssigen Stoffen liegt die Durchschlagsfeldstärke bei Gleichspannung am niedrigsten, ist also eher als Maßstab anzusehen. Der Unterschied zwischen Gleichspannung und Maximalwert von niedrigperiodiger Wechselspannung ist aber meistens auch nicht groß.

Geht man von kurzen Beanspruchungen unter 1 sec Dauer zu längeren über, so tritt wieder eine Veränderlichkeit der Durchschlagsfeldstärke auf, aber eine viel langsamere, als die vorige war. Man stellt sich hierbei meistens auf den Standpunkt, daß das Öl durch Einwandern von Beimengungen oder aber durch sekundäre Veränderungen durch Ionisation allmählich verschlechtert wird. Daher die allmähliche Abnahme der Festigkeit, welche demnach in diesem Gebiet in gewissem Sinne als eine nur scheinbare zu bezeichnen ist. R. Näher kommt auf Grund seiner Arbeiten [116] auch zu dieser Ansicht.

Es besteht aber auch die Möglichkeit, daß bei längerer Beanspruchungszeit der Wärmemechanismus in irgendeiner Form zur Geltung gelangt und daß dadurch die Zeitabhängigkeit bedingt wird.

Whitehead findet, daß die Zeitabhängigkeit in diesem Gebiet durch eine Gleichung von der Form

$$\mathfrak{E}_d = \mathfrak{E}_0 + A\,t^{-\frac{1}{4}}$$

wiedergegeben wird, eine Gleichung, wie sie Peek für feste Isolatoren angegeben hat. Seine Experimentaldaten geben wir hier auszugsweise wieder (Tab. 47):

Tabelle 47. $\mathfrak{E}_d$ und Beanspruchungsdauer.

Öl bei 140° C		Öl bei 40° C	
t in sec	$\mathfrak{E}_d$ in kV/cm	*t* in sec	$\mathfrak{E}_d$ in kV/cm
30	160	20	150
50	135	350	130
100	120	2800	120
250	105	7000	110
350	90		
1400	80		

Flight findet mittels einer Nadelfunkenstrecke [36] folgende Zahlen (Tab. 48):

Dieselbe Erscheinung äußert sich auch darin, daß die Durchschlagsspannung mit der Schnelligkeit der Spannungssteigerung variiert. Erfolgt die Spannungssteigerung so, daß man in etwa einer Minute den Durchschlag erreicht, also (je nach dem gewählten Abstand natürlich) mit einer Geschwindigkeit von etwa 60 kV/min, so erhält man den Grenzwert der Durchschlagsfeldstärke: die Festigkeit. Steigert man langsamer, so gelangt man in das Gebiet des allmählichen Spannungsabfalles. Deshalb ist es stets geboten, die Geschwindigkeit möglichst anzugeben.

Tabelle 48.
$\mathfrak{E}_d$ und Beanspruchungsdauer.

t in sec	kV_{max}
10	17
20	16,3
40	15,6
80	14,9
160	14,4

Es sei das Versuchsmaterial von Sorge mitgeteilt (Tab. 49):

Ähnliche Ergebnisse hat Toriyama (Tab. 50). Die „richtige" Spannungssteigerung scheint danach 30 bis 60 kV/min zu sein.

Tabelle 49. $\mathfrak{E}_d$ und Geschwindigkeit der Spannungssteigerung.

Geschwindigkeit in kV/min	Xylol	Benzin	Öl
78	500	—	—
63	500	380	290
46	500	380	290
30	500	380	290
12,5	500	370	280
6,3	—	360	280
1,4	390	—	250

Ebenso wie bei Gasen haben wir auch hier die Frage nach einer Verzögerung im engeren Sinne aufzuwerfen, also nach einer Belastungszeit, welche nicht notwendig bis zum Durchschlag verstreichen muß, sondern nur durch Mangel an Elektrizitätsträger bedingt ist. Ist eine solche Verzögerung vorhanden, so spricht sie jedenfalls für Ionisierungsvorgänge, zumal dann, wenn sie sich durch Bestrahlung beseitigen oder herabsetzen läßt. Dies ist aber tatsächlich der Fall.

Tabelle 50. $\mathfrak{E}_d$ und Geschwindigkeit der Spannungssteigerung.

Geschwindigkeit in kV/min	Öl 1	Öl 2
50	490	520
15	460	480
5	440	410
1,5	400	360

Dräger hat gezeigt, daß durch Belichtung mit Ultraviolett-, Röntgen- oder Radiumstrahlen die Belastungszeit abnimmt, andererseits bei gegebener Spannungssteigerung die Spannung abnimmt. So z. B. fand er für Ultraviolettstrahlen bei einer Feldstärke von 620 kV/cm folgende Belastungszeiten in sec (Tab. 51):

Tabelle 51. Belastungsdauer mit und ohne Belichtung (UV).

unbelichtet	belichtet
85	14
138	23
97	25

Röntgenstrahlen, erzeugt durch 45 kV Gleichspannung, bewirkten bei langsamer Spannungssteigerung folgende Herabsetzung der Spannungen (Tab. 52):

Tabelle 52. $\mathfrak{E}_d$ (kV/cm) mit und ohne Bestrahlung (Röntgen).

unbelichtet	belichtet
560	525
545	535
600	560

Und Radiumstrahlen bei konstanter angelegter Spannung (Tab. 53):

Tabelle 53. Belastungsdauer (in sec) mit und ohne Bestrahlung (Ra).

Angelegte Feldstärke	unbelichtet	belichtet
460	121	30
495	48	3

Die Versuche sprechen eindeutig dafür, daß der Zeiteffekt zum Teil nur eine Verzögerung ist. Da er sich nicht gänzlich aufheben läßt, wie bei Gasen, so muß er auch noch eine zweite Ursache haben: Verschlechterung des Öles oder Wärmewirkung.

38. Einfluß der Elektroden.

Hierbei kommen das Elektrodenmetall und die Oberflächenbeschaffenheit in Frage.

a) Elektrodenmetall. Während diesbezüglich bei Gasen gar kein Einfluß auf die Durchschlagsfeldstärke vorhanden ist, verhält es sich hier anders. Sorge und später Nikuradse haben eine Reihenfolge der Metalle festgestellt, in welcher die Durchschlagsfeldstärke zunimmt. Die Reihe lautet:

Eisen < Messing < Blei < Kupfer < Aluminium < Gold < Zink < Silber.

Die diesbezüglichen Versuche von Sorge gibt folgende Tabelle wieder:

Tabelle 54. $\mathfrak{E}_d$ in kV/cm bei verschiedenen Elektroden.

	Eisen	Messing	Blei	Kupfer	Alumin.	Gold	Zink	Silber
Benzin . . .	400	420	435	455	450	—	490	—
Hexan . . .	355	370	380	435	440	430	475	480
Xylol. . . .	430	410	465	470	480	485	515	535

Die Reihenfolge ist dieselbe wie die der Wärmeleitfähigkeiten. Dies scheint demnach für Dampfbildung an den Elektroden zu sprechen. Da jedoch auch schon elektrolytisch aufgetragene Schichten auf anderes Grundmaterial ebenso wirken, so spricht das wiederum eher für Verschiedenheiten der Elektronenaustrittsarbeit oder ähnliches, zumal da eine rohe Übereinstimmung mit der Spannungsreihe nicht zu verkennen ist. Die Unterschiede betragen nach Sorge jedenfalls bis 25%.

b) Oberflächenbeschaffenheit.

Die Vorbehandlung der Elektrode spielt auch eine große Rolle. Die Wirkung beruht teilweise auf der Entfernung kleinster Spitzen und Schrammen, teilweise auf Trocknung und teilweise auf Entgasung. Eine eindeutige Trennung dieser Einflüsse ist bisher nicht genügend durchgeführt. Die bezüglichen Ergebnisse von Sorge in Öl sind folgende:

Tabelle 55. $\mathfrak{E}_d$ (kV/cm) und Elektrodenbeschaffenheit.

Elektr. ungeputzt	Elektr. befettet	El. abgeschmirgelt	Mit Putzpom. gesäub.
380	390	370	400

Die Unterschiede sind hier nicht groß. Schmirgeln scheint Schrammen erzeugt zu haben. Größere Unterschiede erhielt Engelhardt:

Tabelle 56. $\mathfrak{E}_d$ und Elektrodenzustand.

El. unter Öl mit Leder gerieben	Reinig. mit Benzin	Heißer Luftstrom 1 bis 2 Min.	Benzol, d. in Ofen ½ Std. bei 110° C
200	240	335	355

Die Trocknung bei höherer Temperatur scheint besonders wirksam zu sein.

Versuche, welche ausdrücklich eine Wirkung der Entgasung nachweisen, sind systematisch noch nicht ausgeführt. Allerdings säubern manche Autoren (z. B. Friese) die Elektroden durch vorherige Behandlung im Vakuum. Auch haben unveröffentlichte Versuche im Forschungslaboratorium der Siemens-Schuckertwerke erwiesen, daß mit zunehmendem Evakuieren der Elektroden die Durchschlagsfestigkeit von organischen Flüssigkeiten ständig zunimmt. Diese Versuche sprechen durchaus im Sinne der Gastheorie, denn der Radius r der Gasblasen nimmt mit zunehmender Entgasung ab und somit die Festigkeit nach Gl. (137) zu.

39. Einfluß der Flüssigkeit selbst auf die Durchschlagsfestigkeit.

In diesem Zusammenhange kommen die chemische Natur der isolierenden Flüssigkeit, die darin gelösten Elektrolyte und die physikalischen Beimengungen in Frage.

a) Die chemische Natur der Flüssigkeit beeinflußt ihre Festigkeit nur in mäßigem Grade. Jedenfalls ist die Größenordnung bei allen dieselbe, und zwar gegen 500 kV/cm. Wie schon erwähnt, ist diese Größenordnung nicht feststehend, sondern mit fortschreitender Vervollkommnung der Reinigungstechnik im Steigen begriffen. Deshalb ist es wahrscheinlich, daß sie hauptsächlich durch die letzten Gasreste bedingt ist. Ist diese Annahme richtig, so muß sich gemäß Gl. (137) die Größenordnung der Festigkeit richtig ergeben. Betrachtet man nur den ersten Term, so ist

$$\mathfrak{E}_0 = \sqrt{\frac{\gamma}{r}}\,\mathrm{kV/cm}.$$

Nun ist $\gamma \sim 30$ dyn/cm; setzt man für $\mathfrak{E}_0 = 300$, so ergibt sich für $r \sim 3 \cdot 10^{-4}$ cm, also für den Kugeldurchmesser etwa 0,01 mm, eine durchaus wahrscheinliche Größenordnung. Da γ für die meisten Flüssigkeiten um 30 herum liegt, so ist die gleiche Durchschlagsfestigkeit bei allen genügend erklärt.

Bestimmte Zahlen anzugeben, hat nicht viel Sinn, da sie keine absolute Bedeutung haben. Eine Versuchsreihe von Almy [2] lautet folgenderweise (Tab. 57):

Tabelle 57. $\mathfrak{E}_0$ und chemische Natur.

Isolierstoff	$\mathfrak{E}_0$ in kV/cm
Terpentinöl	250
Xylol	410
Benzol	530
Petroleum	580

Sorge fand folgende Reihenfolge (Tab. 58):

Tabelle 58. $\mathfrak{E}_0$ und chemische Natur.

Isolierstoff	$\mathfrak{E}_0$ in kV/cm
Hexan	430
Benzin	450
Xylol	470

Also durchweg dieselbe Größenordnung.

Es scheint, daß die Viskosität auch einen gewissen Einfluß auf die Festigkeit hat. Vielfach haben leichtflüssige Stoffe eine höhere Festigkeit als visköse Öle. Allerdings könnte das auch darin liegen, daß Öle von Beimengungen nicht so leicht zu befreien sind, als etwa Benzol und ähnliche Stoffe. Aber auch Öle unter sich weisen vielfach eine Abnahme der Festigkeit mit zunehmender Viskosität auf. So ergibt ein Vergleich verschieden visköser Öle bei Flight (Tab. 59):

Tabelle 59. $\mathfrak{E}_0$ von Ölen und Viskosität.

Viskosität in Pois .	10	12	26
kV/cm	190	150	130

Einem ähnlichen Einfluß werden wir auch im Abschnitt über Temperatur begegnen. Gl. (137) nach ist diese Abhängigkeit jedenfalls erklärlich.

b) Sind Elektrolyte im Dielektrikum gelöst, welche seine Leitfähigkeit erhöhen, so nimmt die Festigkeit unter sonst gleichbleibenden Verhältnissen ab. Jedoch ist diese Abnahme nur geringfügig. Manche Autoren hatten sogar in dieser Beziehung vollständig negative Ergebnisse. Almy versetzte z. B. Xylol mit Anilin, konnte jedoch keine Veränderung der Festigkeit feststellen. Kock fand auch keinen Zusammenhang. Ebensowenig Dräger. Er fügte Kalziumchlorid, Magnesiumoxyd, Phosphorpentoxyd und Ferrozyankalium zu Transformatorenöl hinzu, filtrierte ab und maß die Durchschlagsfestigkeit. Es zeigte sich darin keine Änderung; allerdings sind diese Versuche insofern nicht sehr beweisend, als die untersuchten Stoffe in Öl sehr wenig löslich sind. Man muß in dieser Beziehung etwas günstigere Objekte wählen.

Verf. [45] untersuchte Benzol mit Pikrinsäurezusatz und stellte fest, daß die Festigkeit bei einer Änderung des Leitwertes im Verhältnis 1 : 10 um etwa 20% abnahm (Tab. 60).

Tabelle 60. $\mathfrak{E}_0$ von Benzol und Leitfähigkeit.

Konzentr. der Säure in Molarität	Leitwert in relat. Einh.	Durchschlagsfest. in kV/cm
0	2,0	230
10^{-2}	21	185

Toriyama veränderte die Leitfähigkeit des Öles durch intensive Reinigung und maß gleichzeitig mit der steigenden Festigkeit den Leitwert. Hier änderte sich die Festigkeit auch viel weniger als der Leitwert.

Tabelle 61. $\mathfrak{E}_0$ und Leitfähigkeit bei Öl.

Reinigungsart	Leitwert in 10^{-13} S/cm		Durchschlagsfestigkeit in kV/cm
	bei 30 kV/cm	bei 200 kV/cm	
Papierfilter	525	—	90
Papierfilter, d. gekocht. . .	0,7	8	320
Papierfilter, d. gekocht, d. Porzellanfilter	0,7	2,5	470

Andere Autoren suchten die Frage so zu beantworten, daß sie die Temperatur veränderten und dabei sowohl die Festigkeit wie den Leitwert gemessen haben. Die Versuche sind nicht sehr bindend, da die Temperatur auch für sich die Festigkeit zu ändern vermag. Wie in Abschnitt 17 gezeigt wurde, nimmt jedenfalls die Leitfähigkeit mit der Temperatur sehr stark zu. In Abschnitt 40 werden wir sehen, daß die Festigkeit zwischen 10 und 70° C sogar ansteigt, um weiterhin langsam abzunehmen. Dies spricht jedenfalls dafür, daß ein großer Einfluß der Leitfähigkeit nicht vorhanden sein kann.

Eine andere Frage ist es, ob die Ströme in unmittelbarem Zusammenhang mit dem Durchschlagsvorgang stehen oder nicht. Die rein mechanische Gastheorie nimmt einen solchen Zusammenhang nicht an. Die Wärmetheorie von Güntherschulze setzt dagegen einen solchen voraus; daß sie vielfach nicht beobachtet wird, erklärt sie damit, daß jedes Einzelion für sich als Wärmeerzeuger aufgefaßt wird und es auf die Anzahl dieser elementaren Wärmequellen nicht so sehr ankommt, da jedes für sich zum Einleiten des Durchschlages genügt.

Anders verhält es sich, wenn man auf dem Boden der Ionisationstheorie steht. Auf den anfänglichen Leitungsstrom, der geringen Feldstärken entspricht, kommt es dabei allerdings auch nicht an, wohl aber auf jene hohen Ströme, welche bei Steigerung der Feldstärke auftreten. Wir haben dieses Anwachsen des Stromes mit der Feldstärke in Abschnitt 17 behandelt. Dort zeigten wir, daß der Leitwert außer einem konstanten, für kleine Feldstärken gültigen Term einen zweiten, mit der Feldstärke ansteigenden Term enthält. Dieser zweite könnte in der zunehmenden Ionisation begründet sein. In diesem Fall ist es aber sehr wahrscheinlich, daß dieses Ansteigen des Stromes ebenso in den Durchschlag übergeht wie etwa bei Gasen. Einwandfrei bewiesen ist dieser Mechanismus allerdings nicht, wenn auch vieles dafür spricht.

Nikuradse [118] fand, daß die Durchschlagsspannung von denselben Einflüssen abhängt (Polarität der Anordnung, Feuchtigkeit, Elektrodenmaterial), wie die Spitzenströme selbst bei der Anordnung Spitze gegen Platte. Daraus kann man mit Recht auf einen inneren Zusammenhang der beiden Erscheinungen schließen. In einer weiteren Untersuchung [121] unterscheidet er zwischen stetigem Durchschlag, welcher aus dem immer mehr ansteigenden Ionisationsstrom hervorgeht und dem unstetigen, welcher damit nichts zu tun hat. Damit dürfte wohl das Richtige getroffen sein.

Zusammenfassend läßt sich sagen, daß zwar der absolute Leitwert der Flüssigkeit einen nur geringen Einfluß auf die Festigkeit hat, das starke Ansteigen der Leitfähigkeit mit der Feldstärke dagegen in manchen Fällen unmittelbar zum Durchschlag führen kann.

c) Die physikalischen Beimengungen haben je nach deren Feuchtigkeitsgehalt eine verschiedene Bedeutung.

Fasern und Staubteilchen, sofern sie trocken sind, schaden nicht in nennenswerter Weise, auch wenn sie zur Brückenbildung zwischen den Elektroden führen. Nur wenn sie feucht sind, können die so entstandenen Brücken durch Stromleitung schaden. Vielfach werden sie auf diese Weise einen Funken veranlassen, welcher jedoch zur Verdampfung der Feuchtigkeit führt und somit den Schaden selber aus dem Weg räumt. Vielfach ist dies der Mechanismus von sog. Vorentladungen. Auch Durchschläge säubern in dieser Weise das Feld, so daß man oft die Beobachtung macht, daß hintereinander ausgeführte Durchschläge steigende Spannungen aufweisen.

Ist jedoch der Feuchtigkeitsgehalt beträchtlich, indem z. B. das Wasser in Form von mikroskopischen Kügelchen im Öl vorhanden ist, dann nimmt die Festigkeit ganz bedeutend ab.

Versuche, welche den Einfluß der Reinigung und Entfeuchtung zeigen, liegen in großem Maße vor. Je länger die Trocknungsdauer des Öles, um so höher die erzielte Festigkeit. Folgende Zahlen rühren von Spath her (Tab. 62).

Ähnliche Versuche liegen von Schröter vor (Tab. 63).

Dräger hat das Öl elektrisch gereinigt, indem er hohe Gleichspannung anlegte. Die Teilchen sind kataphoretisch (Abschnitt 19) entfernt worden. Er kam dabei bis zu Festigkeiten von 600 kV/cm.

Tabelle 62. $\mathfrak{E}_0$ von Öl und Feuchtigkeitsgrad.

Behandlungsart	kV/cm
Öl unbehandelt	50
Ölschleuder	70
2 Std. 115° C, dann Haarsieb	100
3 × Filtrierpapier	130
Spezialfilter, dann 4 Std. 115° C	200
Spezialfilter, dann 4 Std. 60° C	340

Tabelle 63. $\mathfrak{E}_0$ von Öl und Feuchtigkeitsgrad.

Behandlungsart	kV/cm
Öl unbehandelt	50
Porzellanfilter	120
Zentrifuge	130
Papierfilter	180
Gehärtetes Filter (einmal)	230
Gehärtetes Filter (zweimal)	330

Untersucht man den Einfluß des Wassergehaltes quantitativ, so findet man eine charakteristische Kurve, indem mit steigendem Wassergehalt die Festigkeit anfangs rasch, dann immer langsamer sinkt. Man erkennt dieses Verhalten z. B. an einer Kurve von Peek [130] (Tab. 64):

Tabelle 64. $\mathfrak{E}_0$ von Öl und Wassergehalt.

Wassergehalt in ‰	kV/cm
0,0	130
0,1	40
0,2	35
0,3	30
0,4	27
0,5	25

Verf. [44] hat versucht, die Abhängigkeit, die in diesen und ähnlichen Versuchen zum Ausdruck gelangt, theoretisch abzuleiten. Wir wollen in Kürze diese Theorie und ihren Vergleich mit dem Experiment schildern. Sie geht davon aus, daß das Wasser im Öl in Form feinster Kügelchen vorhanden ist, wie das mikroskopisch leicht nachgewiesen wird. Der Durchmesser derselben beträgt 10^{-3} bis 10^{-4} cm. Diese Kugeln haben eine höhere Dielektrizitätskonstante als das Öl und werden sich daher im Felde strecken. Die Streckung ist ganz ähnlich gedacht wie die der ionisierten Gasblasen in Abschnitt 35. Ein wichtiger Unterschied ist jedoch der, daß dort die Streckung bei einer bestimmten Feldstärke, der Durchschlagsfeldstärke einsetzte und sofort zur Kanalbildung führte. Hier dagegen erfahren die Kugeln bei jeder Feldstärke eine Streckung und führen zu bestimmten Gleichgewichtsfiguren. Erfährt die Streckung in Richtung des Feldes einen so hohen Grad, daß die gestreckten Teilchen sich beinahe berühren können und eine zusammenhängende Kette bilden, dann tritt durch Brückenbildung der Durchschlag ein.

Das sich bildende Rotationsellipsoid sei durch die Gleichung

$$\frac{x^2}{a^2} + \frac{y^2}{b^2} = 1$$

dargestellt, wobei x die Feldrichtung ist und a die lange Halbachse.

Die Polarisation des Ellipsoids im Felde $\mathfrak{E}$ lautet:

$$\mathfrak{P} = \frac{\mathfrak{E}}{4\pi\left(\frac{1}{e^2}-1\right)\left(\frac{1}{2e}\ln\frac{1+e}{1-e}-1\right)}.$$

e ist die Exzentrizität der Ellipse. Die Polarisation des ganzen Ellipsoids ist:

$$\frac{4\pi}{3}r^3\,\mathfrak{P},$$

wo r den Radius der ursprünglichen Kugel bedeutet. Die elektrische Energie lautet:

$$-\frac{2\pi}{3}r^3\,\mathfrak{P}\,\mathfrak{E}.$$

Für die Oberflächenenergie hat man:

$$\gamma\left(2\pi b^2 + \frac{2\pi a b}{e}\arcsin e\right),$$

wo γ = Grenzflächenspannung zwischen Öl und Wasser. Da

$$r^3 = a b^2,$$

so ist die Oberflächenenergie:

$$2\pi r^2\gamma\left(\sqrt[3]{1-e^2} + \frac{\arcsin e}{e\sqrt[6]{1-e^2}}\right).$$

Die gesamte Energie wird nun nach e differenziert und der Differentialquotient Null gesetzt. Dann hat man die Gleichgewichtslage. Führt man β als Streckungsgrad ein, wobei

$$\beta = \frac{1}{\sqrt[3]{1-e^2}},$$

dann läßt sich β als Funktion des Arguments $\frac{r\,\mathfrak{E}^2}{\gamma}$ berechnen. Es ergibt sich, daß die Streckung mit zunehmendem Argument ansteigt, wie das auch zu erwarten war.

An den Spitzen des Rotationsellipsoids ist die Feldstärke besonders hoch. In der obigen Formel setzten wir die Dielektrizitätskonstante unendlich groß an, was natürlich nicht streng richtig ist. Eine genaue Analyse ergibt, daß für stark gestreckte Ellipsoide die maximale Feldstärke an der Spitze im limes ($e = \infty$) $4\pi\mathfrak{P}$ beträgt. Andererseits ist für diesen Fall

$$\mathfrak{P} = \frac{\frac{\varepsilon}{\varepsilon'}-1}{4\pi}\,\mathfrak{E},$$

wo ε die Dielektrizitätskonstante der Kugel, ε' die des Öles ist. Die Feldstärke ist hier somit das $\frac{\varepsilon}{\varepsilon'}$-fache der angelegten Feldstärke. Für Wasser ist dieses Verhältnis 36.

Es ist demnach anzunehmen, daß noch vor einer eigentlichen Berührung der Teilchen durch Funkenbildung an den Spitzen ein leitender Kanal entstehen kann. Die beste Übereinstimmung mit der Erfahrung ergibt sich bei der Annahme, daß $^2/_3$ des ursprünglichen Abstandes zwischen benachbarten Kugeln durch die Streckung überwunden werden muß. Ist die Volumkonzentration der Teilchen c, so ist der mittlere Abstand

$$d = r\sqrt[3]{\frac{4\pi}{3c}}.$$

Der Streckungsgrad, welcher zum Durchschlag notwendig ist, beträgt

$$\beta = \frac{d}{3r} = \frac{1}{3}\sqrt[3]{\frac{4\pi}{3c}}.$$

Da wir oben β als Funktion von $\mathfrak{E}$ berechnet haben, so können wir hiermit $\mathfrak{E}_0$ als Funktion von c angeben.

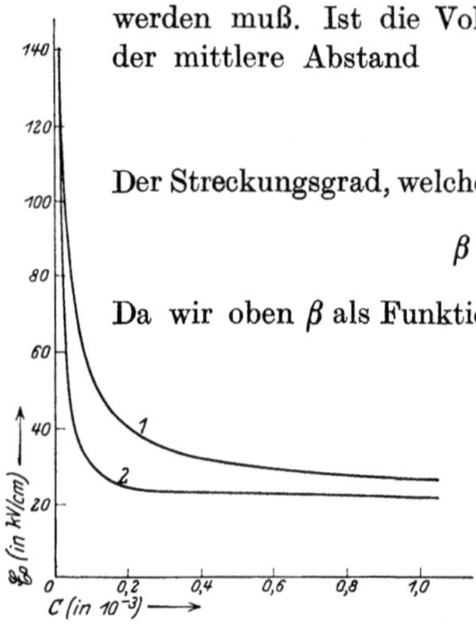

Abb. 70. Durchschlagsfestigkeit von Öl abhängig vom Feuchtigkeitsgehalt.

Die Rechnung wurde für $r = 2 \cdot 10^{-3}$ cm und $\gamma = 5$ dyn/cm durchgeführt, die theoretische Kurve ist auf Abb. 70 (*1*) dargestellt. Daneben steht eine experimentelle Kurve (*2*), welche von Friese gemessen worden ist [38].

Das einzig Willkürliche in der Ableitung ist der Faktor $^2/_3$, sonst sind es lauter meßbare Größen. Nicht berücksichtigt ist bei der Ableitung eine etwaige Anreicherung der Teilchen längs der maximalen Kraft linienröhre, was aber sicherlich auch stattfndet. Auf diese Weise könnte man wahrscheinlich zu noch besserer Übereinstimmung mit der Erfahrung gelangen.

40. Einfluß der physikalischen Zustandsgrößen auf die Festigkeit.

Von den hier in Betracht kommenden Größen berücksichtigen wir Druck und Temperatur.

a) Mit zunehmendem Druck steigt die Durchschlagsfestigkeit. Untersucht man kleine Gebiete, so findet man meist lineare Abhängig-

Tabelle 65.
$\mathfrak{E}_0$ und Druck bei Öl.

p = Druck in mm Hg	kV/cm
400	170
500	180
600	190
700	200

Tabelle 66. $\mathfrak{E}_0$ und Druck.

p in mm Hg	kV/cm	
	Xylol	Hexan
350	305	255
450	340	280
550	395	315
650	430	350
750	475	375

keit. So z. B. bei einer Versuchsreihe von Friese an Transformatorenöl (Tab. 65).

Diesen Zahlen entspricht die Gleichung:

$$\mathfrak{E}_0 = 120 + 86p,$$

falls p in Atmosphären gemessen wird. Sorge untersuchte leichtflüssige Stoffe, ebenfalls unter einer Atmosphäre (Tab. 66).

Für Xylol gilt:

$$\mathfrak{E}_0 = 160 + 320p,$$

für Hexan:

$$\mathfrak{E}_0 = 145 + 235p.$$

Kieser [86] findet lineare Abnahme der Festigkeit, jedoch nur bis zu einer bestimmten Grenze. Von da ab bleibt die Feldstärke konstant. Beachtenswert ist, daß in diesem Gebiet, hinunter bis zum Dampfdruck der Flüssigkeit sowohl die Streuung wie der Einfluß des Elektrodenmaterials verschwinden.

Höhere Drucke — über einer Atmosphäre — sind von Kock [88] untersucht worden (Tab. 67). Die Festigkeiten liegen absolut — wegen ungenügender Reinheit der Substanzen — alle zu niedrig.

Tabelle 67. E_0 und Druck.

p in at	Petroleum	Rizinusöl	Transformatorenöl
0	155	140	105
10	330	310	210
20	420	410	320
30	480	480	390
40	510	510	440
50	530	530	—
60	—	540	—
70	—	540	—

Die Kurven verlaufen anfangs linear, biegen dann aber nach der Abszissenachse ab. Neue Versuche von H. Edler [22] führen zum Ergebnis, daß die Druckabhängigkeit mit zunehmender Entlüftung des Öles verschwindet.

Die Druckabhängigkeit wird von den Theorien, die eine verkappte Gasentladung annehmen, ohne weiteres erklärt. Die Gastheorie (Abschnitt 35) ergab für die Festigkeit in kV/cm die Gleichung (137)

$$\mathfrak{E}_0^2 = \frac{\gamma}{r} + \frac{2}{3}\frac{k}{\eta}p.$$

Versucht man die Zahlen von Kock mittels einer solchen Gleichung wiederzugeben, so gelingt das ungezwungenerweise, wie folgende Tabelle 68 zeigt:

Tabelle 68. Druckabhängigkeit von $\mathfrak{E}_0$ nach Versuch und Theorie.

p in at	Petroleum		Transformatorenöl	
	beob.	berechn.	beob.	berechn.
0	155	153	105	108
10	330	306	210	238
20	420	405	320	319
30	480	484	390	383
40	510	550	440	438

In Form von Gleichungen geschrieben, ergibt sich für Petroleum:

$$\mathfrak{E}_0^2 = 2{,}3 \cdot 10^4 + 0{,}70 \cdot 10^4 p\,,$$

für Transformatorenöl:

$$\mathfrak{E}_0^2 = 1{,}1 \cdot 10^4 + 0{,}45 \cdot 10^4 p\,,$$

wo der Druck in Atmosphären und die Feldstärke in kV/cm gemessen wird. Setzt man für $\eta = 0{,}6$ (für Zimmertemperatur), so wird k für Öl $= 0{,}27 \cdot 10^4$.

Aber auch die Edlersche Theorie steht mit den Tatsachen in bestem Einklang. Denn auch sie verlegt den Sitz des Vorganges in die Dampfphase, und es wurde ja in Abschnitt 34 gezeigt, daß bei Gasen eine sehr starke Druckabhängigkeit besteht. Die oben zitierten Befunde von Kieser in bezug auf die Dampfdrucknähe, in welchem Gebiet eine Siedeverzögerung nicht mehr stattfindet, sprechen durchaus im Sinne der Edlerschen Erklärung der Streuung. Daß bei maximaler Reinigung der Druckeffekt verschwindet, rührt nach der Gastheorie [Gl. (137)] daher, daß r sehr klein wird und der zweite Term mit p daher immer mehr in den Hintergrund tritt.

Auch Versuche von Hayashi [62] sprechen für einen verkappten Gasdurchschlag. Er fand, daß die Festigkeit von Kohlensäure in der Nähe des Verflüssigungspunktes bei 59 at keinerlei Unstetigkeit aufweist. Hier ist der Druck schon so groß, daß die Durchschlagsbedingung (137) schon erfüllt wird, bevor die Gasblasen ionisiert werden. Hier ist dann die Ionisation das Kriterium des Durchschlages, d. h. ein Unterschied zwischen Gas- und Flüssigkeitsdurchschlag besteht überhaupt nicht mehr. Daher die Stetigkeit der Feldstärkenwerte bei der Verflüssigung.

Tabelle 69. $\mathfrak{E}_0$ und Temperatur.

Temp. in °C	Xylol	Hexan
20	455	365
30	—	360
40	465	355
50	—	350
60	460	325
65	—	300
69	—	230
80	460	—
100	405	—

b) Steigende Temperatur bewirkt im allgemeinen ein Sinken der Festigkeit. Messungen liegen z. B. von Sorge vor (Tab. 69).

Weniger einfach liegen die Verhältnisse bei Transformatorenöl, da hier die Festigkeit im Bereich von 10 bis 70° C ansteigt. Dies ergibt sich z. B. aus den Zahlen von Spath (Tab. 70).

Tabelle 70. $\mathfrak{E}_0$ und Temperatur bei Öl.

Temp. in °C	kV/cm
10	290
30	340
50	360
70	380
90	360

Unterhalb von 10° und über 70° findet das normale Verhalten statt, so daß die Gesamtkurve einen S-förmigen Verlauf hat. Das ganze Gebiet ergibt sich z. B. aus Messungen von Toriyama (Tab. 71).

Die allgemeine Abnahme der Festigkeit wird durch die Ionisationstheorie mit der höheren Beweglichkeit der Ionen erklärt. Die Gastheorie erläutert dieses Verhalten auf Grund der Gl. (137) folgendermaßen: Die Oberflächenspannung nimmt mit der Temperatur ab, und zwar nach der Gleichung

$$\gamma = \gamma_0 (1 - \nu t) .$$

Das Volum der Bläschen nimmt dagegen zu:

$$r^3 = r_0^3 (1 + \alpha t) .$$

Tabelle 71. $\mathfrak{E}_0$ und Temperatur bei Öl.

Temp. in ° C	kV/cm
— 60	700
— 10	470
+ 20	490
40	520
60	550
80	570
105	510

Demnach gilt, wenn man sich auf den ersten Term beschränkt:

$$\mathfrak{E}_0^2 = \frac{\gamma_0}{r_0}\left[1 - \left(\nu + \frac{\alpha}{3}\right) t\right].$$

ν ist etwa 0,004 und $\alpha = 0{,}0036$, also

$$\mathfrak{E}_0^2 = \frac{\gamma_0}{r_0} (1 - 0{,}005\, t)$$

und

$$\frac{1}{\mathfrak{E}_0} \frac{d\mathfrak{E}_0}{dt} = - \frac{0{,}0025}{1 - 0{,}005\, t} .$$

Aus der Sorgeschen Kurve für Xylol hat man für 100° 6% Änderung pro 10°, nach der Formel hätte man 5% zu erwarten. Für Hexan hat man bei 50° experimentell 3,7% pro 10°, nach der Gleichung 3,3%. Die Übereinstimmung ist also gut.

Der Anstieg zwischen 10° und 70° ist eine andere Erscheinung. Nach manchen Autoren liegt das nur an der fortschreitenden Entwässerung der Öle. So hat Hirobe [70] bei ganz reinen Ölen nur sehr geringe Änderungen in diesem Gebiet festgestellt. Peek hat die Reihe nach oben und sofort nach unten durchgemessen, wobei der Effekt (infolge stattgehabter Entfeuchtung ?) verschwand (Tab. 72).

Tabelle 72. $\mathfrak{E}_0$ und Temperatur bei Öl.

Temp. in ° C	kV/cm
28	45
40	48
55	51
70	52
87	52
28	52

Nach der Gastheorie liegt dieser Effekt in der Viskosität begründet (s. Abschnitt 39a). Diese nimmt nämlich im betreffenden Gebiet sehr stark mit zunehmender Temperatur ab. Gehen wir von Gl. (137) aus, so lassen sich z. B. diesbezügliche Messungen von Dräger mittels der Formel:

$$\mathfrak{E}_0^2 = 8 \cdot 10^4 + \frac{0{,}38}{\eta} 10^4\, p$$

wiedergeben. Die Konstante $k = 0{,}38 \cdot 10^4$ stimmt befriedigend mit dem Wert $0{,}27 \cdot 10^4$ überein, wie wir sie aus der Druckabhängigkeit ermittelt

Tabelle 73. $\mathfrak{E}_0$ und Temperatur nach Versuch und Theorie.

Temp. in °C	η in Pois.	$\mathfrak{E}_0$ in kV/cm	
		gef.	ber.
20	0,59	294	295
40	0,18	322	319
60	0,098	354	345
80	0,054	382	388

haben. Die Ergebnisse zeigt folgende Tabelle 73.

Nach Schumann werden die Polaritätsunterschiede bei der Anordnung Spitze—Platte mit steigender Temperatur größer.

Siebentes Kapitel.

Durchschlag fester Isolierstoffe.

41. Das Wesen des elektrischen Durchschlages.

Gasförmige Isolatoren schlagen nur dann durch, wenn die neutralen Molekeln durch Elektronenstoß in Elektronen und Ionen gespalten werden, wozu eine Ionisierungsspannung von der Größenordnung 20 V erforderlich ist. Wären in flüssigen Isolierstoffen keine Gasreste enthalten, so würden auch dort die neutralen Molekeln durch Stoß gespalten werden, ein Mechanismus, der heute allerdings noch nicht mit Sicherheit beobachtet wurde.

In festen kristallinen Stoffen ist dagegen noch eine weitere Durchschlagsart zu berücksichtigen. Es liegen hier nämlich die positiven und negativen Bestandteile schon getrennt vor und bilden die Gitterpunkte des Kristalles. Die Energie, um ein positives und negatives Ion in einem Gitter zu trennen, ist wesentlich niedriger als die, um eine neutrale Molekel zu spalten. Dementsprechend dürfte die Möglichkeit, daß ein isolierendes Gitter einfach durch die elektrischen Kräfte (nicht durch Stoß) in Ionen gespalten und somit durchgeschlagen wird, durchaus nicht von der Hand zu weisen sein. Diese Berechnung hat Rogowski [142] ausgeführt und gezeigt, daß man zu Festigkeitswerten kommt, welche im allgemeinen in der Praxis nicht erreicht werden. Seine Rechnung lieferte den Beweis, wonach auch bei festen kristallinen Stoffen aus bestimmten Gründen der Durchschlag schon früher stattfindet, als es diesem maximalen Festigkeitswert entspricht. Neuerdings konnte dann Joffé zeigen, daß in gewissen Fällen gerade jene Werte erreicht werden, wie sie Rogowski berechnet hat. Damit ist die theoretische elektrische Zerreißfestigkeit der Kristalle auch experimentell bestätigt.

Die theoretische Festigkeit berechnet sich folgenderweise. Obwohl die Ionen im Gitter angeordnet sind und demnach jeweils die Kräfte von allen Ionen berücksichtigt werden müssen, genügt es näherungsweise doch, einfach ein herausgegriffenes Ionpaar zu betrachten. Dieselben werden durch die anziehenden und abstoßenden Kräfte im

Gleichgewicht gehalten. Die anziehende Kraft ist

$$\frac{e^2}{r^2}$$

die abstoßende nach Born

$$\beta \frac{e^2 a^8}{r^{10}}$$

wo β und a Konstanten sind und r der Ionenabstand. Die abstoßende Kraft wirkt also, wie ersichtlich, nur in unmittelbarer Nachbarschaft der Ionen. Sie ist durch das Vorhandensein der äußeren Elektronschalen bedingt, welche sich in unmittelbarer Nähe abstoßen. Sie wurde schon von v. d. Waals in seiner Zustandsgleichung als b-Konstante eingeführt, indem er letztere mit der Raumbeanspruchung der Atome in Verbindung gebracht hat. Erst durch die neueren elektrischen Theorien des Atoms wurde es klar, daß es sich hier um die abstoßende Kraft der Elektronenschalen handelt. Trägt man die beiden Kräfte nach Rogowski auf (Abb. 71), so erhält man nach oben die abstoßenden, nach unten die anziehenden Kräfte in Abhängigkeit vom Ionenabstand. Die Resultante ist stark ausgezogen. Dort, wo sie die Abszisse schneidet, ist die normale Gleichgewichtslage. Diese Lage ist, wie ersichtlich, stabil. Sie ist gekennzeichnet durch

$$\frac{e^2}{r_0^2} = \beta \frac{e^2 a^8}{r^{10}}$$

oder

$$r_0 = \sqrt[8]{\beta} \cdot a\,.$$

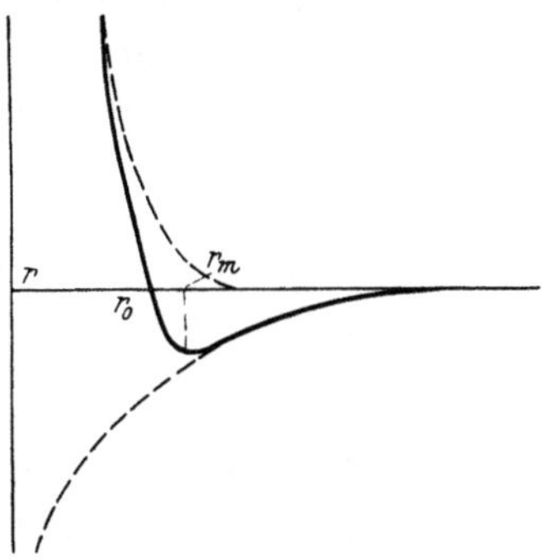

Abb. 71. Kräfte im Kristallgitter.

(Bei Steinsalz ist z. B. $\beta = 0{,}29$, $a = 2{,}8$ 10^{-8} cm, somit $r_0 = 2{,}4 \cdot 10^{-8}$ cm.)

Wirkt nun eine elektrische Kraft, so ist sie bestrebt, die beiden Ionen auseinanderzuziehen und die neue Gleichgewichtslage liegt etwas rechts von r_0. Gleichgewicht ist aber nur so lange möglich, bis der Abstand r_m, dem Maximum der anziehenden Kraft entsprechend, nicht überschreitet. Von da ab ist Gleichgewicht unmöglich, die beiden Ionen werden auseinandergerissen. Um diese Lage zu berechnen, differenzieren wir die Gesamtkraft nach r und setzen den Ausdruck Null:

$$-\frac{10\,\beta\, e^2 a^8}{r_m^{11}} + \frac{2\,e^2}{r_m^3} = 0\,,$$

woraus

$$r_m = \sqrt[8]{5\,\beta} \cdot a\,.$$

Dies in den Ausdruck für die Gesamtkraft eingesetzt, ergibt

$$\frac{0{,}8\,e^2}{\sqrt[4]{5\,\beta} \cdot a^2}\,.$$

Wir suchen nun jene angelegte Feldstärke, welche diese Kraft überwindet:

$$e\,\mathfrak{E}_0 = \frac{0{,}8\,e^2}{\sqrt[4]{5\beta}\cdot a^2} \tag{138}$$

oder, a und β für Steinsalz eingesetzt,

$$\mathfrak{E}_0 = 1{,}3\cdot 10^8\,\mathrm{V/cm}\,.$$

Auf derselben Grundlage läßt sich auch die Energie berechnen, die zum Zerreißen aufgewendet werden muß und die offenbar durch die Fläche zwischen der Kurve (Abb. 71) und der Abszisse gegeben ist. Rogowski berechnet weiter die Kraft $\mathfrak{E}_0$, welche zum Zerreißen eines Gitters erforderlich ist. Die Größenordnung ist genau dieselbe wie vorhin, man hat also auch hier

$$\mathfrak{E}_0 \sim 10^8\,\mathrm{V/cm}\,.$$

Die Energie zum Herausreißen eines Ions, die sog. Platzwechselenergie ist von Größenordnung $2\cdot 10^{-12}$ Erg, oder 1,2 Volt. Die berechneten Feldstärken sind aber 2 bis 3 Zehnerpotenzen höher als die beobachteten Werte. Wir können diese Feldstärke somit als die ideale Festigkeit der Kristalle bezeichnen, welche im allgemeinen nicht erreicht wird, da infolge Ungleichmäßigkeiten im Kristallbau der Durchschlag schon früher eintritt.

Es erhebt sich die Frage, welcher Art denn die Durchschläge sind, wie sie in Realkristallen tatsächlich beobachtet werden. Es sind genau dieselben Möglichkeiten, wie sie auch bei flüssigen Isolatoren erwogen werden. Erstens sind es Ionisierungsströme in der festen Phase, zweitens Hohlräume, die zu Luftdurchschlägen führen können.

Die Möglichkeit der Ionisierungsströme ist hauptsächlich von Güntherschulze und dann von Joffé [81] ausgearbeitet worden. Demnach muß es eine Mindestfeldstärke geben, unter welcher keine Ionisation und somit kein Durchschlagstrom denkbar ist. Der Gedanke ist derselbe, wie wir sie bei Gasen verwendet haben. Ist die Ionisierungsspannung, welche zum Losreißen eines Elektrons notwendig ist, V, dann ist die Mindestgeschwindigkeit:

$$\tfrac{1}{2}\,m\,u^2 = e\,V\,.$$

Da

$$u = u_0\,\mathfrak{E}\,,$$

wo u_0 die Beweglichkeit ist, so wird

$$\mathfrak{E}_0 = \frac{1}{u_0}\sqrt{\frac{2\,e\,V}{m}}\,. \tag{139}$$

Dies wäre die Durchschlagsfestigkeit, also die kleinste überhaupt mögliche Durchschlagsfeldstärke, wie sie im elektrischen Durchschlag (also bei kurzer Beanspruchung) zutage tritt. Besonders bei nicht zu geringen Schichtdicken ist mit ihr zu rechnen.

Genau so wie bei Gasen muß nämlich bei kleinen Schichtdicken die erforderliche Feldstärke steigen, weil es hierbei hauptsächlich auf die Anzahl der erfolgten Ionisationen ankommt. Bei größeren Schichtdicken reicht der Ionisationsstrom auf jeden Fall aus. Bei kleinen Schichtdicken ist aber der Strom trotz stattgehabter Ionisation unzureichend. Wird die Feldstärke $\mathfrak{E}_0$ erreicht, so können wir durch

$$\lambda_0 \mathfrak{E}_0 = V$$

eine Strecke λ_0 definieren, längs welcher die Ionisierungsspannung in den Ladungsträgern aufgespeichert wird. Der Strom ist dann näherungsweise

$$i_0 = k \cdot e^{\frac{a}{\lambda_0}}$$

wo k ein Proportionalitätsfaktor ist und a die Schichtdicke bezeichnet. Die Anzahl der Stöße pro Längeneinheit beträgt nämlich $\frac{1}{\lambda_0}$.

Wie gesagt, ist jedoch i_0 unzureichend, der Durchschlag erfolgt erst dann, wenn der Strom einen bestimmten Mindestwert i_d erreicht hat. Dies erfolgt bei Steigerung der Feldstärke, durch entsprechende Abnahme der Strecke λ und entsprechende Zunahme der Ionisationen.

Es gilt dann

$$\lambda \mathfrak{E}_d = V$$

und

$$i_d = k e^{\frac{a}{\lambda}} = k e^{\frac{a \mathfrak{E}_d}{V}}. \qquad (140)$$

Da i_d und V Konstanten sind, so gilt für den Durchschlag

$$a \mathfrak{E}_d = \text{konst.}$$

oder die Spannung muß einen bestimmten Grenzwert erreichen, damit der Durchschlag zustande kommt. Dementsprechend steigt die Durchschlagsfeldstärke umgekehrt proportional zur Schichtdicke an.

Diese Folgerung der Ionisationstheorie (konstante Durchschlagsspannung bei geringen Abständen) wird vom Experiment, wie weiter unten gezeigt wird, recht gut bestätigt. Geht man nun mit der Schichtdicke immer mehr herunter ($\sim 10^{-4}$ cm), so steigt die Feldstärke so stark an, daß die ideale Zerreißfestigkeit von Rogowski erreicht wird und sie nicht mehr weiter steigen kann. Dadurch also, daß man durch immer kleiner werdende Abstände die Ionisationen immer mehr hemmt, kann man die Feldstärke so weit treiben, daß die ideale Festigkeit bei den dünnsten Schichten ($\sim 10^{-5}$ cm) tatsächlich erreicht wird.

Die Ionisationstheorie vermag also das Gebiet der experimentellen Durchschlagsfeldstärken in festen Isolatoren recht gut zu erklären.

Für die Ionisationsspannung, also die Abtrennungsarbeit eines Elektrons errechnet sich aus obigen Gleichungen für Glas 10 Volt.

Rogowski führt in seinen neuen Arbeiten [143b] den elektrischen Durchschlag — abgesehen von den dünnsten Schichten — ebenfalls auf Stoßionisierung zurück. Er stützt sich dabei auf Oszillogramme, welche das unvermittelte Einsetzen des Durchbruchs und seinen Ablauf in 10^{-7} sec zeigen. Der Durchschlag wäre nach ihm bei Gasen, flüssigen und festen Körpern einheitlich auf plötzlich einsetzende Elektronenlawinen zurückzuführen.

Im Sinne einer Stoßionisation sprachen auch die Oszillogramme, welche Verf. [51] an Isolierstoffen aufgenommen hat (Abschn. 23) und welche die Oberwellen der Ströme zeigen. Bei vielen Objekten treten die Oberwellen nur knapp vor dem Durchschlag auf, weshalb auch ihre Aufnahme recht erschwert ist. Da die Oberwellen wahrscheinlich auf Stoßionisation in der festen Phase beruhen, so scheint in der Tat letztere den Durchschlag auszulösen.

Die zweite Möglichkeit, nämlich das Vorhandensein von Spalten, welche zu Luftdurchschlägen führen, ist von Horowitz [73] ausgearbeitet worden. Daß solche sog. Lockerstellen in realen Kristallen in großer Zahl vorhanden sind und daß sie für die verschiedensten Eigenschaften der Kristalle mit Erfolg heranzuziehen sind, ist von Smekal nachgewiesen worden [162a]. Die Theorie wird in ähnlicher Weise durchgeführt, wie wir es in Abschnitt 35 gezeigt haben. Horowitz betrachtet einen länglichen Spalt, dessen Querschnitt eine Halbellipse ist. Die große Halbachse sei b, die andere wesentlich kleiner als b. Dann berechnet er für die elektrische Energie des ionisierten Spaltes pro Längeneinheit

$$-\tfrac{1}{16} b^2 \varepsilon \mathfrak{E}^2,$$

wo ε die Dielektrizitätskonstante des umgebenden Isolierstoffes ist. Die Oberflächenenergie ist

$$2\gamma b$$

da zwei Spaltenseiten von der Fläche b vorhanden sind. Die Summe nach b differenziert und Null gesetzt, gibt

$$-\tfrac{1}{8} b \varepsilon \mathfrak{E}_0^2 + 2\gamma = 0$$

oder

$$\mathfrak{E}_0 = \sqrt{\frac{16\gamma}{b\varepsilon}}. \tag{141}$$

also jene Feldstärke, welche gerade hinreicht, um den Spalt weiter aufzureißen. Es handelt sich also um eine ausgesprochene Kerbwirkung. Es berechnen sich Festigkeiten von 7 bis $10 \cdot 10^5$ V/cm, also von der beobachteten Größenordnung.

Rogowski erklärt die Wirkung in Spalten anders. Er nimmt an, daß Elektronen ungehindert durch den Spalt fliegen können und hierbei genügend kinetische Energie anhäufen, um ein Ion aus dem Gitter zu reißen. Das Zerreißen wird dann nicht unmittelbar durch die elektrische Kraft bewirkt, sondern erst mittelbar durch die kinetische Energie von Elektronen. Die Durchschlagsfeldstärke wäre dann

$$\mathfrak{E}_0 b = W \,, \tag{142}$$

wo W die Platzwechselenergie. Da b, wie mikroskopisch an Steinsalz festgestellt wurde, etwa 10^{-5} cm beträgt, so wäre $\mathfrak{E}_0$ von der Ordnung 10^5 V/cm.

Wie dem auch sei, das Vorhandensein von Lücken im Gefüge würde ohne weiteres die zu niedrigen elektrischen Festigkeiten erklären.

42. Der Wärmedurchschlag.

Wie schon im allgemeinen Teil erwähnt, spielt der Wärmedurchschlag bei festen Isolierstoffen eine recht bedeutungsvolle Rolle. Es wurde dort erwähnt, daß man mit ihm hauptsächlich bei länger dauernder Beanspruchung zu rechnen hat. Hier werden wir erklären, inwiefern man auch noch durch passende Wahl der Temperatur und Schichtdicke in das Wärmegebiet gelangen kann. Wir geben zuerst die Theorie in der Form, wie sie ursprünglich Wagner [179] gegeben hat, und zeigen dann, wie sie durch Fock [37] ergänzt wurde.

Man findet gelegentlich in der Literatur die Wagnersche Theorie recht scharf kritisiert. (s. z. B. Whitehead [191]). Diese Kritik ist unserer Ansicht nach vollständig unbegründet. Daß sie überhaupt aufkam, hat zwei Ursachen. Erstens dachte man anfangs, daß der Durchschlag in festen Isolatoren immer durch Wärmewirkung entsteht. Die Einsicht, daß es Fälle gibt, welche nicht in das Wärmegebiet fallen, hat dann naturgemäß eine gewisse Reaktion gegen die Theorie wachgerufen. Zweitens hat Wagner, um die Rechnung zu vereinfachen, angenommen, daß jeder feste Isolierstoff Inhomogenitäten aufweisen müsse: er hat bestimmte vom übrigen Dielektrikum abweichende Kanäle in seine Rechnung eingeführt. Es hat sich jedoch ergeben, daß solche Inhomogenitäten nicht in jedem Isolierstoff anzunehmen sind. Deshalb dachten viele, die Theorie sei dadurch erschüttert. Dem ist aber gar nicht so.

Denn grobe Inhomogenitäten, die schon im ursprünglichen Isolierstoff deutlich sichtbar sind, braucht die Theorie gar nicht anzunehmen. Daß jeder Durchschlag, auch im parallelen Feld, nur an einer Stelle erfolgt, ist ja Tatsache. Daß also Bevorzugungsstellen immer vorhanden sind, läßt sich überhaupt nicht bestreiten. Diese Stellen bilden sich aber vielfach erst allmählich aus. Es können ihr winzige Ungleichmäßigkeiten zugrunde liegen: eine kleine besser leitende Stelle oder eine Schramme an der Elektrode, welche das Feld ein klein wenig erhöht, oder eine kleine Luftblase, welche durch Ionisierung eine Spitze bildet. Sobald an dieser Stelle der Strom größer wird als in der Umgebung, ist die Möglichkeit zu einer selbständigen, automatisch vor sich gehenden Verschlechterung gegeben, wie das im folgenden des Näheren entwickelt wird.

Aber auch dann, wenn man eine bevorzugte Stelle gänzlich außer acht lassen will und annimmt, daß die Durchwärmung im parallelen Feld vollständig gleichmäßig erfolgt, behält die Theorie ihre Gültigkeit. Denn, wie Fock nachgewiesen hat, ist die Annahme von Kanälen nicht unbedingt erforderlich, die wesentlichsten Folgerungen der Theorie lassen sich — mit gewissen Abänderungen — auch ohne diese Annahme ableiten. Darauf kommen wir weiter unten zurück. Die beiden Bedenken gegen die Wagnersche Theorie sind also durchaus hinfällig.

Andererseits hat das Experiment gezeigt, daß in vielen Fällen die Folgerungen der Wärmetheorie aufs beste bestätigt werden.

Die Wagnersche Ableitung lautet folgendermaßen: Im Isolierstoff seien zylindrische Kanäle angenommen, deren Richtung parallel zur Feldrichtung ist und deren Leitfähigkeit etwas höher liegt als die der Umgebung. Die elektrische Leitfähigkeit des Kanals sei σ, wobei σ temperaturabhängig ist, und zwar gemäß dem Ansatz [s. Gl. (80a)]:

$$\sigma = \sigma_0 e^{\beta t}.$$

Richtiger ist zwar der Ansatz (80)

$$\sigma = \sigma_0 e^{-\frac{\alpha}{T}}$$

jedoch liefert der erste etwas einfachere Resultate, so daß wir zunächst dabei bleiben wollen. Im Kanal wird durch den Stromdurchgang Wärme gebildet, und zwar in der Sekunde

$$Q = \frac{E^2 \sigma q}{a}$$

falls q den Querschnitt des Kanals und a den Elektrodenabstand bedeutet. E ist die angelegte Spannung. Diese gebildete Wärme erhöht die Temperatur des Kanals, wird aber gleichzeitig an den übrigen Isolierstoff abgegeben, so daß die Erwärmung in Grenzen bleibt. Die pro Zeiteinheit abgegebene Wärme kann dem Ausdruck

$$Q' = k(t - t_0)\, a$$

gleichgesetzt werden. Die Konstante k trägt der Wärmeleitfähigkeit des Isolierstoffes Rechnung, t ist die Temperatur des Kanals, t_0 die Temperatur der Umgebung bzw. die Versuchstemperatur und a die Kanallänge. Letztere Größe geht in die Gleichung ein, da die Wärmeabgabe senkrecht zur Mantelfläche des Zylinders erfolgt.

Gehen wir nun von einer bestimmten Spannung E_1 aus und tragen Q in Abhängigkeit von der Temperatur auf (Abb. 72): Q_1. Die Temperatur des Kanals steigt dann bis zum unteren Kreuzungspunkt mit der Q'-Kurve. An dieser Stelle halten sich erzeugte und abgegebene Wärme das Gleichgewicht. Gleichgewicht ist demnach überhaupt nur solange möglich, bis sich die Q- und Q'-Kurven schneiden. Der höheren Spannung E_3 entsprechende Kurve Q_3 führt zu keinem Gleichgewicht, die erzeugte Wärme ist immer größer als die abgegebene, der Kanal muß schmelzen und zum Durchschlag führen.

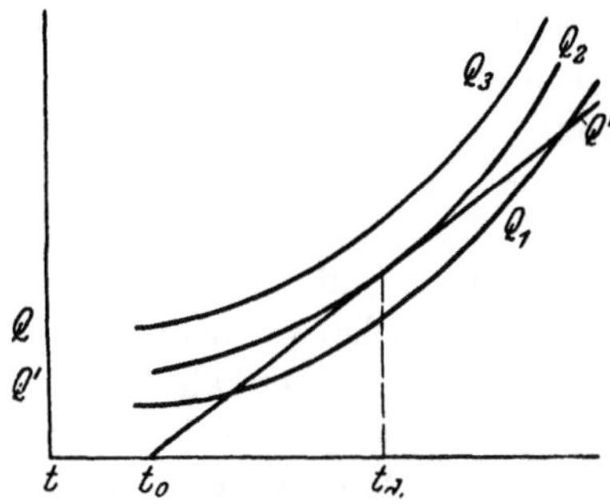

Abb. 72. Ermittlung der Wärmedurchschlagsspannung.

Das wesentliche in dieser Überlegung ist der exponentielle, mit der Temperatur ansteigende Verlauf der Q-Kurven, was wiederum von der Temperaturabhängigkeit des spezifischen Widerstandes herrührt. Nur dadurch ist die Möglichkeit eines Schnittpunktes der beiden Kurven gegeben.

Die Frage nach der Durchschlagsspannung ist demnach leicht zu beantworten. Letztere ist durch jene Q-Kurve gegeben, welche die Q'-Kurve gerade berührt. Der Berührungspunkt ist offenbar der letzte überhaupt mögliche Gleichgewichtspunkt und die ihr entsprechende Temperatur die Durchschlagstemperatur t_d. Um diesen Punkt zu berechnen, hat man Q und Q' einerseits, ihre Differentialquotienten nach t andererseits gleichzusetzen:

$$\frac{E_d^2 \sigma_0 e^{\beta t_d} q}{a} = k(t_d - t_0)\, a \tag{143}$$

und

$$\frac{\beta E_d^2 \sigma_0 e^{\alpha t_d} q}{a} = k a .$$

Aus diesen beiden Gleichungen folgt zunächst:

$$t_d - t_0 = \frac{1}{\beta} . \tag{144}$$

Der Überwert der Durchschlagstemperatur über die Zimmertemperatur ist also eine Materialkonstante und hängt vom Exponenten der Widerstandsfunktion ab. Setzt man t_d in Gl. (143) ein, so ergibt sich für E_d:

$$E_d = \sqrt{\frac{k}{q\,\beta\,\sigma_0\, e}}\; a\, e^{-\frac{\beta}{2} t_0} . \tag{145}$$

Nach dieser Gleichung würde die Durchschlagspannung der Schichtdicke proportional sein. Diese Folgerung steht mit dem Experiment vielfach nicht im Einklang. In der Fockschen Fassung ist aber dieser Mangel beseitigt. Sonst ist E_d der Quadratwurzel des spezifischen Widerstandes $\frac{1}{\sigma_0}$ proportional und hängt von der Temperatur ebenso ab, wie der spezifische Widerstand, nur ist der Exponent halb so groß als dort. Diese Folgerungen werden vom Experiment bestätigt.

Die vervollständigte Form der Theorie von Fock geht von der Überlegung aus, daß die Annahme von Inhomogenitäten in Form von Kanälen gar nicht notwendig ist. Jede beliebig herausgegriffene Kraftlinienröhre ist der Sitz einer homogenen Wärmequelle, die Wärmeabgabe andererseits erfolgt nicht senkrecht zur Mantelfläche, sondern parallel zu ihr, nämlich an die Elektroden. In Wirklichkeit wird meist der Isolatorraum zwischen den Elektroden seitlich von Dielektriken begrenzt sein, die nicht erwärmt werden. Man hat dann in der Praxis sowohl seitliche wie nach der Elektrode zu gerichtete Wärmeabgabe. Dieser tatsächliche Fall dürfte aber sehr schwer zu behandeln sein, andererseits kann man bei genügend homogenem Feld die seitliche Ableitung der Wärme vernachlässigen.

Fock [37] greift jedenfalls die Querschnittseinheit eines parallelen Kondensators heraus und berechnet die Durchschlagsspannung nach derselben Methode wie vorhin. Die Rechnung ist allerdings umständlicher, wir wollen uns dementsprechend mit der Angabe des Endresultates begnügen. Es ist

$$E_d = \sqrt{\frac{8\,k}{\sigma_0 \beta}}\,\chi(c)\,e^{-\frac{\beta}{2}t_0}, \tag{146}$$

wo

$$c = \frac{k_1 k_2 a}{2\,k\,(k_1 + k_2 a')}, \tag{147}$$

wo k = Wärmeleitfähigkeit des Isolators, k_1 = Wärmeleitfähigkeit der Elektroden und k_2 = Wärmeleitfähigkeit der Grenzfläche Elektrode—Umgebung ist. a ist die Dicke der Elektroden. χ ist eine Funktion von c, die wir im vorstehenden tabellarisch geben (Tab. 74).

Tabelle 74. Die Funktion $\chi(c)$ nach Fock.

c	$\chi(c)$	c	$\chi(c)$
0,000	0,000	3,2	0,55
0,015	0,053	4,9	0,62
0,063	0,11	7,9	0,69
0,15	0,16	13	0,76
0,28	0,22	25	0,83
0,47	0,27	54	0,89
0,74	0,33	150	0,94
1,1	0,39	700	0,98
1,7	0,46	19000	1,0
2,6	0,52	∞	1,0

Wie ersichtlich, nimmt $\chi(c)$ anfangs rasch zu, um dann abzubiegen und sich asymptotisch dem Grenzwert 1 zu nähern. Für kleine c-Werte gilt angenähert:

$$\chi(c) = \sqrt{\frac{c}{2e}}. \tag{148}$$

Was die Abhängigkeit der Durchschlagsspannung vom spezifischen Widerstand und der Temperatur betrifft, so ist die Gleichung von Wagner unverändert geblieben. Nur der Zusammenhang mit der Schichtdicke ist jetzt nicht mehr linear. Die Spannung nimmt mit der Quadratwurzel des Abstandes zu, um sich dann einem Grenzwert zu nähern. Die Durchschlagsfeldstärke nimmt dementsprechend mit zunehmendem Abstand ständig ab. Dieses Verhalten hat sich durch das Experiment bestätigen lassen.

Von einem Punkt aus beurteilt, hat jedoch die Theorie auch in der zweiten Fassung noch einen Mangel. Sie rechnet nämlich gemäß Gl. (80a) damit, daß der Widerstand des Isolators zwar temperaturabhängig, jedoch unabhängig von der Feldstärke ist. Daß jedoch der Widerstand besonders in der Nähe des Durchschlages sehr stark abnimmt, das haben wir in Abschnitt 20 ausführlich gezeigt und auch darauf hingewiesen, daß dieser Abnahme wahrscheinliche Ionisationsvorgänge zugrunde liegen. Stellt man sich auf den Boden der oben geschilderten Ionisationstheorie, dann wäre in dieser Beziehung das Bild recht einheitlich.

Nur muß dann der Wärmedurchschlag dieser Tatsache auch Rechnung tragen. Besonders in dem Gebiet, welches dem Wärmedurchschlag schon ungünstig ist, also dem Gebiet der dünneren Schichten. Soeben haben wir gesehen, daß bei dünneren Schichten die Spannung proportional der Wurzel aus der Schichtdicke wächst, die Feldstärke daher derselben umgekehrt proportional ist. Mit einem starken Anwachsen der Feldstärke wird man also bei dünneren Schichten rechnen müssen. Dann wird aber der spezifische Widerstand nicht mehr durch Gl. (80a) wiedergegeben. Rogowski [140], dem man die diesbezüglichen Überlegungen verdankt, erweitert die Gleichung folgenderweise:

$$\sigma = \frac{\sigma_0}{1 - \frac{\mathfrak{E}}{\mathfrak{E}_0}} e^{\beta t}. \tag{149}$$

Für kleine Feldstärken $\mathfrak{E}$ geht sie in (80a) über. Für größere Feldstärken nimmt der Leitwert unabhängig von der Temperatur zu, um bei $\mathfrak{E}_0$, der elektrischen Durchschlagsfestigkeit, in unendlich zu übergehen. Die Gl. (149) ist natürlich nur formal den Tatsachen angepaßt und daher nur angenähert gültig.

Da in der Spannung bei der Durchschlagstheorie [s. Gl. (148)] $\frac{1}{\sqrt{\sigma_0}}$ als Faktor auftritt, so können wir demnach angenähert setzen

$$E_d = E_w \sqrt{1 - \frac{\mathfrak{E}_d}{\mathfrak{E}_0}}$$

falls mit E_w die Durchschlagsspannung nach der „reinen" Wärmetheorie bezeichnet wird. Unter E_d verstehen wir jetzt die sog. „wärmeelektrische" Durchschlagsspannung; deshalb wärmeelektrische, weil die Theorie nicht bloß das Labilwerden des thermischen Gleichgewichts, sondern auch schon den rein elektrischen Angriff des Isolators berücksichtigt. Dieser

Angriff, der für sich auch zum Durchschlag führen kann, besteht ja eben in der Abnahme des Widerstandes. Da $\frac{\mathfrak{E}_d}{\mathfrak{E}_0}$ als Korrektionsglied im Verhältnis zu 1 aufzufassen ist, kann man auch schreiben:

$$E_d = E_w\left(1 - \frac{\mathfrak{E}_d}{2\,\mathfrak{E}_0}\right),$$

$\mathfrak{E}_d$ ist hierbei die Feldstärke im Moment des Durchschlages. Wir setzen hierfür wiederum angenähert

$$\mathfrak{E}_d = \frac{E_0}{a},$$

wobei unter E_0 der Grenzwert der Durchschlagsspannung für $\chi(c) = 1$ gemeint ist. Dann ist

$$E_d = E_w\left(1 - \frac{E_0}{2\,\mathfrak{E}_0 a}\right). \tag{150}$$

Die Durchschlagsspannung wird demnach durch die elektrische Beeinflussung herabgesetzt. Rogowski hat die wärmeelektrische Theorie etwas breiter ausgeführt, wir müssen uns aber hier mit dieser kurzen Schilderung begnügen. Je kleiner die Schichtdicke a, um so größer die Abweichung vom reinen Wärmewert E_w. Bei größeren Schichtdicken ist die Abweichung von der reinen Wärmetheorie zu vernachlässigen.

43. Der Einfluß der elektrischen Beanspruchung auf die Durchschlagsfeldstärke.

a) Schichtdicke.

Infolge der Möglichkeit eines Wärmedurchschlages werden die Erscheinungen komplizierter sein als bei Gasen, andererseits etwas übersichtlicher als bei Flüssigkeiten, bei welchen eine Trennung der beiden Mechanismen nicht in dem Maße möglich ist wie hier. Das wesentlichste haben wir übrigens schon im vorigen Abschnitt erwähnt, hier erübrigt es sich, das Gesagte durch einige experimentelle Belege zu stützen.

Dicke Schichten werden den Wärmemechanismus aufweisen bzw. den wärmeelektrischen nach Rogowski [Gl. (146)]. Hierbei muß die Spannung weniger als linear mit der Schichtdicke ansteigen, oder die Feldstärke muß mit zunehmendem Abstand ständig abnehmen, ohne einem Grenzwert zuzustreben. Welche Schichten als dick genug gelten, um den Wärmedurchschlag zu zeigen, das hängt von den weiteren Versuchsbedingungen ab. Erstens muß die Beanspruchungsdauer lang genug sein, damit sich die thermische Labilität entwickeln kann. Zweitens begünstigt hohe Temperatur den Wärmedurchschlag, wie an Gl. (145) ohne weiteres ersichtlich. Drittens wirkt homogenes Feld in dieser Richtung günstig, da eine intensive Durchwärmung auf großem Querschnitt möglich ist, ohne daß elektrische Überbeanspruchung an einzelnen Stellen auftritt.

In diesem Durchschlagsgebiet liegen die Werte, welche Mündel [115] an Glas bei Gleichspannung gemessen hat. Die Spannung nahm weniger als linear mit der Schichtdicke zu.

Ähnlicherweise sind die Versuche von Rochow [138]. Er fand z. B. bei Flintglas und Zimmertemperatur folgende Werte (Tab. 75).

Tabelle 75. Durchschlagsspannung bei Glas nach Rochow.

a in mm	E_d in kV_{max}	$\mathfrak{E}_d$ in kV_{max}/cm
0,03	14	4300
0,05	19	3900
0,08	28	3600
0,10	35	3400
0,13	40	3000
0,16	48	3100
0,18	55	3000
0,21	55	2600
0,23	58	2600
0,26	65	2500

Oder die Befunde von Grünewald [56] an Pertinax mittels Wechselspannung von 50 Hertz (Tab. 76).

Alle diese Versuche liegen bei Zimmertemperatur. Auffallend sind die Angaben von Rochow, weil die Schichtdicke schon ziemlich klein ist. Anscheinend handelt es sich um ein Glas von sehr starker Temperaturabhängigkeit des Widerstandes, weshalb er schon bei den dünnen Schichten in das Wärmegebiet gelangte.

Bei hoher Temperatur maßen z. B. Inge und Walther [75] folgende Werte an Glas mit Wechselspannung (Tab. 77).

Tabelle 76. Durchschlagsspannung bei Pertinax.

a in mm	E_d in kV_{max}
1	40
2	70
3	110
4	120

Tabelle 77. Durchschlagsspannung bei Glas und hoher Temperatur.

a in mm	E_d in kV_{max}
0,02	2,1
0,04	2,8
0,06	4,2
0,08	5,0

Tabelle 78. Durchschlagsspannung bei Glas und Zimmertemperatur.

a in mm	E in kV_{max}
0,1	20
0,2	38
0,3	58
0,4	76
0,5	95

Bei kleineren Schichtdicken hat man dann im allgemeinen bei Zimmertemperatur die konstante elektrische Durchschlagsfeldstärke. Meistens beginnt dieses Gebiet unter 1 mm, jedoch wird die Grenze, wie aus dem vorigen erhellt, sehr leicht verschoben. Ein Beispiel für den elektrischen Durchschlag liefern z. B. Versuche von Moscicki [112] an Glas mit Wechselspannung von 50 Perioden (Tab. 78).

Oder die Versuche von Inge und Walther an Glimmer bei 20° C und 50periodiger Wechselspannung (Tab. 79).

Tabelle 79. Durchschlagsspannung an Glimmer u. Zimmertemperatur.

a in mm	E_d in kV_{max}
0,2	7,1
0,3	10,6
0,4	14
0,5	17,7

Bei den letzteren Versuchen handelt es sich stets um homogene Felder. Geht man dann immer weiter mit der Schichtdicke herunter, dann kommt man an das von Joffé bearbeitete Gebiet der dünnsten Schichten ($\sim 10^{-4}$ cm), von welchen schon die Rede war, und welche zunächst ein bedeutendes Ansteigen der Feldstärke zeigen, um bei 10^{-5} cm bei der theoretischen Zerreißfestigkeit stehen zu bleiben. Die Zahlen einer solchen Versuchsreihe von Joffé gibt folgende Tabelle 80 (an Glas).

Tabelle 80. Durchschlagsfeldstärke bei dünnsten Glasschichten.

a in 10^{-4} cm	$\mathfrak{E}_d$ in kV/cm Gleichsp.
2	$12 \cdot 10^3$
1,5	18
1	28
0,5	50
0,2	125
0,1	130
0,05	130

Die elektrische Festigkeit des Glases liegt in der Gegend 10^{-2} cm bei 3000 kV/cm. Bis zu 10^{-4} cm herab scheint es ganz langsam auf 12000 zu steigen, um von da ab sehr rasch bis zu 130000 kV/cm anzusteigen. Dies ist die von Rogowski berechnete Größenordnung. Ähnlich hohe Durchschlagsfeldstärke konnte auch an Lackschichten zur Beobachtung gelangen. Diese Beobachtungen haben von Seiten Joffés zu einer großen Zahl von Patentanmeldungen geführt, welche dahin zielen, die hohe Festigkeit dieser dünnsten Schichten auszunützen. Eine größere Zahl solcher dünner Isolierschichten, jeweils durch eine Metallfolie voneinander getrennt, würde insgesamt eine wesentlich höhere Spannung aushalten als eine gleichdicke einheitliche Isolierschicht Nach weiteren Angaben Joffés dürfte es schon genügen, eine Anzahl von Schichten — ohne Metallisierung — aufeinander zu bringen, da die jeweiligen Grenzschichten schon als Ionenbarriere wirken. Allerdings ist die Wirksamkeit einer solchen Anordnung nicht so günstig wie die der zuerst genannten.

Die Idee, die hierbei zum Ausdruck gelangt, ist sicherlich ausgezeichnet. Allerdings stehen der Ausführung große praktische Schwierigkeiten im Wege. Die eine ist die Ausbildung der Ränder. Sie müssen mit äußerster Sorgfalt ausgebildet werden, damit der Durchschlag nicht an den Krümmungen stattfindet. Die zweite ist der niedrige Sicherheitsfaktor der Anordnung: beim geringsten Defekt würde ein solcher Isolierstoff sofort durchschlagen. Es steht jedoch zu hoffen, daß es gelingen wird, die genannten Schwierigkeiten zu überwinden und solche geschichteten Isolierstoffe auch in technisch brauchbarer Form herzustellen.

Das ganze Gebiet an Glas hatten Moon und Norcross [111] aufgenommen und fanden einen allmählichen Übergang vom linearen zur Wurzelabhängigkeit mit steigender Schichtstärke.

b) Elektrodenkrümmung.

Über die Zunahme der Durchschlagsfeldstärke mit der Elektrodenkrümmung liegen keine systematischen Versuche vor, wie bei Gasen und Flüssigkeiten. Das liegt daran, daß die Herstellung der passend ausgehöhlten Prüflinge für eine ganze Versuchsreihe außerordentlich umständlich ist. Leicht wäre der Versuch mit Paraffin auszuführen das aber aus anderen Gründen kein günstiges Versuchsobjekt ist.

Dagegen liegen eine Anzahl Messungen von Durchschlagsspannungen vor, welche im elektrischen Gebiet, also bei Zimmertemperatur ausgeführt sind, jedoch abweichend von den soeben genannten Versuchen bei stark ausgeprägtem Randeffekt. Das Feld war also nicht homogen, am Rand traten starke Inhomogenitäten auf und die Spannungen liegen demnach wesentlich niedriger als bei parallelem Feld. Eine diesbezügliche Rechnung zeigt jedoch, daß die Durchschlagsspannungen doch nicht so niedrig sind wie nach der scharfen Randkrümmung zu erwarten wäre. Mit anderen Worten: Führt man die für diesen Fall gültigen Schwaigerschen Ausnutzungsfaktoren ein, so berechnen sich aus den gemessenen Spannungen viel höhere Durchschlagsfeldstärken als bei parallelem Feld.

Zunächst einige experimentelle Daten. Moscicki mißt an Glas bei deutlichem Randeffekt folgende Werte (Tab. 81).

Tabelle 81. Durchschlagsspannung an Glas mit Randeffekt.

a in mm	E_d in kV_{max}
0,2	9,9
0,4	14
0,6	18

Die Spannung steigt etwa mit der Quadratwurzel des Abstandes. Da jedoch unter denselben Versuchsbedingungen mit beseitigtem Randeffekt elektrischer Durchschlag vorliegt, so muß es sich hier um so mehr um denselben Mechanismus und keinen Wärmedurchschlag handeln.

Inge und Walther [76] finden an Glimmer bei 20° C und 50periodiger Wechselspannung folgende Zahlen (starker Randeffekt; Tab. 82).

Tabelle 82. Durchschlagsspannung an Glimmer mit Randeffekt.

a in mm	E_d in kV_{max}
0,015	3,3
0,03	4,3
0,045	5,7
0,06	6,4

Der Anstieg erfolgt wiederum mit der Wurzel aus dem Abstand.

Den Ausnutzungsfaktor berechnen Inge und Walther folgenderweise: Nimmt man einfachheitshalber scharf abgeschnittene Elektroden an, so ist die Feldstärke unmittelbar am Rand unendlich groß. Der Ausnutzungsfaktor wäre demnach Null. Nun genügt es aber nicht, wenn in einem geometrischen Punkt die hohe Feldstärke herrscht. Stellt man sich auf den Boden der Ionisationstheorie, so muß mindestens längs der Strecke λ die Feldstärke so hoch sein, daß die Ionisierungsspannung erreicht wird. Ist die Spannung der einen Elektrode Null, die Spannung an einem beliebigen Punkt φ, die Gesamtspannung E_d und die Kraftlinie, welche vom Rand ausgeht, s, so gelten demnach folgende Bedingungen:

$$\int_0^{\varphi_1} ds = \lambda \tag{151}$$

und

$$\int_0^{\varphi_1} \mathfrak{E}\, ds = V\,. \tag{151a}$$

Nun konnte Rogowski [139] auf Grund von Gleichungen, die Maxwell angegeben hat, zeigen, daß in der Nähe der Elektrode

$$\mathfrak{E} = \frac{1}{\sin\left(\frac{\varphi}{E_d} 2\pi\right)} \frac{E_d}{a}$$

und

$$ds = \frac{a}{E_d} \sin\left(\frac{\varphi}{E_d} 2\pi\right) d\varphi\,.$$

Setzt man diese Werte in obige Gleichungen (151) und (151a) ein, so bekommt man zwei Gleichungen mit den beiden Unbekannten φ_1 und E_d. Ersetzt man noch mittels

$$V = \lambda \mathfrak{E}_d$$

V durch $\mathfrak{E}_d$, wo $\mathfrak{E}_d$ die mittlere Feldstärke längs der Strecke λ, also die Durchschlagsfeldstärke bedeutet, und eliminiert φ_1, dann berechnet sich E_d zu:

$$E_d = \mathfrak{E}_d \sqrt{\pi \lambda a}\,. \tag{152}$$

Gemäß der Definitionsgleichung $E_d = \mathfrak{E}_d\, a\, f$ für den Ausnutzungsfaktor f erhält man für letzteren:

$$f = \sqrt{\frac{\pi \lambda}{a}}\,.$$

Aus Gl. (152) ersieht man zunächst, daß bei Anwesenheit eines Randeffektes die Spannung auch im elektrischen Gebiet (wie im Wärmegebiet) mit der Quadratwurzel aus dem Abstand ansteigt. Diese Abhängigkeit ist durch das Experiment, wie gezeigt, bestätigt. Ermittelt man aber aus den gemessenen Spannungen $\mathfrak{E}_d$, indem man für λ 10^{-5} cm einsetzt, so errechnet sich dafür ein wesentlich größerer Wert, als im homogenen Feld gemessen. Es ist also dieselbe Erscheinung wie auch in den vorigen Kapiteln beschrieben. Wahrscheinlich muß der Querschnitt der Durchschlagskraftröhre einen bestimmten unteren Grenzwert haben, woraus sich dann ohne weiteres die höhere Durchschlagsfeldstärke $\mathfrak{E}_d$ ergibt.

c) Zeitliche Einflüsse.

Der Einfluß, den die Frequenz auf die Durchschlagsfeldstärke hat, ist ein sehr mannigfaltiger. Es ist nicht leicht, aus der Fülle der Erscheinungen bestimmte Sätze herauszuarbeiten. Folgendes läßt sich auf jeden Fall sagen:

Im Wärmegebiet nimmt die Feldstärke mit zunehmender Belastungsdauer ab. Damit sich der Wärmedurchschlag ausbilden kann, ist eine gewisse Zeit erforderlich. Je höhere Spannung man anwendet, in um so kürzerer Zeit erzwingt man den Durchschlag. Folgender Versuch (Tab. 83) stammt aus der Arbeit von Inge und Walther. Die Spannung bei „unendlich langer" Beanspruchung wird hierbei 1 gesetzt. Die Versuche beziehen sich auf Steinsalz bei 500° C.

Tabelle 83. Durchschlagsspannung und Zeitdauer bei Steinsalz.

Dauer in Min.	E_t/E_∞
0,5	1,42
1	1,27
2	1,17
4	1,05
7	1,01
10	1,00

Mit zunehmender Frequenz nimmt die Spannung ab. Dies rührt daher, daß in Gl. (145) streng genommen nicht die Gleichstromableitung, sondern die dielektrischen Verluste einzusetzen sind. Diese nehmen aber im allgemeinen mit der Frequenz zu (Abschnitt 23).

Meistens nimmt schon tg δ gemäß dem Verhalten auf Abb. 42 bei technischen Frequenzen mit dieser zu. In der Praxis wird allerdings oft beobachtet, daß sich tg δ mit der Frequenz nur wenig ändert. Das liegt vermutlich an der Übereinanderlagerung mehrerer Zeitkonstanten, wodurch der Verlauf der Kurve verflacht wird. Aber auch in diesem Fall muß wegen Gl. (9) A mit der Frequenz zunehmen. An Gleichspannung verträgt der Isolierstoff aus diesem Grunde mehr, da hier die Gleichstromableitung das Maßgebende ist.

Im elektrischen Gebiet, bei kurzer Beanspruchungsdauer, sollte man dieselbe Gesetzmäßigkeit erwarten wie bei Gasen und Flüssigkeiten, daß nämlich die Feldstärke mit abnehmender Dauer bzw. zunehmender Frequenz, so insbesondere bei Stoßspannungen, zunimmt. Dieses Verhalten konnte z. B. Jost [84] an organischen und anorganischen Isolierstoffen feststellen. Bei Stoßspannungen fand er eine deutliche Zunahme der Durchschlagsfeldstärke.

Jedoch ist ein solcher Einfluß nicht regelmäßig vorhanden. Manchmal ist z. B. von einem Einfluß der Spannungssteigerung nichts zu merken, so bei den Versuchen von Inge und Walther. Dagegen findet Rochow eine Zunahme der Festigkeit mit zunehmender Schnelligkeit der Spannungssteigerung. Überdeckt wird nämlich die Erscheinung vielfach dadurch, daß man mit steigender Frequenz und steigenden Verlusten sehr leicht aus dem elektrischen Gebiet in das Wärmegebiet hinüberkommt. Bei Hochfrequenz scheint ein elektrischer Durchbruch überhaupt selten zu sein, so niedrig liegen die Wärmewerte.

Für die Beurteilung der Stoßbeanspruchung haben die Untersuchungen von Rogowski [144], so wie bei Gasen, auch hier viel zur Klärung beigetragen. Er bediente sich auch hier des Kathodenstrahloszillographen. Das Prinzip desselben ist die Ablenkung eines Kathodenstrahlbündels mittels eines Kondensators, an welchem die schnell veränderliche Spannung angelegt ist. Senkrecht zu dieser Richtung wird der Strahl durch das Aufladen eines zweiten Kondensators ebenfalls abgelenkt: auf diese Weise entsteht die Zeitachse. Das an und für sich bekannte Prinzip hat erst Rogowski so vervollkommnet, daß es zur Registrierung von 10^{-8} sec hinreicht. Er konnte dann zeigen, daß der Durchschlag fester Isolatoren schon in Zeiten von 10^{-7} sec zustande kommt.

Merkwürdig ist, daß Gleichspannung auch bei Zimmertemperaturen höhere Werte gibt, als Wechselspannung. Dieser Unterschied ist manchmal recht beträchtlich, über 100%. Dies weist darauf hin, daß Wechselspannung nicht bloß in bezug auf dielektrische Verluste, sondern auch rein elektrisch eine schärfere Beanspruchung des festen Körpers bedeutet als Gleichspannung. Wir werden in Abschnitt 45 bei Besprechung der heterogenen Isolierstoffe Gelegenheit haben, auf diese Frage zurückzukommen, da gerade bei solchen der Unterschied zwischen Gleich- und Wechselspannung am auffälligsten ist.

Der Unterschied zwischen Gleichspannung und niedrigperiodiger Wechselspannung wird von manchen Autoren darauf zurückgeführt, daß Gleichspannung hohe Polarisationsschichten an den Grenzflächen hervorruft (S. 98), wodurch der Hauptanteil des Isolierstoffes entlastet und geringer beansprucht wird. Nach dieser Ansicht würde gerade bei festen Stoffen niedrigperiodige Wechselspannung „richtigere“ Werte liefern als Gleichfeldbeanspruchung.

Endlich ist zu erwähnen, daß eine Abnahme der Festigkeit mit zunehmender Frequenz vielfach nur vorgetäuscht ist, nämlich in allen Fällen, wo der Randeffekt nicht genügend beseitigt ist. Es wird nämlich in solchem Fall bei Gleichspannung durch Oberflächenladung der Randeffekt beseitigt, er kommt dagegen um so stärker zur Geltung, je höher die Frequenz. Infolge Auftreten des Randeffektes nimmt dann die Durchschlagsspannung ab. Auf diesen wichtigen Umstand hingewiesen zu haben, ist ebenfalls das Verdienst der schon öfters zitierten russischen Forscher. Nur ist nicht zu vergessen, daß diese Abhängigkeit auch bei vollständig beseitigtem Randeffekt auftreten kann, also — wie eben gesagt — auch eine andere Ursache haben muß.

44. Einfluß der physikalischen Zustandsgrößen.

Über den Einfluß des Druckes dürften nicht viele Untersuchungen vorliegen. Es ist auch sehr wahrscheinlich, daß erhöhter Druck höchstens insofern von Bedeutung ist, als er den Randdurchschlag im umgebenden Medium beseitigt. Dahin zielt ein entsprechender Vorschlag von E. Marx [99], wonach man Durchschlagsversuche unter erhöhtem

Druck ausführen soll. Über die Festigkeit von Papier unter erhöhtem Druck s. nächsten Abschnitt.

Um so wesentlicher ist der Einfluß der Temperatur. Allerdings nur für den Wärmemechanismus. Nach den elektrischen Theorien dürfte ein solcher nicht vorhanden sein. Da er trotzdem auch unter 100° C vorhanden ist, so spricht das dafür, daß schon ein wärmeelektrischer Mechanismus auftritt.

Im reinen Wärmegebiet sind von Inge, Semenoff und Walther [74] eine Anzahl von Versuchen ausgeführt worden, welche die Wagnersche Gleichung [145] aufs beste bestätigen. Nach ihr hat man

$$\log E_d = C - \frac{\beta}{2} t, \tag{153}$$

während gleichzeitig gilt

$$\log \varrho = C' - \beta t. \tag{153a}$$

Logarithmiert man die Kurve $E_d(t)$ und $\varrho(t)$, so muß die Neigung der ersten halb so groß sein wie der zweiten. Folgende Zahlen (Tab. 84) beziehen sich auf Steinsalz bei 50periodiger Wechselspannung. E_d ist in V_{eff} gemessen.

Tabelle 84. Durchschlagsspannung bei verschiedenen Temperaturen.

t in °C	$\log E_d$	$\log \varrho$
400	3,6	—
450	3,3	6,8
500	3,0	6,2
600	2,5	5,0
650	2,2	4,4
700	2,0	—

In Gleichungsform aufgetragen hat man:

$$\log E_d = 5{,}6 - 0{,}0053\, t,$$

$$\log \varrho = 11{,}6 - 0{,}011\, t.$$

Die Voraussagen der Theorie sind also erfüllt.

Bekanntlich ist die Widerstandsfunktion in Form von (80a) nur angenähert, wie wir in Abschnitt 20 sahen. Strenger und über ein weiteres Gebiet genommen lautet sie:

$$\varrho = \varrho_0 e^{\frac{\alpha}{T}}.$$

Es sind dementsprechend an Stelle von Gl. (153) und (153a) folgende zu setzen:

$$\log E_d = C + \frac{\alpha}{2T}.$$

$$\log \varrho = C' + \frac{\alpha}{T},$$

Tabelle 85. Durchschlagsspannung bei verschiedener Temperatur.

t in °C	10000/T	$\log E_d$	$\log \varrho$
25	34	4,3	—
50	31	4,3	—
75	29	4,3	—
100	27	4,2	—
125	25	3,8	—
150	24	3,4	—
175	22	3,2	—
200	21	3,0	7,3
250	19	2,6	6,4
300	17	2,3	5,6

Vorstehende Versuche (Tab. 85) beziehen sich auf Glas, ebenfalls mit Wechselspannung.

Bis etwa 80° C ist die Spannung temperaturunabhängig, man befindet sich im elektrischen Gebiet. Von da ab ändert sich der Logarithmus der Spannung linear mit dem Reziproken der absoluten Temperatur gemäß

$$\log E_d = -1{,}1 + \frac{1900}{T}.$$

Tabelle 86. Durchschlagsspannung bei variabler Temperatur.

t in ^{0} C	$\mathfrak{E}_d$ in kV/cm	
	Steigerung	
	15 kV/min	0,04 kV/min
15	430	400
45	420	360
70	380	230
90	250	150
110	220	110

Die Änderung des spezifischen Widerstandes läßt sich darstellen als

$$\log \varrho = -1{,}5 + \frac{4100}{T}.$$

Jedoch findet man vielfach, wie erwähnt, auch in der Nähe von Zimmertemperatur Temperaturabhängigkeit der Spannung. Solche Zahlen enthält z. B. die Arbeit von Mündel. Die Zahlen beziehen sich auf Glas von 0,4 mm Stärke bei Gleichspannung (Tab. 86).

Diese Versuche zeigen gleichzeitig, daß die Werte mit langsamer Spannungssteigerung niedriger liegen und schon zwischen 15 und 45^0 abnehmen, während die bei schneller Steigerung höher liegen und erst nach 45^0 abnehmen. Im ersten Fall sind wir also schon bei Zimmertemperatur im Wärmegebiet, im zweiten erst hinter 45^0.

45. Physikalische Struktur des Isolierstoffes.

In diesem Abschnitt wollen wir uns mit den Eigentümlichkeiten inhomogener Isolierstoffe befassen. Und zwar soll es sich um zweiphasige Gebilde handeln. Ein recht günstiges Versuchsobjekt stellt Papier dar, und zwar in der Form, wie sie in der Kabeltechnik Verwendung findet. Das Papier enthält hier nur die Zellulosefasern ohne jeglichen Füllstoff. Die zweite Phase ist dann die Luft. Es fragt sich, wie sich die beiden Phasen: fest und gasförmig, in dieser innigen Vermischung verhalten. Die folgenden experimentellen und theoretischen Untersuchungen rühren vom Verf. her [49 und 50].

Die Luftporen in ungetränkten Papieren sind relativ groß. Der Füllfaktor des Papiers, jene Zahl, welche angibt, welcher Volumanteil im Gesamtvolum von der festen Zellulose ausgefüllt wird, bewegt sich um 0,5. Poren, wie sie etwa im Porzellan von 1 bis 2% vorhanden sind, wie sich das durch Tränken mit alkoholischer Fuchsinlösung nachweisen läßt, kommen in diesem Zusammenhang weniger in Betracht. Das sind Poren, deren Dimension unter einer freien Weglänge fällt, sie sind daher unschädlich. In Papieren hat man sicherlich mit größeren Poren zu tun, obwohl in stark satinierten und schmierig gemahlenen Sorten die Größenordnung 10^{-5} cm für den Kanaldurchmesser schon erreicht wird. Im allgemeinen wird aber Ionisation in den Lufträumen stattfinden können. Es ist daher wahrscheinlich, daß in hochporösen Isolierstoffen die Lufträume nicht bloß „schädlich“ sind, sondern als eigentlicher Sitz des Durchschlages anzusehen sind. Der Durchschlag ist hier ein richtiger Luftdurchschlag und nur der übliche Brauch, Papier als festen Isolierstoff zu betrachten, rechtfertigt uns, diese Isolierstoffe hier abzuhandeln. Daß die Durchschlagsfestigkeit der Papiere höher liegt als die der Luft, liegt nach Abschnitt 30 einfach darin, daß die zur Verfügung stehenden Kanäle zu eng sind und daher nach dem Querschnittseffekt eine höhere Feldstärke erfordern. Im folgenden seien einige Versuche besprochen, die in diesem Sinne sprechen.

1. Zunächst wurden am getrockneten Papier dielektrische Verlustmessungen ausgeführt. Abb. 73 gibt die Messungen wieder. Die Schicht war 1 mm stark, die Fläche betrug 200 cm². Die Durchschlagsspannung in Luft beträgt bei dieser Stärke 3,2 kV_{eff}. Man sieht, wie nach Überschreitung von 4 kV die Verluste und die Kapazität gleichzeitig ansteigen. Der Durchschlag erfolgte erst bei 9 kV. Im Zwischengebiet (von 4 bis 9 kV), war eine recht große Ionisation vorhanden (tg δ bis 0,26), zum Durchschlag konnte es aber wegen der Enge der Zwischenräume nicht kommen. Merkwürdig ist auch die starke Zunahme der Kapazität. Dies läßt sich auf Grund der Vorstellungen von Wagner (Abschnitt 22) unschwer erklären. Die resultierende Dielektrizitätskonstante eines Zweischichtendielektrikums ist vom Verhältnis der Leitfähigkeiten der beiden Bestandteile abhängig. Nimmt die Leitfähigkeit des Bestandteils mit kleinerem ε (Luft) zu, so wird das Feld im zweiten Bestandteil mit höherem ε (Fasern) wachsen, die Gesamtdielektrizitätskonstante nimmt daher zu.

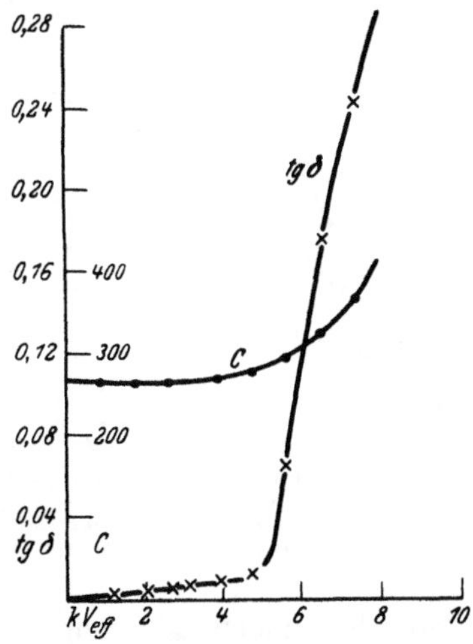

Abb. 73. Verlustwinkel und Kapazität (in $\mu\mu F$) an Papier (Stärke: 1,0 mm). (Gemant: Z.techn.Phys. Bd.10, S.328. 1929.)

2. Führt man an einem Objekt mehrere Durchschläge hintereinander aus, so findet man folgendes: Der erste Durchschlagswert liegt z. B. für 0,6 mm Schichtdicke bei 10,4 kV_{max}. Dann fällt er plötzlich herab und bleibt durchschnittlich auf 5,7 kV_{max} stehen, so oft man auch den Durchschlag wiederholt. Der Luftwert der Anordnung beträgt 3 kV_{max}. Nun findet man nach dem ersten Durchschlag ein Loch in den Papierlagen, nach den weiteren Durchschlägen entsteht jedoch kein zweites. Die letzteren verliefen also alle innerhalb des ersten Durchschlagskanals. Trotzdem lag der Durchschlagswert wesentlich höher als in freier Luft. Dieser Sachverhalt führt auch zur Annahme, daß der erste Durchschlagswert nur deshalb höher liegt als der zweite stationäre, weil zu Anfang

die Poren noch enger waren als der entstandene Durchschlagskanal. Auf Abb. 74 sind für verschiedene Schichtdicken die Anfangswerte (Kurve 1) die Stationärwerte (2) und die Luftwerte (3) aufgetragen.

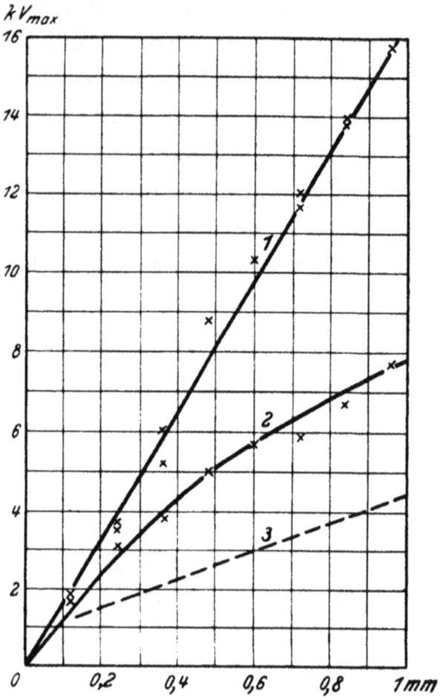

Abb. 74. Durchschlagsspannung von Papier (Wechselsp.). 1. Anfangswerte, 2. Stationäre Werte, 3. Luftwerte. (Gemant: Wiss. Veröff. Siem.-Konz. Bd. 8, H. 3, S. 191. 1930.)

3. Versuche über den Einfluß der Feuchtigkeit der Papiere auf deren Durchschlagsfestigkeit ergaben folgendes. Die Papiere sind mit Luft bestimmten Feuchtigkeitsgehaltes in Gleichgewicht gebracht worden, worauf die Messungen stattfanden. Es ergab sich, daß erst von 80% relativer Feuchtigkeit aufwärts eine Verschlechterung festzustellen war. Von 80% bis etwa 5% Feuchtigkeit ist die Festigkeit beinahe konstant. Tabelle 87 gibt die Meßwerte für eine Papierlage. Bei maximaler Trocknung war die Feuchtigkeit der Luft etwa 5%. Wären nur die Papierfasern für den Isoliervorgang unmittelbar verantwortlich, so müßte die Feuchtigkeit eine größere Rolle spielen, als nach diesem Ergebnis ersichtlich. Die Versuche sind jeweils mit einer mittleren Spannungssteigerung ausgeführt worden, derart, daß der Durchschlag im Laufe von 2 bis 3 Minuten stattfand. Die Bedingungen zum Auftreten eines Wärmedurchschlags waren also an und für sich gegeben. Wäre er aber aufgetreten, so hätte die Feuchtigkeit auch schon unter 80% nach der Wagnerschen Gl. (145) eine Rolle spielen müssen. Da dieses nicht der Fall war, so handelt es sich eben um elektrische Durchschläge in der Luftphase.

Tabelle 87. Durchschlagsfestigkeit und Feuchtigkeit bei Papier.

Behandlungsart	kV_{eff}
110° ½ Std. getrockn., dann ¾ Std. evakuiert	1,27
110° ½ Std. getrocknet	1,25
Rel. Feuchtigkeit d. Luft:	
36%	1,15
75%	1,22
85%	0,99
100%	0,89

4. Versuche über die Luftdurchlässigkeit in Papieren sind recht ausführlich von Emanueli durchgeführt worden (24). Ähnliche Messungen, jedoch mit einer anderen Apparatur, hat Verf. ausgeführt.

Das Prinzip des verwendeten Apparates zeigt Abb. 75. *a* ist ein Messinggehäuse, das unten eine Öffnung trägt. Zwischen den Gummiringen *b* befindet sich das Papier. Die Gummischeibe *c* führt die Glasröhre *d* nach oben. Abgeschlossen wird das Ganze mit der Schraube *e*. *f* ist ein Pufferkessel mit etwa 1 Liter Inhalt, *g* ein Manometer und der Hahn *h* führt zur Wasserstrahlpumpe. Es wird mittels letzterer ein kleiner Unterdruck von einigen cm Quecksilber in *f* hergestellt und dann die Zeit gemessen, während welcher durch Eindringen der Luft durch das Papier der Druck um eine bestimmte Zahl Millimeter fällt. Aus diesen Angaben läßt sich die Porosität berechnen. Die Apparatur eignet sich auch für schmierig gemahlene, sehr wenig durchlässige Kabelpapiere, für welche der Emanuelische Apparat versagt.

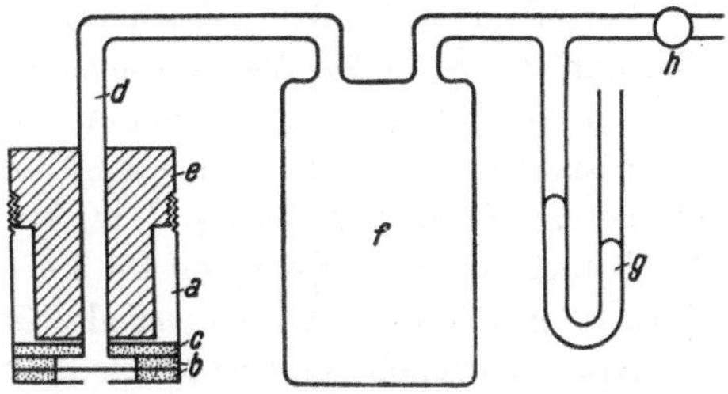

Abb. 75. Apparat zur Messung der Luftdurchlässigkeit von Papieren. (Gemant: Wiss. Veröff. Siem.-Konz. Bd. 8, H. 3, S. 191. 1930.)

Die Messungen ergaben, daß die Durchschlagsfestigkeit mit der reziproken Luftdurchlässigkeit oder dem Luftwiderstand ansteigt. Trägt man den Luftwiderstand als Abszisse, die Festigkeit als Ordinate auf, so erhält man eine nach der Abszisse konkave Kurve. D. h. den stärksten Einfluß auf die Festigkeit üben Papiere mit relativ großen Poren aus. Jedoch gerade in diesem Gebiet kann man noch nicht gut von einem festen Isolierstoff sprechen. Es scheint also tatsächlich, daß die wenn auch recht rohe Aufteilung des Luftraumes in getrennte Zellen und Kanäle schon genügt, um die höhere Festigkeit der porösen Isolierstoffe hervorzurufen.

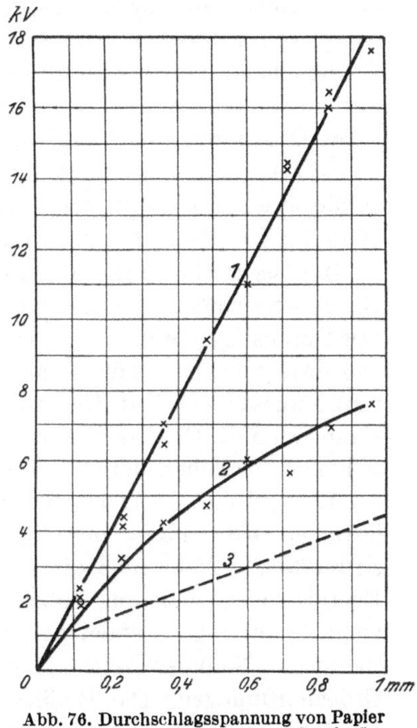

Abb. 76. Durchschlagsspannung von Papier (Gleichsp.). 1. Anfangswerte, 2. Stationäre Werte, 3. Luftwerte. (Gemant: Wiss. Veröff. Siem.-Konz. Bd. 8, H. 3, S. 191. 1930.)

Somit wäre die Vermutung bewiesen, daß in einem zweiphasigen porösen Isolierstoff der Durchschlag in der Luftphase erfolgt. Beachtenswert ist noch ein Vergleich der Gleich- und Wechselspannungswerte. Abb. 74 bezog sich auf Wechselspannung, wir geben auf Abb. 76 die entsprechenden Kurven für Gleichspannung. Die Werte der Kurve 1 (Anfangswerte) liegen etwa 15% höher, als die

Maximalwerte der Wechselspannung. Ein Unterschied ist also da, aber nur in geringem Maße. Die Ionisierungsströme in der Luft verlaufen in derselben Weise bei Gleich- wie bei Wechselbeanspruchung. Die Gleichheit der beiden Werte, wie sie von der elektrischen Durchschlagstheorie gefordert wird, ist hier angenähert erfüllt.

Ganz in diesem Sinne sprechen noch unveröffentlichte Versuche an Papieren bei erhöhtem Druck bis 20 Atmosphären. Es zeigt sich, daß sich die Kurven Druck—Festigkeit für Luft und für Papier kreuzen. Eine Verbesserung seitens des Papiers ist also überhaupt nur für niedrige Drucke vorhanden, bei höheren Drucken wirkt seine Gegenwart sogar verschlechternd. Der Druck an der Kreuzungsstelle nimmt mit der Papierstärke zu. Da die fraglichen Feldstärken das Papier in Verbindung mit Öl ohne weiteres aushält, so kann das nur darin liegen, daß durch die hohen Ionisationsströme das Papier zerstört wird und somit die Festigkeit herabsetzt.

Wir wenden uns den ölgetränkten Papieren zu, jener Isolierung, die in Hochspannungskabeln Verwendung findet. Sie ist ebenfalls ein zweiphasiges System, nur nicht fest-gasförmig, sondern fest-flüssig. Entsprechend dem Vorgang in reinem Papier werden wir auch hier den Sitz des Durchschlages in die schwächere, nämlich in die Ölphase verlegen. Den Durchschlag in reinem Öl haben wir in Abschnitt 35 behandelt und gezeigt, wie er seinerseits vielfach auf versteckte Gasreste zurückzuführen ist. An Hand jener Ansätze läßt sich die festigkeitserhöhende Wirkung des Papiers leicht ableiten.

Die elektrische Kraft hatte die Grenzflächenspannung zwischen Öl und Gas zu überwinden. Hier kommt noch die Kohäsion der Papierfasern hinzu. Der Durchschlag in Papier hinterläßt meist vier- oder sechseckige Kanäle. Das spricht dafür, daß das Papier in zwei oder drei Ebenen in der Feldrichtung aufgeschlitzt wird. Die aufgerissene Fläche läßt sich aber berechnen. Kennt man die Oberflächenenergie der Fasern pro Flächeneinheit, so läßt sich nach derselben Methode wie dort die erweiterte Gleichung ermitteln.

Als Maß der Oberflächenenergie kann man angenähert die Zerreißfestigkeit betrachten. Im allgemeinen ist das nicht zulässig, da die Zerreißkräfte nicht bloß die Oberflächen-, sondern auch die elastische Energie liefern müssen, wobei der zweite Term den ersten manchmal vielfach überragt. Setzen wir jedoch beim Papier für die Oberflächenenergie = Reißfestigkeit $\times$ molekulare Länge, so erhält man richtige Größenordnungen. Die Reißfestigkeit ist $\sim 10^3$ kg/cm², also 10^9 abs. Die molekulare Länge ist $\sim 10^{-7}$ cm, so daß für die Oberflächenenergie 10^2 erg/cm² herauskommt. (Bei Steinsalz beträgt sie 150.)

Führt man die Rechnung auf dieser Grundlage durch, so erhält man für die Papier—Ölisolierung die erweiterte Gleichung

$$\mathfrak{E}_0 = \sqrt{\frac{10\,\pi}{3}\left(\frac{\gamma + 0{,}15\,K\,\lambda}{r} + \frac{2}{3}\,n\,p\right)} \qquad (154)$$

wo K = Zerreißfestigkeit und λ = molekulare Länge des Papiers. Sieht man vom Druckterm ab, so ergibt sich, daß das Papier die Festigkeit des Öles um etwa die Hälfte erhöht. Und dies ist in der Tat der Fall. Während Öl allein die Festigkeit 400 kV/cm hat, weist Kabelisolierung eine solche von 600 kV/cm auf (Effektivwerte).

Eine Frage bleibt hier noch zu beantworten. Wir sahen vorhin, daß in reinem Papier Gleichspannung und Maximalwert der Wechselspannung nur wenig verschieden waren. Anders dagegen in getränkten Papieren. Da liegen Gleichspannungswerte bis 100% höher als die Maximalwerte der Wechselspannung. Es ist nicht von der Hand zu weisen, daß, im Falle ein Wärmedurchschlag vorliegt, dieser Tatbestand durch die höheren dielektrischen Verluste glatt zu erklären wäre. Jedoch spricht manches dafür, daß bei Zimmertemperatur der elektrische Durchschlag überwiegt. Daß es sich nicht um eine Täuschung durch Randdurchschlag handelt, wird dadurch bewiesen, daß auch Prüflinge von Hochspannungskabeln, bei welchen ein Randdurchschlag sehr sorgfältig vermieden ist, dieselbe Erscheinung zeigen.

Es scheint, worauf wir in Abschnitt 43 hingewiesen haben, als ob Wechselfelder irgendwelche zusätzliche Schädigung mit sich brächten. Im Rahmen der eben geschilderten Theorie ist diese Schädigung leicht zu deuten [48a]. Während bei Gleichspannung die Luftblasen, ähnlich wie die Spalten in der Horowitzschen Theorie, aufgeladen werden und diese Ladung einen ständigen Druck ausübt, tritt zu diesem Druck bei Wechselbeanspruchung noch eine ständig sich wiederholende Stoßwirkung hinzu. Die Luftblasen werden nämlich immerfort umgeladen, das heißt aber so viel, daß die Ladungsträger immer von neuem an ihre Wandungen geschleudert werden. Die Ladungsträger besitzen kinetische Energie, welche beim Aufprallen zum Teil in ungeordnete Wärmebewegung umgewandelt, zum Teil aber zum Herausreißen einzelner Zellulosemolekeln verwendet wird. Dieselbe Erscheinung spielt sich vermutlich auch in den Lockerstellen von Kristallen ab.

Die Ladung der Gasblase pro Flächeneinheit ist

$$\frac{\varepsilon \mathfrak{E}}{4\pi}$$

falls $\mathfrak{E}$ die angelegte Feldstärke und ε die Dielektrizitätskonstante des Öles bedeutet. Diese Ladung wird pro Periode viermal gegen die Fläche geworfen, also 4νmal pro Sekunde. Die Anzahl der Ladungsträger ist insgesamt pro sec:

$$\frac{\nu \varepsilon \mathfrak{E}}{\pi e}.$$

Die Geschwindigkeit eines Ladungsträgers ist $u_0 \mathfrak{E}_d$, falls $\mathfrak{E}_d$ die Durchschlagsfeldstärke der Luft ist und u_0 die Beweglichkeit. Der Impuls somit $m u_0 \mathfrak{E}_d$, wo m = Masse des Trägers. Der gesamte Impuls p pro Sekunde und Flächeneinheit daher

$$p = \frac{\nu \varepsilon m u_0 \mathfrak{E} \mathfrak{E}_d}{\pi e}. \tag{155}$$

Setzt man Zahlenwerte ein ($\nu = 50$, $\varepsilon = 2$, m für ein Ion $= 5 \cdot 10^{-23}\,g$, $u = 1 \frac{\text{cm}^2}{\text{sec Volt}}$, $\mathfrak{E} = 200\,\text{kV/cm}$, $\mathfrak{E}_d = 100\,\text{kV/cm}$, $e = 5 \cdot 10^{-10}\,\text{abs.}$), so berechnet sich für obigen Impuls

$$p = 2{,}4 \cdot 10^{-4}\,g\,\text{cm}\,\text{sec}^{-1}$$

also eine absolut kleine Zahl. Es reicht jedoch hin, um einzelne oberflächliche Molekeln loszureißen und im Laufe von einigen Minuten kann ein nennenswerter Riß in den Papierfasern an besonders disponierten Stellen entstanden sein. Besonders Papiere, die eine niedrige Falzzahl haben (d. i. die Zahl der scharfen Umbiegungen, nach welcher das Papier reißt), werden einer solchen Wechselfeldbeanspruchung nicht gut widerstehen können. Papiere, die zu scharf getrocknet waren, haben z. B. eine relativ zur Reißfestigkeit niedrige Falzzahl.

Der Effekt wird in homogenen festen Isolatoren nicht so schädlich sein wie bei den zweiphasigen, welche in der Nähe des Durchschlages in bezug auf die Ölphase schon überbeansprucht sind. Eine relativ geringe Schädigung des Papiergefüges wird hier sehr leicht zum sofortigen Durchschlag führen. Daher gerade hier der große Unterschied zwischen Gleich- und Wechselspannung.

46. Chemische Natur des Isolierstoffes.

Während die Festigkeit der verschiedensten flüssigen Isolierstoffe auf gleicher Höhe steht, ist sie bei den festen Isolatoren durchaus verschieden. Sie variiert von $2 \cdot 10^5$ bis $3 \cdot 10^6$ V/cm, also um mehr als eine Zehnerpotenz.

Man könnte die Frage aufwerfen, welchen Einfluß die chemische Zusammensetzung auf die Festigkeit hat. Wenn man daraufhin die einzelnen Stoffe überblickt, so kommt man zum Schluß, daß ein solcher eindeutiger Einfluß in keiner Weise vorhanden ist. Was entscheidet, ist nicht die chemische Natur, sondern die verschiedenen physikalischen Eigenschaften der Stoffe. Je nach diesen Eigenschaften wird entweder der Wärmedurchschlag auftreten, wobei die Festigkeit niedrig ist, oder es wird auf Spalten ankommen, welche ebenfalls niedrigere Festigkeitswerte bedingen, oder es werden sich Ionisationsströme entwickeln, welche dann verhältnismäßig hohe Feldstärken zulassen. Spezifischer Widerstand und Grad der Homogenität sind also entscheidend, Eigenschaften, welche unmittelbar nichts mit der chemischen Natur zu tun haben. Erst wenn es gelingen wird, einwandfreiere Stoffe herzustellen, ohne leitende Beimengungen und ohne Spalten und Luftblasen im Gefüge, dann erst wird man versuchen können, den unmittelbaren Einfluß der chemischen Zusammensetzung zu untersuchen.

Nicht einmal die scheinbar grundlegende Frage läßt sich beantworten, ob organische oder anorganische Isolierstoffe zu bevorzugen sind. Versuchen wir einen Überblick über die einzelnen Isolatoren zu gewinnen, so sehen wir etwa folgendes. Die besten Isolierstoffe sind etwa Glas und Lack. Also ein anorganischer und ein organischer Stoff. Beide sind amorph und haben ein durchaus homogenes Gefüge. Die Festigkeitszahlen liegen bei 2 bis $3 \cdot 10^6$ V/cm. Beide sind natürlich in dünnen Schichten am vorteilhaftesten. Glas läßt bei stärkeren Schichten infolge seines relativ niedrigen Widerstandes den Wärmedurchschlag zu.

Kristalline Körper, wie Steinsalz, liegen schon ungünstiger (bei $\sim 5 \cdot 10^5$ V/cm). Hier sind offenkundigerweise die Spalten am zu frühen Durchschlag schuld. Ähnlich ist es mit Paraffin. An und für sich müßte es eine hohe Festigkeit haben, jedoch hat es einen so hohen Wärmeausdehnungskoeffizienten, daß es beim Erstarren schwer luftblasenfrei herzustellen ist.

Über zweiphasige Stoffe, insbesondere ölgetränktes Papier, hatten wir schon ausführlich gesprochen und gezeigt, daß es hierbei auch hauptsächlich auf Luftfreiheit ankommt. In erster Linie ist natürlich jegliche Feuchtigkeit aus dem Öl zu entfernen, da man sonst glatten Wärmedurchschlag erhält.

Die vielen künstlichen Isolierstoffe haben es auch nicht allzu hoch gebracht. Bakelit und Bakelitmischungen enthalten anscheinend stets Elektrolytreste, die nicht vollständig zu entfernen sind. Ebenso verhält es sich mit Hartgummi. Hier ist natürlich noch ein breites Arbeitsfeld, da gerade die künstlichen Isolierstoffe sicher technischen Verbesserungen am meisten zugänglich sind.

Mit Gummi kommt man auch nicht zu besonders hohen Festigkeitswerten. Man hofft hier neuerdings viel von dem kataphoretischen Abscheidungsverfahren, da mechanisch die elektrisch niedergeschlagenen Schichten sehr hohe Qualität aufweisen. Aber gerade für elektrotechnische Zwecke ist es bisher nicht gelungen, brauchbare Schichten herzustellen.

Und Porzellan, der mechanisch so wertvolle Isolierstoff, hat eine recht niedrige Durchschlagsfestigkeit (~ 2 bis $3 \cdot 10^5$ V/cm). Woran das liegt, läßt sich nicht mit Sicherheit sagen, wahrscheinlich an den mikroskopischen Poren.

Jedenfalls ist es aus den angeführten Beispielen ersichtlich, wie heute im Bereich der festen Isolierstoffe nicht so sehr die chemische Natur als die physikalische Beschaffenheit für die elektrische Festigkeit maßgebend ist. Eine wirklich neue Ära der Festigkeitslehre wird aber erst beginnen, wenn man es in der Hand haben wird, auf rein chemischem Wege die elektrische Festigkeit beliebig zu beeinflussen.

Literaturverzeichnis.

1. Algermissen, J.: Ann. Physik 4, Bd. 19, S. 1007. 1906.
2. Almy, I.: Ann. Physik Bd. 1, S. 508. 1900.
3. Almy, I.: Sill. J. 4, Bd. 12, S. 175. 1901.
4. Almy, I.: Phil. Mag. Bd. 9, S. 498. 1908.
5. Baille, I.: Ann. Chim. Phys. 5, Bd. 29, S. 181. 1883.
6. Bell, G. u. F. Poynton: Phil. Mag. 6, Bd. 49, S. 1065. 1925.
7. Bock, R.: Z. Phys. Bd. 31, S. 534. 1925.
8. Born, M.: Z. Phys. Bd. 1, S. 45. 1920.
9. Born, M.: Z. Phys. Bd. 38, S. 803. 1926.
10. Broglie, L. de: J. Phys. 6, Bd. 7, S. 321. 1926.
11. Campbell, N.: Phil. Mag. Bd. 38, S. 214. 1919.
12. Carr, W.: Phil. Trans. Roy. Soc. (A) Bd. 201, S. 403. 1903.
13. Chapman, D.: Phil. Mag. Bd. 25, S. 475. 1913.
14. Debye, P.: Phys. Z. Bd. 13, S. 97. 1912.
15. Debye, P.: Polare Molekeln. Leipzig: Hirzel 1929.
16. Debye, P. u. H. Falkenhagen: Phys. Z. Bd. 29, S. 401. 1928.
17. Debye, P. u. W. Hückel: Phys. Z. Bd. 24, S. 185. 1923.
18. Draeger, K.: Arch. Elektrot. Bd. 13, S. 366. 1924.
19. Dreyfuß, L.: Arch. Elektrot. Bd. 13, S. 121. 1924.
20. Earhart, F.: Phil. Mag. 6, Bd. 1, S. 147. 1901.
21. Edler, H.: Naturwissensch. Bd. 17, S. 894. 1929.
22. Edler, H. u. C. Knorr: Naturwissensch. Bd. 17, S. 894. 1929.
23. Einstein, A.: Ann. Physik Bd. 19, S. 371. 1906.
24. Emanueli, L.: L'Energia Elettrica. S. 1. 1925.
25. Emanueli, L.: El. World Bd. 90, S. 601. 1927.
26. Emanueli, L.: High Voltage Cables. London: Chapman 1929.
27. Engelhardt, V.: Arch. Elektrot. Bd. 13, S. 181. 1924.
28. English, S.: J. Soc. Glass Techn. Bd. 8, S. 205. 1924.
29. Epstein, P.: Phys. Rev. 2, Bd. 25, S. 719. 1925.
30. Errera, J.: J. Phys. et le Rad. 6, Bd. 5, S. 304. 1924.
31. Errera, J. u. M. Lepingle: Bull. de Belg. 5, Bd. 11, S. 150. 1925.
32. Estermann, J.: Erg. d. exakt. Naturw. Bd. 8, S. 258. 1929.
33. Estorff, W.: ETZ Bd. 37, S. 60. 1916.
34. Farmer, F.: Proc. A. I. E. E. Bd. 32, S. 2193. 1913.
35. Farwell, S.: Proc. A. I. E. E. Bd. 33, S. 1693. 1914.
36. Flight, J.: BEAMA Bd. 9, Febr. 1921.
37. Fock, V.: Arch. Elektrot. Bd. 19, S. 71. 1927.
38. Friese, R.: Wiss. Veröff. Siem.-Konz. Bd. 1, S. 41. 1921.
39. Fulda, M.: Sprechsaal Bd. 60, S. 769. 1927.
40. Gagnebin, S.: Arch. Soc. Phys. et Nat. 5, Bd. 6, S. 161. 1924.
41. Gans, R.: Ann. Physik Bd. 64, S. 481. 1921.
42. Gehlhoff, G. u. M. Thomas: Z. techn. Phys. Bd. 6, S. 544. 1925.

43. Gemant, A.: Z. Phys. Chem. Bd. 102, S. 74. 1922.
44. Gemant, A.: Z. Phys. Bd. 33, S. 789. 1925.
45. Gemant, A.: Wiss. Veröff. Siem.-Konz. Bd. 5, H. 3, S. 87. 1927.
46. Gemant, A.: Phys. Z. Bd. 29, S. 289. 1928.
47. Gemant, A.: Wiss. Veröff. Siem.-Konz. Bd. 7, H. 1, S. 134. 1928.
48. Gemant, A.: Z. techn. Phys. Bd. 9, S. 398. 1928.
48a. Gemant, A.: Wiss. Veröff. Siem.-Konz. Bd. 7, H. 2, S. 305. 1929.
49. Gemant, A.: Z. techn. Phys. Bd. 10, S. 328. 1929.
50. Gemant, A.: Wiss. Veröff. Siem.-Konz. Bd. 8, H. 3, S. 191. 1930.
51. Gemant, A.: Arch. Elektrot. Bd. 23, S. 683. 1930.
51a. Gemant, A. u. E. Bormann: Wiss. Veröff. Siem.-Konz. Bd. 9, 1930.
52. Gouy, G.: J. de Phys. et le Rad. 4, Bd. 9, S. 457. 1910.
53. Graffunder, W.: Ann. Physik 4, Bd. 70, S. 225. 1923.
54. Granier, J.: Comptes Rendus Bd. 179, S. 1313. 1924.
55. Grenacher, M.: Ann. Physik 4, Bd. 77, S. 138. 1925.
56. Grünewald: ETZ Bd. 48, H. 4. 1927.
57. Gudden, B.: Erg. d. exakt. Naturw. Bd. 3, S. 116. 1924.
58. Güntherschulze, A.: Jahrb. Rad. u. El. Bd. 19, S. 92. 1922.
59. Güntherschulze, A.: Phys. Z. Bd. 24, S. 212. 1923.
60. Guthrie, R.: Proc. Inst. Rad. Eng. Bd. 12, S. 841. 1924.
61. Hartshorn, L.: Proc. Phys. Soc. Bd. 37, S. 215. 1925.
62. Hayashi, F.: Ann. Physik Bd. 45, S. 431. 1914.
63. Hayden, J. u. W. Eddy: J. A. I. E. E. Bd. 41, S. 138. 1922.
64. Hayden, J. u. C. Steinmetz: Proc. A. I. E. E. S. 747. 1910.
65. Hentschel, L.: Arch. Elektrot. Bd. 15, S. 138. 1925.
66. Hertz, P.: Ann. Physik 4, Bd. 37, S. 1. 1912.
67. Heydweiller, A.: Wied. Ann. Bd. 48, S. 213. 1893.
68. Hill, C.: Phys. Rev. 2, Bd. 25, S. 116. 1925.
69. Hippel, A. v. u. J. Franck: Z. Phys. Bd. 57, S. 696. 1929.
70. Hirobe, T.: Electrician Bd. 86, Nr. 2235. 1921.
71. Holm, R.: Wiss. Veröff. Siem.-Konz. Bd. 4, H. 1, S. 14. 1925.
72. Holm, R. u. Störmer: Wiss. Veröff. Siem.-Konz. Bd. 4, H. 1, S. 25. 1925.
72a. Hopkinson, L.: Phil. Trans. Bd. 167, S. 599. 1878.
73. Horowitz: Arch. Elektrot. Bd. 18, S. 535. 1927.
74. Inge, L., N. Semenoff u. A. Walther: Z. Phys. Bd. 32, S. 273. 1925.
75. Inge, L. u. A. Walther: Z. Phys. Bd. 34, S. 15. 1925.
76. Inge, L. u. A. Walther: Arch. Elektrot. Bd. 19, S. 257. 1928.
77. Inge, L. u. A. Walther: Arch. Elektrot. Bd. 23, S. 279. 1930.
78. Isnardi, H.: Phys. Z. Bd. 22, S. 230. 1921.
79. Jaffe, G.: Ann. Physik Bd. 36, S. 25. 1911.
80. Joffé, A.: Ann. Physik Bd. 72, S. 461. 1923.
81. Joffé, A.: Phys. Z. Bd. 28, S. 911. 1927.
81a. Johnstone, J. u. J. W. Williams: Phys. Rev. 2, Bd. 34, S. 1483. 1929.
82. Jona, M.: Phys. Z. Bd. 20, S. 14. 1919.
83. Joos, G. u. M. Blumentritt: Phys. Z. Bd. 28, S. 836. 1927.
84. Jost, R.: Diss. Dresden. Berlin: Julius Springer 1930.
85. Karapetoff, V.: J. A. I. E. E. Bd. 45, S. 236. 1926.
86. Kieser, W.: Arch. Elektrot. Bd. 20, S. 374. 1928.
87. Kitchin, D.: J. A. I. E. E. Bd. 48, S. 281. 1929.
88. Kock, F.: ETZ Bd. 36, S. 85. 1915.
89. Kramers, H.: Nature Bd. 113, S. 673. 1924.
90. Ladenburg, R.: Z. Phys. Bd. 4, S. 451. 1921.

91. Langevin, P.: Le Radium Bd. 7, S. 249. 1910.
92. Laue, M. v.: Ann. Physik Bd. 76, S. 261. 1925.
93. Leontiewa: Phys. Z. Bd. 23, S. 33. 1922.
94. Lichtenecker, K.: Phys. Z. Bd. 27, S. 115. 1926.
95. Loeb, L. B.: Science Bd. 69, S. 509. 1929.
96. Lukirski, Scukareff u. Trapesnikoff: Z. Phys. Bd. 31, S. 525. 1925.
97. Manneback, C.: Phys. Z. Bd. 27, S. 563. 1926.
98. Marx, E.: Arch. Elektrot. Bd. 20, S. 579. 1928.
99. Marx, E.: ETZ Bd. 50, S. 41. 1929.
100. Marx, E.: Vortrag vor dem E. V. Berlin 18. März 1930.
101. Matthias, A.: Elektr.-Wirtsch. Juli 1926.
102. Matthias, A.: Elektr.-Wirtsch. Januar 1927.
103. Matthias, A.: ETZ Bd. 50, S. 1469. 1929.
103a. Matthias, A.: Forsch.-Hefte d. Stud.-Ges. f. Höchstsp.-Anl. H. 2, S. 61. 1930.
104. Maxwell, J.: Lehrb. d. Elektr. u. Magn. Berlin 1883.
105. Meyer, E.: Ann. Physik 4, Bd. 65, S. 335. 1921.
106. Meyer, E. H. L.: Ann. Physik 4, Bd. 75, S. 801. 1924.
107. Millikan u. C. Eyring: Phys. Rev. Bd. 27, S. 51. 1926.
108. Milner, S.: Phil. Mag. Bd. 25, S. 743. 1913.
109. Mizushima, S.: Bull. of Chem. Soc. of Jap. Bd. 1, S. 163. 1926.
110. Möller, E.: Arch. Elektrot. Bd. 15, S. 16. 1925.
111. Moon, P. u. A. Norcross: Frankl. Inst. Bd. 208, S. 705. 1929.
112. Moscicki, J.: ETZ Bd. 25, S. 527. 1904.
113. Mouline, M.: Ann. Toulouse 3, Bd. 14, S. 71. 1923.
114. Müller, C.: Ann. Physik 4, Bd. 28, S. 585. 1909.
115. Mündel, E.: Arch. Elektrot. Bd. 15, S. 320. 1925.
115a. Murphy, E. u. H. Lowry: J. phys. Chem. Bd. 34, S. 598. 1930.
116. Näher, R.: Arch. Elektrot. Bd. 21, S. 169. 1928.
117. Nernst, W.: Z. phys. Chem. Bd. 14, S. 622. 1894.
118. Nikuradse, A.: Arch. Elektrot. Bd. 20, S. 403. 1928.
119. Nikuradse, A.: Arch. Elektrot. Bd. 22, S. 283. 1929.
120. Nikuradse, A.: Arch. Elektrot. Bd. 22, S. 305. 1929.
121. Nikuradse, A.: Z. techn. Phys. Bd. 10, S. 641. 1929.
122. Onsager, L.: Phys. Z. Bd. 28, S. 277. 1927.
123. Orgler, A.: Ann. Physik 4, Bd. 1, S. 159. 1900.
124. Ornstein, L., G. Willemse u. J. Mulders: Z. techn. Phys. Bd. 9, S. 241. 1928.
124a. Paavola, M.: Arch. Elektrot. Bd. 22, S. 443. 1929.
125. Paschen, F.: Wied. Ann. Bd. 37, S. 69. 1889.
126. Pauli, W.: Z. Phys. Bd. 6, S. 319. 1921.
127. Pedersen, P.: Ann. Physik Bd. 71, S. 317. 1923.
128. Peek, F.: Trans. A. I. E. E. Bd. 31, S. 1085. 1912.
129. Peek, F.: Proc. A. I. E. E. Bd. 33, S. 889. 1914.
130. Peek, F.: Gen. El. Rev. Bd. 18, S. 821. 1915.
131. Peek, F.: ETZ Bd. 37, S. 246. 1916.
132. Peek, F.: Dielectric phenomena in High Voltage Engineering, New York 1930.
133. Perrin, J.: J. Chim. phys. Bd. 2, S. 601. 1904.
134. Planck, M.: Berl. Ber. S. 382. 1905.
135. Poole, H.: Phil. Mag. Bd. 42, S. 488. 1921.
136. Richardson, O. W.: The emission of electricity from hot bodies 1916.
137. Ritter, F.: Ann. Physik 4, Bd. 14, S. 118. 1904.

138. Rochow, H.: Arch. Elektrot. Bd. 14, S. 361. 1925.
139. Rogowski, W.: Arch. Elektrot. Bd. 12, H. 1. 1923.
140. Rogowski, W.: Arch. Elektrot. Bd. 13, S. 153. 1924.
141. Rogowski, W.: Arch. Elektrot. Bd. 16, S. 496. 1926.
142. Rogowski, W.: Arch. Elektrot. Bd. 18, S. 123. 1927.
143. Rogowski, W.: Naturwissensch. Bd. 18, S. 246. 1930.
143a. Rogowski, W.: Z. Phys. Bd. 60, S. 776. 1930.
143b. Rogowski, W.: Arch. Elektrot. Bd. 23, S. 569. 1930.
144. Rogowski, W., Flegler u. Tamm: Arch. Elektrot. Bd. 18, S. 479. 1927.
145. Roth, A.: Hochspannungstechnik. Berlin: Julius Springer 1927.
146. Rother: Ann. Physik Bd. 81, S. 317. 1926.
147. Russell, A.: Phil. Mag. 6, Bd. 6, S. 237. 1906.
148. Sack, H.: Arch. sc. phys. et nat. 5, Bd. 7, S. 224. 1925.
149. Sack, H.: Erg. d. exakt. Naturw. Bd. 8, S. 307. 1929.
150. Saegusa, H.: Sc. Rep. Tôh. Univ. Bd. 14, S. 321. 1925.
151. Schaffers, V.: Phys. Z. Bd. 14, S. 981. 1913.
152. Schering, H.: Z. Instrumentenk. Bd. 40, S. 124. 1920.
153. Schiller, H.: Ann. Physik 4, Bd. 81, S. 32. 1926.
153a. Schiller, H.: Arch. Elektrot. Bd. 17, S. 609. 1927.
154. Schottky, W.: Z. Phys. Bd. 14, S. 63. 1923.
155. Schrödinger, E.: Abh. zur Wellenmechanik. Leipzig: Barth 1927.
156. Schröter, F.: Arch. Elektrot. Bd. 13, S. 67. 1923.
157. Schumann, W. O.: Arch. Elektrot. Bd. 11, S. 1. 1922.
158. Schumann, W. O.: Elektrische Durchbruchsfeldstärke von Gasen. Berlin: Julius Springer 1923.
159. Schumann, W. O.: Z. techn. Phys. Bd. 11, S. 194. 1930.
160. Schwaiger, A.: Arch. Elektrot. Bd. 9, S. 1. 1922.
161. Semenoff, N. u. A. Walther: Die physikalischen Grundlagen der elektrischen Festigkeitslehre. Berlin: Julius Springer 1928.
161a. Sinjelnikoff, K. u. A. Walther: Z. Phys. Bd. 40, S. 786. 1927.
162. Slepian, J.: El. World Bd. 91, S. 761. 1928.
162a. Smekal, A.: Arch. Elektrot. Bd. 18, S. 525. 1927.
163. Smyth, Ch.: Phil. Mag. 6, Bd. 45, S. 849. 1923.
164. Sorge, J.: Arch. Elektrot. Bd. 13, S. 189. 1924.
165. Spath, W.: Arch. Elektrot. Bd. 12, S. 331. 1923.
166. Töpler, M.: ETZ Bd. 28, S. 998. 1907.
167. Töpler, M.: Z. techn. Phys. Bd. 3, S. 327. 1922.
168. Töpler, M.: Arch. Elektrot. Bd. 14, S. 305. 1925.
169. Töpler, M.: Arch. Elektrot. Bd. 18, S. 549. 1927.
170. Toriyama, Y.: Arch. Elektrot. Bd. 19, S. 31. 1927.
171. Torok, J.: J. A. I. E. E. Bd. 47, S. 177. 1928.
172. Townsend, J.: Phil. Mag. 6, Bd. 8, S. 738. 1904.
173. Townsend, J.: Electricity in Gases. 1915.
174. Wagner, K. W.: ETZ Bd. 32, S. 1001. 1911.
175. Wagner, K. W.: Ann. Physik 4, Bd. 40, S. 817. 1913.
176. Wagner, K. W.: ETZ Bd. 34, S. 1279. 1913.
177. Wagner, K. W.: Arch. Elektrot. Bd. 2, S. 371. 1914.
178. Wagner, K. W.: Arch. Elektrot. Bd. 3, S. 67. 1914.
179. Wagner, K. W.: Berl. Ber. Bd. 29, S. 438. 1922.
180. Wagner, K. W.: J. A. I. E. E. Bd. 41, S. 1034. 1922.
181. Wagner, K. W. in H. Schering: Isolierstoffe der Elektrotechnik. S. 1. Berlin: Julius Springer 1924.

182. Walden, P.: Z. phys. Chem. Bd. 78, S. 257. 1912.
183. Warburg, E.: Ann. Physik 3, Bd. 54, S. 396. 1895.
184. Warburg, E.: Ann. Physik 3, Bd. 59, S. 1. 1896.
185. Watson, E.: Electr. Juli 1910.
186. Wedmore, E.: Electric. Bd. 87, S. 702. 1921.
187. Weicker, W.: ETZ Bd. 32, S. 436. 1911.
188. Wheatley, F.: Phil. Mag. 6, Bd. 26, S. 1034. 1913.
189. Whitehead, I.: Proc. A. I. E. E. Bd. 31, S. 839. 1912.
190. Whitehead, S.: Dielectric phenomena II. London: Benn 1928.
191. Whitehead, S.: J. A. I. E. E. Bd. 48, S. 27. 1929.
192. Wien, M.: Ann. Physik Bd. 83, S. 327. 1927.
193. Zahn, C. T.: Phys. Rev. 2, Bd. 24, S. 400. 1924.
194. Zahn, C. T.: Phys. Rev. 2, Bd. 27, S. 329. 1926.
195. Zuber, K.: Ann. Physik Bd. 76, S. 231. 1925.

Sachverzeichnis.

Druck von Oscar Brandstetter in Leipzig.

Elektrische Festigkeitslehre. Von Professor Dr.-Ing. A. Schwaiger, München. Zweite, vollständig umgearbeitete und erweiterte Auflage des „Lehrbuchs der elektrischen Festigkeit der Isoliermaterialien". Mit 448 Textabbildungen, 9 Tafeln und 10 Tabellen. VIII, 474 Seiten. 1925.
Gebunden RM 27.—

Darstellung des Verhaltens der Isoliermaterialien im elektrischen Feld und die Berechnung ihrer Beanspruchung auf Durch- und Überschlag. Die in der Hochspannungstechnik üblichen Bauformen werden an Hand der theoretischen Ergebnisse untersucht.

Die physikalischen Grundlagen der elektrischen Festigkeitslehre. Von Assistent-Direktor N. Semenoff, Leningrad, und Ingenieur Alexander Walther, Leningrad. Mit 116 Textabbildungen. VII, 168 Seiten. 1928. Gebunden RM 16.50

Das Buch zerfällt in drei Teile: In dem ersten werden die verschiedenen Methoden besprochen, die es erlauben, elektrische Felder experimentell auszumessen. Der zweite Teil ist der Frage über den Durchschlag des Vakuums gewidmet. Der dritte Teil behandelt das Problem des Durchschlags von festen Isolatoren, wobei an Hand zahlreicher experimenteller Befunde gezeigt wird, daß dem Durchschlag zwei verschiedene Erscheinungen zugrunde liegen müssen — ein rein elektrischer und ein Wärmevorgang.

Die Eigenschaften elektrotechnischer Isoliermaterialien in graphischen Darstellungen. Eine Sammlung von Versuchsergebnissen aus Technik und Wissenschaft. Von Dr. U. Retzow, Abteilungsleiter der AEG-Fabrik für elektrische Meßinstrumente, Berlin. Mit 330 Abbildungen. VI, 250 Seiten. 1927. Gebunden RM 24.—

Die elektrischen, physikalischen und technologischen Eigenschaften fester, flüssiger und gasförmiger Isoliermaterialien werden durch kennzeichnende Kurvenbilder zur Anschauung gebracht. Außerdem wird durch die bisher umfangreichste Zusammenstellung der einschlägigen Veröffentlichungen ein reichhaltiger Literaturnachweis für die auftretenden Zerstörungserscheinungen, die Prüf- und Meßverfahren und die technischen Anwendungen der Isoliermaterialien gegeben.

Dielektrisches Material. Beeinflussung durch das elektrische Feld. Eigenschaften, Prüfung, Herstellung. Von Dr.-Ing. A. Bültemann, Dresden. Mit 17 Textabbildungen. VI, 160 Seiten. 1926. RM 10.50; gebunden RM 12.—

Die für fabrikmäßige Herstellung der elektrischen Isolierstoffe notwendigen Voraussetzungen und Bedingungen werden aus den Forschungsergebnissen über die Wirkung der elektrischen Felder abgeleitet.

Die Materialprüfung der Isolierstoffe der Elektrotechnik. Herausgegeben von Walter Demuth, Oberingenieur, Vorstand des Mech.-Techn. Laboratoriums der Porzellanfabrik Hermsdorf i. Th., unter Mitarbeit der Oberingenieure Hermann Franz und Kurt Bergk. Zweite, vermehrte und verbesserte Auflage. Mit 132 Abbildungen im Text. VIII, 254 Seiten. 1923. Gebunden RM 12.—

Die Isolierstoffe der Elektrotechnik. Vortragsreihe, veranstaltet von dem Elektrotechnischen Verein E. V. und der Technischen Hochschule Berlin. Herausgegeben im Auftrage des Elektrotechnischen Vereins E. V. von Professor Dr. H. Schering. Mit 197 Abbildungen im Text. IV, 392 Seiten. 1924. Gebunden RM 16.—

Das Buch enthält die folgenden Abschnitte: Theoretische Grundlagen von K. W. Wagner, Natürliche Isolierstoffe Marmor, Schiefer, Asbest, Holz von K. Geisler, Glimmer und Glimmerprodukte von R. Schroeder, Keramische Isolierstoffe von W. Weicker, Preßstoffe, plastische Stoffe, Papier, Gespinste von A. Bültemann, Gummi, Guttapercha, Balata von H. Hahn, Cellon von A. Eichengrün, Mineralöl von F. Frank, Prüfung der Isolierstoffe von H. Schering.

Gummifreie Isolierstoffe. Technisches und Wirtschaftliches. Unter Mitarbeit von Fachgenossen verfaßt von Dr.-Ing. Arthur Sommerfeld, Süddeutsche Isolatorenwerke G. m. b. H., Freiburg i. B. Herausgegeben vom Zentralverband der deutschen elektrotechnischen Industrie E. V., Berlin. Mit zahlreichen Abbildungen. 103 Seiten. 1927. RM 2.80; gebunden RM 3.60

Die Porzellan-Isolatoren. Von Professor Dr. Gustav Benischke. Zweite, erweiterte Auflage. Mit 162 Textabbildungen. 116 Seiten. 1923. RM 4.80; gebunden RM 5.60

Elektrische Durchbruchfeldstärke von Gasen. Theoretische Grundlagen und Anwendung. Von Professor W. O. Schumann, Jena. Mit 80 Textabbildungen. VII, 246 Seiten. 1923. RM 7.20; gebunden RM 8.40

Elektrizitätsbewegung in Gasen. Bearbeitet von G. Angenheister, R. Bär, A. Hagenbach, K. Przibram, H. Stücklen, E. Warburg. Redigiert von W. Westphal. (Bildet Band XIV vom „Handbuch der Physik“.) Mit 189 Abbildungen. VII, 444 Seiten. 1927. RM 36.—; gebunden RM 38.10

Elektrizitätsbewegung in festen und flüssigen Körpern. Bearbeitet von E. Baars, A. Coehn, G. Ettisch, H. Falkenhagen, W. Gerlach, A. Güntherschulze, E. Grüneisen, B. Gudden, G. v. Hevesy, G. Laski, F. Noether, H. v. Steinwehr. Redigiert von W. Westphal. (Bildet Band XIII von „Handbuch der Physik“.) Mit 222 Abbildungen. VII, 672 Seiten. 1928. RM 55.50; gebunden RM 58.—

Das elektromagnetische Feld. Ein Lehrbuch von Professor Emil Cohn. Zweite, völlig neubearbeitete Auflage. Mit 41 Textabbildungen. VI, 366 Seiten. 1927. Gebunden RM 24.—

Das Buch behandelt zunächst die elektromagnetischen Erscheinungen in dem Umfang, in welchem sie sich als Folgerungen aus den Maxwell-Hertzschen Gleichungen darstellen lassen. Es zeigt dann, wo diese Gleichungen versagen und verfolgt die weitere Entwicklung der Elektrizitätslehre in derjenigen Richtung, in welcher sie eine Fortbildung der Kontinuumstheorie bildet.

GPSR Compliance

The European Union's (EU) General Product Safety Regulation (GPSR) is a set of rules that requires consumer products to be safe and our obligations to ensure this.

If you have any concerns about our products, you can contact us on ProductSafety@springernature.com

In case Publisher is established outside the EU, the EU authorized representative is:

Springer Nature Customer Service Center GmbH
Europaplatz 3
69115 Heidelberg, Germany

Batch number: 10682323

Printed by Printforce, the Netherlands